且行且思

北京城市街道景观

朱丽敏 著

U0270641

中国建筑工业出版社

图书在版编目（CIP）数据

且行且思　北京城市街道景观/朱丽敏著．一北京：中国建筑工业出版社，2012.8

ISBN 978-7-112-14464-8

I.①且… Ⅱ.①朱… Ⅲ.①城市道路—城市景观—研究—北京市　Ⅳ.①TU-856

中国版本图书馆 CIP 数据核字（2012）第 146202 号

责任编辑：唐　旭　陈　皓
责任设计：叶延春
责任校对：刘梦然　赵　颖

且行且思

北京城市街道景观

朱丽敏　著

*

中国建筑工业出版社出版、发行（北京西郊百万庄）

各地新华书店、建筑书店经销

北京千辰公司制版

北京世知印务有限公司印刷

*

开本：787×1092 毫米　1/16　印张：11¾　字数：290 千字

2012 年 8 月第一版　2012 年 8 月第一次印刷

定价：**38.00** 元

ISBN 978-7-112-14464-8

（22538）

序

2012 年 5 月 11 日宁波"DDF 首届中国设计发展年会①"上，中国工程院常务副院长潘云鹤院士作了《论中国工业设计的变革》主旨报告，报告的 PPT 演示文件中引述了加拿大学者 Daniel A. Bell 在 2012 年 4 月 10 日《环球时报》的撰文：

- 中国城市先经历了 30 年苏联式现代化，随后又经过了 30 年美国式现代化。从建筑学角度看，这两种方式或许是最糟糕的。
- 中国城市应花费时间、金钱和心思去保护其独特精神，以抗衡全球化的同质性倾向。
- 像波特兰、杭州这样为自己的环保精神感到自豪的城市，在环保方面可以做得远远超过国家标准。

潘先生由此引发如下的质问：

- 我们将什么样的城市留给未来的世纪？
- 上一代留给我们的城市已基本拆完，必有一辈人发生了城市建设上的短见或错误。
- 30 年后，会重复这一痛心交替吗？
- 我们能够有几座 21 世纪的城市经得住历史考验，传入 22 世纪，并成为下一千年名城？像上一千年的伦敦、巴黎、慕尼黑、布拉格、佛罗伦萨！这是一种传统城市化的新挑战。

当时，坐在台下听讲的我被深深触动，60 余年中国城市建设的问题，以如此犀利的语言进行评价，可谓切中要害。

北京以首善之区的国都地位，引领中国城市建设的走向。遗憾的是历经 60 余年的发展，首都变成了"首堵"。尽管调侃的语汇体现着市民的无奈，然而反映的却是不幸被言中的现实。20 世纪 50 年代，梁思成先生当面对北京市的主要领导人时说："在保护老北京城的问题上，我是先进的，你是落后的"，"五十年后，历史将证明你是错的，我是对的"。现在看来，他们所争论的，不仅是一个旧城保护的问题，还是一个如何发展与建设城市的观念性问题，问题的实质涉及农耕文明与工业文明的冲突。

新中国的首都建立在封建王朝的旧城之上，建设社会主义的现代化中国，工业文明是绕不过去的一道坎，反封建的不破不立发展观，不可能让步于当时多数人所不能理解的蕴含文化传承深意的文物保护观。

封建帝都的建设体现的是皇权的理念，普天之下莫非王土的"天人合一"以整个北京城的建筑平面进行诠释，紫禁城、皇城、内城、外城层层围合，中轴线纵贯南北的设置演绎天子礼仪的威严，城内道路的通达因此受限，臣民的日常交通常需绕行。

所有的一切都与建构工业文明的城市形态格格不入，跨越式的城市发展与建设速度，超越

---

① 会议全称为"DDF2012 首届中国设计发展年会暨宁波市鄞州区产业转型升级设计创新高峰论坛，The First Annual Conference of Design Development in China. 2012"。

了思想观念现代意识转型的过程，导致新时代的建设者以落后的农耕文明意识进行着所谓的现代化，以至于在选择方向与道路上失去文化自信，将中国文化源流"道法自然"的先进性置之脑后，对于传统不是"取其精华去其糟粕"，反而变成了"取其糟粕去其精华"。

在大拆大建的过程中，新的建筑环境依然延续了旧的格局，20世纪形成的大院文化，蔓延至21世纪的居住小区，墙里套墙，院中套院，绕行似乎成为了时代交通的主旋律，大到整个北京城：二环、三环、四环、五环、六环……小到一个单位或小区：明明看着就在眼前，但就是不得其门而入。

面对现实，作为以设计和设计教育为己任的工作者，理应成为具备社会担当意识的思想者。怨天尤人，充当意见领袖，不是设计者面向社会应取的态度，应该努力的方向是尽可能按照科学发展的设计观念去指导未来的城市建设，多多分析现实问题，尽量解决它们，并同时避免出现新的错误。

正是基于以上这种认识，朱丽敏在清华大学攻读博士学位期间，从个人对北京城市景观现况的疑问和困惑出发，选择了《当代北京城市街道景观特征研究》这一博士论文选题，她希望通过深入的思考和研究，寻找相关问题的可能解答，以便为北京城市景观的未来建设提供一些发展思路，最终她尝试提出了向小尺度发展、整合街墙形态、规范建筑立面、建设可识别系统、完善步行系统等切实可行的景观建设原则。

欣闻中国建筑工业出版社将出版以其博士论文主要观点建构的《且行且思：北京城市街道景观》一书，我想该书的出版应该对我国城市景观建设理论辨析及实践发展有所裨益，于是写出以上文字，是为序。

（郑曙旸，清华大学美术学院教授，本书作者的博士生导师）
2012年5月25日于清华大学美术学院

目 录

第4章 北京城市街道景观形态特征

第5章 北京城市街道景观人文特征

第6章　北京城市街道景观未来构想

引　言

　　曾任国务院研究室社会发展司司长的学者朱幼棣先生在其著作《后望书》中论及北京城市建设时，表达了对于古老北京美好城市景观的缅怀以及对于当代北京城市景观的质疑，他以在北京规划展览馆观看的两部相关影片来举例说明，其中一部是介绍老北京历史的《不朽的城》，另一部则是介绍2008年"新奥运新北京"城市建设的内容。朱幼棣认为，两部片子形成了强烈的视觉反差效果，老北京"高大的城墙、辉煌的殿宇，画栋雕梁、园林幽胜。还有静静的街道和胡同、古朴的院落、高高低低的屋顶……真是气象万千，大气磅礴，或典逸雄放，或深沉纯净。城的不朽，在于千回万转，血脉生生不息……古城神奇的气质和血脉，源流、造化和伟力，天地倾斜之中又兀然独立，光芒四射"。而关于新北京的景观，他则认为影片"展现的画面凌乱、繁杂，如同潮水涌来时激起的浪花和泡沫。有的甚至可以用拙劣来形容。几乎完全是大小方块'积木'的堆砌和万花筒般旋转——这是在任何一部星球大战之类的科幻影片中都可以见到的景象，凌空盛开的不是鲜花而是立交桥。高楼如林，车流如蚁。眼花缭乱，紧张得喘不过气来，连清醒和宁静的瞬间都没有"[①]。

　　与朱幼棣先生持类似观点的人并非少数，新中国成立60多年来，北京城市面貌发生了巨大的变化，其中尤以改革开放后的近30年变化最为显著，在城市不断扩大及改建的整个过程中，与城市建设及景观相关的质疑和争论之声很多。

　　如果我们回首以往，在历史的某个阶段，北京的城市规划和城市景观确实在一些方面曾经具有相当的优越性，得到过中外有关专业人士的肯定和好评。比如美国建筑与城市规划学家埃德蒙·N·培根（E. N. Bacon）坦言："北京可能是人类在地球上最伟大的单一作品……在设计上它是如此光辉灿烂，以致成为一个现代城市概念的宝库"[②]；丹麦城市规划学家拉斯穆生（S. E. Rasmussen）也曾赞叹道："这座古代中国的都城，北平！有史以来从没有如此庄严辉煌的都城，直到现在还认为是史无前例的大都市"，以及"北平是世界上诸大伟绩之一，该城是对称的，是一座独特、不朽的都城，显示当时极高的文化水平"[③]；我国著名作家林语堂也曾经写道："巴黎和北京被人们公认为世界上两个最美的城市，有些人认为北京比巴黎更美"[④]；而我国著名建筑学家梁思成更是写下了《北京——都市计划的无比杰作》（1951年），盛赞北京"是一个举世无匹的杰作"，因为它的各类建筑物都是"显著而美丽的历史文物"，城市整体则具有"宏壮而又美丽的环境"，"在全盘处理上，完整的表现出伟大的中华民族建筑传统手法和在都市计划方面的智慧与气魄"[⑤]。

---

①　朱幼棣：《后望书》，北京，中信出版社，2008年版，第45页。
②　[美]埃德蒙·N·培根：《城市设计》，黄富厢、朱琪译，北京，中国建筑工业出版社，2003年版，第244页。
③　[美]拉斯穆生：《城镇与建筑》，台北，台龙书店，1972年版，第Ⅵ–1页。
④　林语堂：《辉煌的北京——中国在七个世纪里的景观》，西安，陕西师范大学出版社，2003年版，第3页。
⑤　梁思成：《北京——都市计划的无比杰作》，左川，郑光中编：《北京城市规划研究论文集》，北京，中国建筑工业出版社，1996年版，第21页。

他们所描述的北京，是从明清两朝所遗留下来的、在历史发展至新中国成立前还大致完整地围绕在城池中的旧北京。

而今时今日，经过60多年的发展变化之后，对于北京城市建设的批评声音似乎远远多于称赞的声音。比如，早在20世纪90年代，国内外学术界就曾有过以下的评论。著名建筑大师关肇邺院士说："经过了几十年的建设和发展之后，北京……的艺术特色却是所余不多了。物质上是极大地提高了，艺术上则由'世界宝城'的高度向着一个普通的、在世界到处可见的大城市接近"[①]。吴良镛院士更是尖锐地指出："今天的北京旧城已经像一个癞痢头，正在开发中的花市、宣外、金融街等，皆已面目全非，出现一片片'平庸的建筑'和'平庸的街区'"[②]；一位国外建筑学家也指出："圆明园的残垣断壁是列强对中国的侵略，然而，古老的北京城连同它的城墙、宫殿、寺庙、公园……这些文明的象征横遭破坏，则要由中国人自己负责。现在的北京，与其说是一座城市，毋宁说是街道、建筑物和空地的堆砌。沿马路走上几个小时都很难见到一座前两个世纪留下的古代建筑，更不用说具有引人注目的建筑风格了"[③]。同时还有来自国内外媒体的批评，如《中国新闻周刊》曾以《从迷人到迷茫》为序评论说："北京城的历史底蕴已经被一些混乱的、四不像的建筑涂抹得走了样。……作为一个文化古都，北京的历史传统风貌在迅猛的城市发展中，已经受到了有意和无意的伤害——北京众多毫无内涵的建筑和凌乱的规划设计，已经让这座充满魅力的城市，在世人眼睛中开始变得迷离"[④]。德国《商报》则以《无所顾忌的狂热建设使北京变成了一座没有特色的城市》为题评论说："初到中国旅游的外国人对北京建筑感到反感。这个城市没有轮廓、没有面孔。在上个世纪令来华的人着迷的魅力已经不见了"[⑤]。在1999年6月，当第20届世界建筑师大会在北京召开时，国际上许多位优秀的建筑家也不加掩饰地表示了他们对以古老文明的流失为代价而建起的所谓"新北京"的失望。

今日的北京城市建设之所以被各方批评，是因为在其城市规划和建筑设计上出现的众多问题，它的某些城市功能不够良好，整体城市景观发展比较混乱，而这又集中体现到了北京的各条街道上。北京的城市街道环境存在"重车不重人"、功能设施不健全、公共活动场所稀少、景观缺乏个性等诸多缺点，总体环境质量较差。另外，在新中国成立以来北京历次大规模的发展建设中，各种政策上、认识上和具体实施上不断迸发出尖锐的矛盾和冲突，比如历史建筑的拆除与保留的矛盾、城市轮廓线保护和建筑高度控制不力的矛盾等，各种城市景观问题由此层出不穷，这些也都清晰反映到了北京的城市街道景观上。

本书的写作由此而出发了。

---

① 关肇邺：《重要的是取得共识》，《建筑师》，1992年总第46期，第10页。

② 吴良镛：《关于北京旧城区控制性详细规划的几点意见》，《城市规划》，1998年第2期，第2页。

③ 转引自李江树：《创巨痛深老北京》，《中国作家》2006年第6期，第102页。

④ 张捷：《北京建筑批判》，《中国新闻周刊》，1999年试刊第2号。

⑤ 《高楼大厦少风格，传统建筑待保护》，《参考消息》，1995年4月26日。

第1章 城市街道景观概念综述

"景观"概念的内涵包含视觉美学及人文学意义，因此对街道景观的剖析着眼于其形态特征和人文特征，其中又以形态特征为重点，并可具体划分为宏观、中观及微观三个形态层次。借鉴现代城市景观建设的一些重要理论，并总结各类景观评价方式，本书将街道景观评价原则主要归纳为空间完整、视觉和谐、识别清晰、使用舒适以及意义独特等几项。

1.1 写作缘起及相关理论

1.1.1 缘起

本书的写作缘起应溯源至2003年，这一年我有幸由国家留学基金委公派至法国Belleville建筑学院访问学习，出发之前初步拟定了"中西人居环境比较研究"这一课题，由于人居环境的范围较大，几乎可囊括建筑与园林、城镇与乡村等人类的一切居住环境，所以具体研究内容到了法国之后还需细化。在巴黎住下之后，这个城市的迷人魅力展示在我面前，它秩序井然又丰富和谐的城市景观让我惊讶，尤其是在城市各条街道上所观察到的美好景象深深打动了我，给我留下了深刻印象，后来在欧洲其他一些城市如罗马、米兰、威尼斯等地的旅行体验也同样如此。可以说，正是这一次欧洲之行，使我认识到街道景观是一个城市的最重要魅力之所在。

在欣赏这些城市的美好街景的同时，我也为它们与中国城市街景的迥然不同感到好奇，同时心底也油然而生了一种愿望，那就是希望进一步探知城市景观形成的深层缘由。于是我将自己的课题范围缩小至城市街道景观，并在留学期间致力于相关的学习和考察，尝试解读欧洲优秀城市街道景观的发展历程和各自特点，以及值得我国城市学习借鉴之处。一年的学习时间是短暂的，结束访学回国之后，我当然希望能够继续这方面的研究工作，以便为我国城市景观的建设奉献出一份薄力。

2005年9月，为了专业上的进一步提高，我来到清华大学美术学院攻读博士学位，首都北京的城市景观在此时真切地展现在我的眼前，它与欧洲城市景观是差异巨大的。面对这个中国国家首都和历史文化名城的当代城市街景，我产生了种种困惑及疑问，比如对城市传统景观该如何传承，城市街道的尺度应该如何确定，新建筑与相邻建筑在形式上如何达到连续及协调，以及街道中各色人等的路权应如何分配等。

1949年新中国成立以后北京城市规划方面的失误似乎已成定论，但具体到北京未来的城市形态应该如何发展却依然众说纷纭。多年来北京城的"拆旧建新"式的城市建设与历史遗产保护之间的矛盾也一直在激烈争锋之中。那么从现代城市设计理论来看，到底应该如何评价现代北京的城市街道景观呢？它有哪些缺点需要改善？它与欧洲城市的优秀街道景观差异性何在，该如何分析和看待？另外，北京历史上的城市街景到底是何模样？历史与现实之间的关系该如何认识？这些问题萦绕在我的脑海，勾起了我极大的探究兴趣。正是带着这些疑问，我开始以北京城市街道景观作为自己的研究方向，并围绕此方向选修课程和研读相关著作，最后开始了这项写作工作。

亚里士多德曾说过："人们为了更美好的生活来到城市。"城市除了是产生巨大经济效益的综合体外，更是人们生活和发展的场所，因此优美宜人的城市环境是美好城市生活所不可或缺的。在21世纪，城市的可居住性与吸引力是其综合竞争力的主要因素之一，它们在很大程度上就取决于城市环境的质量，包括环境的舒适度与视觉美感。

而街道是城市环境极其重要的内容。城市中的街道不但具有重要的交通功能，更是市民们生活的重要场所，也是旅游者认识一个城市的首要途径。街道景观则是城市整体景观的最重要组成部分，它影响着市民的日常生活，记载着城市发展的历程，展示着城市的形象，反映了城市的政治、经济和文化之总体水平。因此，街道景观在很大程度上决定了城市的整体面貌，而街道环境的建设作为城市公共空间建设的主要内容应该受到高度重视。

总的说来，欧美一些发达国家的城市街道景观与我国多数城市相比具有不少优点，如巴黎、伦敦等世界公认的美丽城市，它们的城市魅力与其所拥有的较为舒适美观的街道环境密切相关。在我国近年的城市化快速进程中，城市管理者、设计者们对城市公共空间中的广场、公园和商业休闲场所等环境的重视程度逐渐提高，但对城市道路景观的理解和重视程度还很不够，因此诸多视觉和功能上的问题不断涌现，而在作为中国首都的北京，这些城市街道建设问题目前更是显得较为突出。

作为中国的首都，北京是一个非常重要的文化古城，它的形象在某种程度上代表着国家的形象，所以它的城市街道景观是非常重要的，在满足城市日常生活的基本功能要求之外，还应该反映时代特征并具有一定的民族特色。而目前的情况是，作为一个千年古都，虽然北京城市街道景观在局部地区还保留了一些自身特色，具有一定的优点，但是总的看来，今日北京多数街道的基本功能不够良好，不但总体环境不舒适，而且传统环境文脉未能延续，环境视觉美感也较差，城市总体街景倾向于混乱无序，局部甚至较为丑陋，对此许多专业人士已达成共识，并经常提出批评意见[①]。一些调查也显示，市民及旅游者对北京城市景观的满意度较差。

目前的情况是，新中国成立以来的60余年，北京在历经数次大规模的发展建设之后，文化古都的面貌已大为改变，城市建设上的矛盾和冲突也一直不断，虽然人们已经普遍认识到北京城市建设方面存在较多问题，但对其未来具体建设方针却依然难以给出定论，因此各种相关问题亟待进一步研究。

面对着如引言中所述的各方对北京历史城市景观的诸多好评和对当代北京城市景观的各种质疑，笔者以对街道景观的研究作为解读北京城市景观的切入点开始了本书的写作，希望通过深入研究，找出目前北京城市建设问题的症结所在并寻求可能的答案，以试着理清未来北京城市景观的发展思路，探讨北京城市建设的发展方向，从而为城市决策者、建设者们日后的相关工作提供参考。

---

① 参见《北京城市景观：怎一个"乱"字了得？》，《雕塑》，2005年第1期，第12-15页，文中北京大学和中央美术学院等单位的多位教授对于北京景观给出了一致的负面评价。

本书主要是从环境艺术设计的专业视角着手，对当代北京城市道路景观展开剖析，侧重于街道景观形态特征的分析，借鉴了一些现代城市规划及城市设计理论来探讨街道空间形态、街景的平面及立面形式、街景序列等内容。同时笔者也关注北京街景的人文特征，尝试探究街景的形成缘由，因为城市景观表象下隐藏着的诸多人文因素如城市定位、生活形态、审美价值观等，对于城市景观形态具有潜在的制约和影响。最后，为我国城市景观的未来建设着想，本书还对城市街道景观良性发展机制的建立问题稍作探讨。

1.1.2　理论梳理

本书的写作借鉴了以下一些与城市环境设计相关的理论：

1. 图底理论

"图底"是格式塔心理学从"形"出发，通过对视觉感知的生理研究而提出的核心概念。"图底关系"是指一个物体或形状与背景的联系方式，"图"是居于前部的区域，"底"被看成是用来衬托图的背景，在人的知觉系统中最基本的一种知觉能力是在图形与背景间作出区分。相对而言，图比底的轮廓较为完整、封闭，形状较为规则，面积比较小，色彩比较鲜艳，特别是能组织成为一定意义的区域倾向于被感觉成图。格式塔理论的图底规则说明了主体从背景中分离出来的条件，图形与背景在一定条件下可以互换（图1-1）。

20世纪下半叶以来，作为明确城市空间结构和秩序的二维抽象的平面视图，许多研究者将图底关系理论应用到了城市设计和城市景观研究领域。作为描述虚实关系的图形工具，图底理论在城市设计领域的运用"是基于建筑体量作为实体（图）和开敞空间作为虚体（底）所占用地比例关系的研究。每个城市环境都有现状的建筑实体和空间虚体的组合方式，分析空间设计的图底关系就是通过增减或改变组合的空间几何形式来阐述这种关系，其目的是通过建立空间秩序来明确一个城市或片区的城市空间结构。在这个秩序中，不同尺度的空间既独立围合，又彼此顺序联系很有条理，由建筑实体和空间虚体构成的主要'空间领域'代表城市格局或城市肌理，并由建筑和空间标志，例如提供视觉焦点和地域中次中心的主要标志或开敞空间等"[①]（图1-2）。

图1-1　图底关系之"杯图"，图形和背景可以互换

图1-2　城市的内外空间可用图底关系考察，并有反转的可能性

空间的限定是建筑的本质这一观点已经得到广泛认同，城市空间的意义与此同理。人们用各种实体材料构筑了城市，环境中的实体无论多么美观，也只是起到"壳"的作用，

---

① ［美］罗杰·特兰西克：《寻找失落的空间——城市设计理论》，朱子瑜等译，北京，中国建筑工业出版社，2008年版，第97页。

人们实际需要的是它们所限定出的、可供使用的各种空间。在建筑设计中不同使用功能对应不同限定空间，同理，城市环境中各种城市功能的完善建构也需要恰当的空间限定，作为城市的线性空间，街道空间的围合和限定是非常重要的，而对此特性的考察可以通过对街道平面图中建筑与街道空间的图底关系的分析给出。

日本建筑师芦原义信在《街道的美学》中应用图底关系理论，对各国城市建筑环境与街道、广场等外部空间进行了深入细致的分析比较。美国城市规划学者阿兰·B·雅各布斯（Allan B. Jacobs）在《伟大的街道》一书中也同样运用了图底关系理论来分析不同城市的街道模式导致的街道景观差异。美国康奈尔大学的罗杰·特兰西克（Roger Trancik）教授在《寻找失落的空间》一书中将图底关系理论应用至城市空间研究的领域。总结他们的论述大致可得出以下结论，即城市空间应该是具有完形感的网络，而建筑与城市空间图底关系显示了这一特性的强弱，同时图底关系也显示出城市肌理的细密或粗糙程度（图1-3）。

图1-3　意大利罗马城市图底关系

此外，图底关系分析还可运用到对具体城市景观设计视觉印象的评价中，如对于街道立面形式的考察等。城市空间界面起到限定空间体积与形态的作用，并深刻地影响着人们对于空间的视觉形象的感知，空间界面中的物质属性（形状、色彩、质感等）及它们之间的空间关系将最终决定人们感知空间的视觉特征和所限定的空间质量[①]。因而，良好的立面图底关系也有助于人们对空间的感知并能提高街道环境的质量。

2. 连接理论

连接理论在20世纪60年代的设计思潮中非常流行，日本建筑师槙文彦（Maki Fumihiko）在具有影响力的论著《集合形态的调查研究》中讨论了创造空间连接结构的几种要素，提出连接是城市室外空间最重要的特点："连接就是城市的凝聚力，以组织城市各种活动，进而创造城市的空间形态……城市设计关心的问题就是在孤立的事物间建立可以理解的联系，也就是通过连接城市各个部分来创造出一个易于理解的极端巨大的城市整体"[②]。

---

① 周进：《城市公共空间建设的规划控制与引导》，第76页。

② 转引自［美］罗杰·特兰西克：《寻找失落的空间——城市设计理论》，朱子瑜等译，北京，中国建筑工业出版社，2008年版，第106页。

"与主要基于虚实格局的图底理论不同,'连接理论'则源于研究连接不同元素之间的'线'。这些线由街道、步行道、线形开敞空间或其他在空间上连接城市各个部分的连接要素组成。设计师用连接理论试图组织一个联系系统或网络,来创造一个空间组织的结构,将重点置于系统而非图底理论的那种空间图示,认为运动系统和基础设施的效率比限定室外空间的格局更重要"①。连接理论涉及连接城市各部分的线形组织,以及涉及这些线上的建筑与空间联系的空间"参数"。

连接理论在大尺度环境中最著名的应用之一是埃德蒙·培根对费城城市更新所做的设计导则,他尝试以城市范围内的连接作为恢复城市连贯性和向城市发展方向引导城市新区开发的方法。罗杰·特兰西克教授在《寻找失落的空间》一书中运用连接理论论述其观点,指出了城市空间具有连续性的要求,只有连续的、限定良好的城市空间才能具有良好的使用功能。因此,连接理论可以用于考察城市空间的完形感和序列感。

3. 城市意象理论

美国著名城市规划学者凯文·林奇(Kevin Lynch)于1960年发表的《城市意象》一书中,尝试了如何找出人们头脑中的意象的方法,并将之描绘表达出来,又将之应用于城市设计。凯文·林奇认为就好像同一页文字写成的印刷品是由许多符号与相关的模式组合而成的一样,城市也是由各种要素、各个部分组合而成的一个相关模式,因此它具有可读性,其中能启发人们强有力的"意象"的能力,被称为"可意象性"。而一个人对一个城市在头脑里形成的"意象",不论城市本身的可读性如何,都可以分析为由三个方面组成:特色——事物与其他周围事物的可区别性,以及城市有个性而整体上与其他城市有区别;结构——事物与其他事物、事物与观察者在空间或形态上的关联;含义——是另一种关系,独立于空间和形态之外。

凯文·林奇关于城市意象的研究以城市整体作为出发点,始于对空间意象的经验研究,首先用分类的方法对美国三个城市进行了市民体验的研究,依据现场调查和访问中取得的资料,进行了文化、艺术、人类科学和心理学等方面的分析,最终归纳出五个给人印象最深的城市形态要素,分别是:通道(Path)、边界(Edge)、节点(Node)、地标(Landmark)、区域(District),并且认为任何一座城市都可以凭借这些要素描绘出一幅印象图,运用这种方法,可以超越文化的差异,在景观印象的基础上认知一座城市。因此这些城市形态要素是人们认知城市形象的基础,由它们构成的"认知地图",包含了对城市实体和空间的分配、控制、使用和知觉。

总的说来,城市意象展示了城市的实质形式与景观知觉过程的结合,这一理论在现代城市景观研究领域已得到较为广泛的重视和运用。城市意象要求城市街道景观在前述空间完形、连续的基础之上,呈现为线性的景观序列还应该具有一定的可识别性、可意向性。

4. 场所理论

场所理论是城市设计的重要理论之一,它的本质在于对城市物质空间人文特色的理解。城市环境远非一种简单的形式构图游戏,在种种表面的形式背后还蕴含着某种深刻的含义,这含义与城市的历史和文化等一系列主题密切相关,正是这些主题赋予了城市空间以丰富的意义,并使之成为市民们喜爱的"场所"。所以,从某种层面上挖掘、整理、强

---

① [美]罗杰·特兰西克:《寻找失落的空间——城市设计理论》,第97页。

化城市空间与这些内在要素之间的关系就显得很重要。

著名的挪威现代建筑理论家诺伯格·舒尔茨（Norberg Schulz）是场所理论的最早研究者，他认为，"如果事物变化太快了，历史就变得难以定形，因此，人们为了发展自身，发展他们的社会生活和变化，就需要一种相对稳定的场所体系"①。人的这种需要给城市空间形式带来了一种超出其物质性质、边缘限定的情感上的重要内容，这种情感上的内容可谓之为场所感。舒尔茨由此认为建筑师的任务就是创造有意味的场所，帮助人们栖居。

场所简而言之是指发生事件的空间，它应该包含三个基本组成部分，即静态的实体形态、人的活动以及场所的含义。其中，静态的实体形态包括被建筑或其他界面围合的空间体及该空间体的各个立面、地面铺装和公共家具设施等；场所内人的活动则包括活动的类型、空间使用效率和人们生活方式等；最后，场所的含义就是一个地方的场所感，它使人能区别不同地方的差异，能唤起人对一个地方的记忆，使一个场所生动、独特和唯一。场所感主要体现在场所的地理特征和人文特征两个方面，地理特征是每个场地所具有的自身品质，如它的气候、地形、水土和植物等。每一个场所的花与叶、光与影、声音与气息等，都有其内在的合乎自然的完美性和规律性。

人文特征是一个场所及其所在城市在社会历史文化的发展中形成的内在特征。"'空间'是有边界的或者是不同事物之间具有联系内涵的有意义的'虚体'，只有当它被赋予从文化或区域环境中提炼出来的文脉意义时才成为'场所'"②。而由于每一环境所具有的自身特性，每个场所都是独一无二的。

场所理论的运用，强调街道在运输之外还应该具有多样功能性以及景观特色，景观良好的街道通常也是舒适的、具有特殊场所特征的。

5. 城市文脉理论

文脉（Context）原意指文学中的"上下文"，在语言学中被称作"语境"，是使用语言的此情此景与前言后语。更广泛的意义上，文脉被引申为一事物在时间或空间上与他事物的关系。建筑学中所说的文脉，一般理解为文化上的脉络，文化的承启关系。

从认识史的角度考察，城市是社会文化的荟萃，建筑精华的汇集，科学技术的结晶，由于自然条件、经济技术、社会习俗的不同，环境中总会有一些特有的符号和排列方式，形成这个城市所特有的地域文化和建筑式样，也就形成了其独有的城市形象。因此对于城市景观的探究，需要以文化的脉络为背景。

"文脉"这一概念的思想由来已久，如奥地利建筑理论家卡米洛·西特（Camillo Sitte）是最早讨论建筑物形式文脉的研究者之一，他深切体察到建筑物彼此之间，以及建筑物与建造场地之间应具有"适当关系"，并在其1889年发表的著作《城市建设艺术》中予以了相关讨论，但直至20世纪下半叶，该词才更为宽泛地被使用。当时现代主义建筑和城市规划风行一时，导致了城市中大量出现国际式风格千篇一律的方盒子，但这些建筑物的形式过分强调本身，不注意彼此之间的关联和脉络，也缺乏对城市历史及地域特征的理解，因此它们超然于历史性和地方性之上，只具有技术语义和少量的功能语义，没有思

① 转引自王建国：《现代城市设计理论与方法》南京，东南大学出版社，1991年版，第92页。

② ［美］罗杰·特兰西克：《寻找失落的空间——城市设计理论》，朱子瑜等译，北京，中国建筑工业出版社，2008年版，第113页。

索回味的余地，导致城市景观环境的冷漠和乏味，同时也带来一定的城市社会问题。

由此一些建筑师开始从理论到实践积极探索城市设计和建筑设计新的语言模式和新的发展方向，试图恢复原有城市的秩序和精神，重建失去的城市结构和文化。他们的主要主张是注重对原有城市肌理的研究和延续，并从传统化、地方化、民间化的内容和形式中找到自己的立足点，如将历史的片段、传统的语汇运用于建筑创作中，经过撷取、改造、移植等创作手段来实现新的创作过程等，主要就是追求使新建筑的形式与传统地域文化有机结合，产生某种上下文的关系（文脉），从而更为当代人所接受。

目前，我国包括北京在内的各个城市在快速城市化进程中，普遍充斥着大量形式雷同的现代建筑，城市面目日渐模糊，原有城市特色逐渐消解，这种情况与西方城市曾经的经历很相似。因此，引入城市文脉理论对于今日中国城市建设具有积极的现实意义，我们应注重保护城市历史遗存，保护和延续城市肌理，同时深入发掘具中国特色的新建筑形式。

1.2　城市街道景观概念

1.2.1　景观及城市景观

1. 景观

广义而言，景观是人类度量其自身存在的一种视觉现象，它因人的视界而存在，是人类环境中一切视觉事物和视觉事件的总和。

汉语中的"景观"一词是英语单词"Landscape"汉译的引入，而在西方文史中，景观概念的历史发展是一个逐渐扩展、丰富和提升的过程，也是一个人类认识不断提高的过程，其中最重要的是对人与自然关系的认识不断深化（表 1-1）[①]。

西方景观概念的发展　　　　　　　　　　　　　　　　　　　表 1-1

年代	17～20 世纪	19～20 世纪	20 世纪上半叶	20 世纪中～21 世纪
景观概念内涵	视觉美学意义	地理学意义	生态意义	人文学意义
相关研究	审美研究对象（风景诗、风景画、景观建筑学科）	地理学研究对象（空间结构和历史演化）	景观生态学及人类生态学研究对象（空间结构、历史演替）	文化景观研究对象（社会精神文化系统，使用功能）
研究目标	追求视觉与心理反应的艺术性与美感	地理学空间结构，反映与预测景观变迁	景观生态发展、规划，可持续发展	保存与发扬文化性、民族性与地域特质，功能性

综合看来，现代景观的含义主要包含三个层次，即视觉美学意义、地理及生态学意义、人文学意义。

人们对于景观的第一反应就是美好、如画、壮丽等视觉心理要求，现代景观概念的视觉美学意义，是指独立于人且看起来美好的客观视觉景象，景观的价值主要在于其形式美特征，因此形体、线条、色彩和质地等基本元素对景观质量具有决定性，而"丰富

---

① 景观概念历史发展内容主要参考自俞孔坚：《论景观概念及其研究的发展》，《北京林业大学学报》，1987 年第 4 期，第 433-439 页，及俞孔坚：《景观：文化、生态与感知》，北京，科学出版社，1998 年版。

性"、"奇特性"等形式美原则是景观质量评价指标。景观概念的这一层意义被大众接受最多、对大众影响最深。著名美国景观设计先驱弗雷德里克·劳·奥姆斯特德（Frederick Law Olmsted）也曾经说过，"景观技术"是一种"美术"，其最重要的功能是为人类的活动环境创造"美观"。与景观的这一意义相关的学科是建筑、城市规划和风景园林、绘画等。

现代景观概念的人文学意义，是随着景观概念的内涵不断扩展，而将所有人类的栖居地、人类居住环境都视为某一种景观，并强调人类文化对于景观的作用和影响，认为景观是自然与人文兼收并蓄的视觉感知景象，是人们内在生活体验的表达，是人类理想与历史的表述，是人与人、人与自然的关系在大地上的烙印。景观的人文学意义包含了景观功能这一重要内容，因为"传统上，景观学是一门把功能和美学要素纳入到具体场所的各种特征中的艺术，内在地表现出时间和场所的特性[①]"。

2. 城市景观

城市作为地域的政治、经济和文化中心，有机地集合了居住、生产、交通、娱乐等功能，形成人们赖以生存的复杂物质环境。而伴随着人类文化的发展和价值观念的变化，城市始终处于不断的新陈代谢之中，在创造有形的城市空间、街道、建筑形象及环境的同时，城市也不断变幻和丰富着超越于具象之外的文化和意境。因此城市景观既包括为各种城市功能提供服务的城市空间这一"舞台"，也包括"舞台"上的人们扮演各种不同角色的丰富活动和由此引发的意蕴。城市景观（Urbanscape，Cityscape）是在城市范围内由各种视觉事物及事件与周围空间组织关系所综合构成的视觉总体，是城市环境通过视觉所反映出来的城市形象，在某种意义上其与城市景象（Image of city）和城市视觉环境（Urban visual environment）是相通的。

现代城市景观概念的最初提出者是英国规划学者戈登·卡伦（Gorden Cullon），在1960年代初期出版的《城市景观艺术》一书中，他指出城市有着"一种相互关系的艺术"，"它的目的是运用所有元素创造出一个完备环境，这些元素包括建筑、树木、流水、交通等，并按照编排戏剧一样的方式把它们有机地组织在一起[②]"，而且他还特别强调，人们的城镇或城市经验中特别值得研究的，其实是一个人经过街道与开阔空间景象动态的城市景观经验，即"序列视景"（Serial Vision）。关于城市景观，凯文·林奇曾说过："我们并不是城市景象的单纯观察者，而本身是它的一部分，与其他的东西同处在一个舞台上"，"环境形象是观察者与周围环境之间双向过程的产物[③]"。

具体说来，首先，在形态层面，城市景观既包括一切可以感知的行为空间，开敞的与闭合的、室外及室内，如城市的广场、街道、绿地、集市、建筑厅堂等人群集散场所，也包括人在城市中的生产生活和各种文化活动这些视觉事件；其次，城市景观也可以被看做一个综合性的系统，它涉及城市人居环境的各个方面，以众多具体的物质形态与空间组织关系为其主要内容，同时也包含人的视觉与思维、使用与情感等的相互作用。城市景观的设计则是一种对于各种环境因素相互关系的艺术之探讨，必须兼顾客观性和主观性、时空

① ［美］詹姆士·科纳主编：《论当代景观建筑学的复兴》吴琨、韩晓晔译，北京，中国建筑工业出版社，2008 年版，第 72 页。

② ［英］戈登·卡伦：《城市景观艺术》，刘杰、周湘津等编译，天津大学出版社，1992 年版，第 4 页。

③ ［美］凯文·林奇：《城市意象》，项秉仁译，北京，中国建筑工业出版社，1990 年版，第 1 页。

性和综合性、视觉性和功能性。

由于城市景观现象错综复杂，所以对它加以研究时，一般会从不同的角度出发对它予以不同分类。比如，根据观察方式的不同，城市景观可以分为动态景观和静态景观；根据观察者的位置与景物之间的距离，可以分为远景、中景和近景等不同层次；根据土地使用情况的不同，又可以分为居住区、商业区、工业区、公园绿地等区域景观；而从具体城市空间形式和内容出发，则可以将城市景观分为广场景观、街道景观、园林景观、建筑景观等，最后这种分类与人们在日常生活中对于城市的认识最为相符，本书的城市街道景观概念亦即源于此分类方式。

1.2.2　城市街道景观

1. 城市街道特点

"街道"是"城市中的大道"[①]，是一种有自身特点的特殊"道路"，它们仿佛是城市的骨架，伴随着城市的形成而产生。最早的街道就是建筑与建筑之间为了相互间的往来穿越而留出的线性空间，但随着时间的发展，它被赋予了更复杂的功能和更细致的形式，发展成为包容了建筑、环境设施、人类活动和绿化等元素的复杂线性结构空间。

城市街道通常具有线性空间所特有的方向性和序列性，既是城市中人们活动的基本线路，承担着城市日常的交通运输任务，同时也是城市社会生活的一种空间组织形式，与市民日常生活以及步行活动方式关系密切。如凯文·林奇曾阐述道："道路是观察者习惯、偶然或者潜在的移动通道……对许多人来说，它是意象中的主导因素。人们正是在道路上的移动的同时观察着城市，其他的环境元素也是沿着道路展开布局，因此与之密切相关"[②]。城市街道在体现城市环境个性、组织城市空间和城市生活等方面都发挥着重要的作用，它们不但是人们进行交往、购物、餐饮、休闲、娱乐等各种日常公共活动的物质空间所在，而且也承担着继承传统文化及满足人们审美需求等非物质性重任。

城市街道通常融通行、商业、社交、休憩等丰富功能于一体，与城乡长途公路干线、铁路线等其他道路空间相比较，它们一般应具有以下特点：

1）围合性。街道空间是由其两侧的建筑所界定，是一种由建筑秩序所形成的外部空间，一般围合感较强，具有积极的空间性质，空间与在其中的活动者关系密切。与之相比，其他道路空间则与周围建筑的关系较疏远，空间围合感相对较弱，空间与在其中的活动者关系也不密切。

2）场所性。作为构成城市空间的主要元素，街道在其具体物理形态之外，还是两点或两区之间关系的表示，也是人的活动路线和物的活动轨迹的表示。而且更重要的是，街道通常还是人们日常公共交往及娱乐的场所，人们可以在这里互相认识，互相观察、交谈等。所以一般说来，街道活动的主角应该是人，而其他道路空间的主角是车。

3）丰富性。由于街道两旁沿街界面以比较连续的建筑围合，这些建筑与其所在的街区及人行空间成为一个不可分割的整体，所以在其中发生的城市生活导致街道内容丰富，且街道景观有步行和车行两种认知感受方式。而其他道路空间围合感相对较弱，空间内容

---

① 辞海编辑委员会编：《辞海》，上海辞书出版社，1999 年版，第 2167 页。
② ［美］凯文·林奇：《城市意象》，方益萍、何晓军译，北京，华夏出版社，2001 年版，第 35 页。

相对简单，人们对其景观的认知感受主要经由交通工具的使用而得到。

2. 城市道路分类

城市中的各类道路宽窄不一，所承担的功能也各有差异，对现代城市道路系统的分类，各国有不同的划分标准，按照我国现行有关道路交通的规划设计规范，城市道路分为四个等级，分别是快速路、主干路、次干路、支路（表1-2）。

城市道路等级划分一览表①

表1-2

	交通特征	机动车设计速度（km/h）	道路网密度（km/km²）	机动车车道数（条）	道路宽度（m）	设计要点
快速路	大中城市的骨干或过境道路，承担城市中的大量、长距离、快速交通	60～80	0.3～0.5	4～8	35～45	立体交叉，对向车行道间设中间分车带。两侧避免设置大型公共建筑物的入口
主干路	全市性干路，连接城市各主要分区，以交通功能为主	40～60	0.8～1.2	4～8	35～55	自行车交通量大时宜采用机动车与非机动车分隔形式。两侧避免设置大型公共建筑物进出口
次干路	地区性干路，起集散交通的作用，兼有服务功能	40	1.2～1.4	2～6	30～50	
支路	次干路与街坊路的连接线，解决局部交通，以服务功能为主	30	3.0～4.0	2～4	15～30	

另外，按照道路的使用性质，城市道路又可分为交通性道路与生活性道路。交通性道路主要承载城市各地区间以及与对外交通系统间的交通流量，其特点是机动车较多、机动车道较宽、行车速度快、行驶车辆多；而生活性道路以满足城市各地区内部的生产、生活需要为主，其特点是车辆行驶速度较低，行驶车辆以客运为主，行人较多，所以机动车道较少且车道宽度较窄，非机动车道、人行道较宽。

本书倾向于对不同等级城市街道所应具有的景观共性进行探讨，而不特别强调它们的景观差异性，因此将北京宽阔的二环线、三环线、四环线等也包含于研究范围内，因为这些道路的景观是北京城市景观的重要内容，而且其中很多段落沿路建筑物排列较多，建筑物与道路多有出入口连接，路边也一般都有人行道可以行走，并有一些店铺等商业内容，因此它们在某些层面具有一定的"街道"特征。

3. 城市街道景观

街道景观（Streetscape）是由沿街建筑、绿化、环境设施、人流和车流等元素共同组成的、兼具形态和人文特征的空间视觉综合形式。由于城市街道空间是城市空间最重要的组成部分，容纳了城市生活中的丰富内容，所以城市街道景观通常富有生气和活力，最能反映城市文明程度和体现城市特色，是城市景观最重要的内容，而且人们对于城市的体验是在街道上依序展开的，作为城市的重要视线走廊，街道把不同的城市景色联结成了连续的景观序列。

---

① 转引自谭纵波：《城市规划》，北京，清华大学出版社，2005年版，第274页，内容有删减。原表格的绘制参考了国家行业标准和国家标准（GB 50220—95）《城市道路交通规划设计规范》（1995）。

城市街道景观内容丰富而复杂，既包括体现城市历史、文化、自然风貌的建筑和风景，也包括类似于清明上河图中所反映的各种城市生活场景。因此，城市街道景观首先是物质形态的集合，是建筑、树木、交通、人流等各种元素在空间中的有机组织，这些元素综合形成了环境中的各种视觉事物和视觉事件。其次，城市街道景观也是一种人文艺术，是人类文明积累所形成的物质和精神载体，它运用具体的形象为人们提供一种生存的空间环境，并在精神上影响着生活于其中的人们。

如果一个城市的街道景观清洁优美、风格独特，市民生活在其中愉悦而舒适，那么这个城市给人的印象将是繁荣安定、高度文明的。相反，没有特点、环境脏乱、人情冷漠的城市街道将使人产生想尽快逃离它的感觉。关于这一点，加拿大学者简·雅各布斯在其经典著作《美国大城市的死与生》中有精彩的描述，她在该书中指出了街道的形式对于城市生机极具重要性，并极力强调描述城市街道应该具有诸多的社会功能，她说："如果一个城市的街道看上去很有意思，那这个城市也会显得很有意思；如果一个城市的街道看上去很单调乏味，那么这个城市也会非常乏味单调"。① 同样，凯文·林奇在《城市意象》一书中，也强调了道路环境对于路人认识城市的重要性，并认为道路环境应该具有个性、方向性和可识别性等。

1.2.3　街道景观构成

1. 系统分析

城市街道景观是由众多要素组织而成的复合环境系统，结合环境行为学将人的领域行为空间划分为宏观环境、中观环境和微观环境三个层次的方法，从人体观感和空间尺度的角度出发对城市街道景观进行系统分析，可将街道景观系统分为以下三个主要层次：

1）宏观层次——宏观层次包括整个城市范围内街道景观的总体布局、景观形态的分布与组织以及景观要素的构成模式等内容，是对城市街道景观的总体印象，就仿佛是一幅城市街道景观的鸟瞰图，体现了一个城市的总体街道景观特点。对街道景观宏观层次的把握一般是通过对系统的大规模调查分析，由得到的无数景观片段拼贴而成，以城市自然地理条件和城市整体路网为基底，以城市街道空间构成为主要内容。

2）中观层次——中观层次是指街道局部区段的景观布局、景观形态的分布与组织以及景观要素的构成模式等，它是人的视力所及范围内能够清晰识别的街道景观，是比较容易被人们感知和把握的范畴，就仿佛是一幅对于城市街道景观的透视图或一段关于街道的动感摄影，与人对于街道景观的日常动感体验和认知以及景观场所感的营建关系最接近。

3）微观层次——微观层次是以人的尺度来衡量的城市街道景观，在这个系统中，每一个景观要素都具有各自能够为人们所识别的特征。景观要素的材料、质感、尺度，以及在宏观和中观层次中可以忽略的各类细节等，对于景观微观层次的构成都是至关重要的。微观层次体现城市景观人性化与亲切感最彻底，是城市宜人性景观得以充分展现的舞台。

---

① ［加］简·雅各布斯：《美国大城市的死与生》，金衡山译，南京，译林出版社，2005 年版，第 29 页。

2. 形态分析

景观形态与景观的视觉美学意义密切相关，是景观研究的最重要内容，在系统分析的基础之上，对城市街道景观研究需进一步落实到具体的景观形态。

对街道景观形态的要求首先在于街道空间形态。正如建筑室内空间具有空间限定和尺度的要求一样，街道空间也有空间限定及尺度方面的要求，由沿街建筑物良好限定的、尺度适宜的街道空间使人们可以舒适地使用街道和欣赏街道景观，是美好街道景观形成的基本条件。美国评论家伯纳德·鲁道夫斯基（Bernard Rudofsky）曾以意大利街道为例作出这样的评价："街道正是由于沿着它有建筑物才称其为街道。摩天楼加空地不可能是城市"①。

其次，对街道景观形态的要求还在于街道空间序列。世界各国很多名城的迷人魅力不仅因为它们拥有众多优美建筑，更因为它们拥有许多吸引人、充满丰富活动的外部空间，而且这些空间在整个城市中由街道串联，形成具有各种场所意义的城市空间序列。例如意大利的历史名城威尼斯、佛罗伦萨，法国的巴黎，比利时的布鲁塞尔，中国的小城镇丽江、周庄等都是如此。多样的公共空间在这些城镇中形成了整体序列景观，为城市健康生活提供了舒适宜人的重要场所，为成功营造和谐统一的城市整体环境作出重要贡献。

再次，沿街建筑立面形式是街道景观形态的重要内容。一般而言，同一条街道上的建筑物，尤其是紧密相邻的建筑物应该尽量具有相互协调的立面形式，以保证视觉的舒适度和审美的基本要求。有研究者指出："城市规划与城市设计在塑造空间形态上的主要思路，就是通过分析、控制城市空间界面，使人们在认知城市空间时获得设计安排的视觉界面"②。

最后，街道景观中的各种微观形态扮演着有限而又重要的角色，虽然它们是景观中可见的最小部分，但景观的近人尺度部分却完全依赖于合乎逻辑的细部形式的实现及其耐久性。阿兰·B·雅各布斯的《伟大的街道》一书是关于世界各地一些具有美好景观公共街道研究的重要著作，他在书中指出："细部对于最好的街道来说非常重要：大门、喷泉、长凳、亭子、铺地、灯具、标志和天棚都是重要的，有时还非常重要，同时还有一些元素作用较小以至于被人忽略。其中最重要的元素值得给予特殊的关注"③。

3. 要素分析

景观形态是由各种具体的景观要素构成的，街道景观的构成要素可以分为物质与人文两大方面，其中物质构成要素是一种物质形态的构成，涉及城市街道的自然环境、建筑群体以及城市的各项设施，包含自然条件与人为建设成果，它们的有机结合是形成宜人城市街道景观的必要条件；人文构成要素则包括城市生活及其所反映出的文化习俗和精神面貌。

各种建筑物、构筑物及环境设施等是人们根据主观意愿进行加工、改造的景观人工因

---

① 转引自［日］芦原义信：《街道的美学》，尹培桐译，天津，百花文艺出版社，2006 年版，第 42 页。

② 周进：《城市公共空间建设的规划控制与引导——塑造高品质城市公共空间的研究》，北京，中国建筑工业出版社，2005 年版，第 76 页。

③ 转引自［美］尼尔·科克伍德：《景观建筑细部的艺术——基础、实践与案例研究》，杨晓龙译，北京，中国建筑工业出版社，2005 年版，导言第 3 页。

素，是城市街道景观的主要内容。由于带有强烈的主观色彩，人工因素在城市街道景观中可能导致截然相反的结果：成为积极因素使街道景观趋于和谐完美，或成为消极因素产生丑陋混乱的街道景观。

建筑物是城市街道景观最基本的构成因素。从城市空间形态与城市街道景观的角度要求，建筑物应该成为创造城市个性与特色的积极因素，以其自身的特点和规律表达人们的功能需要、对地方环境的理解及与时代相一致的审美观。一些优秀的建筑物常常成为城市的永久标志和城市景观的精华所在，而沿街各种相邻建筑物之间的形式配合与协调问题则是营造城市街道景观之要点。

构筑物主要指桥梁、电视塔、水塔等工程结构物，它们常因为特别的造型及位置成为城市街道景观的重要内容。如立交桥作为桥梁的一种特殊形态，由于其巨大体量而对城市道路景观影响较大，电视塔、水塔等通常是环境中的标志性构筑物，对于活跃城市街道景观和丰富城市天际线有一定的积极意义。

各种环境设施和环境小品也是城市街道景观的重要构件，如灯柱、栏杆、公交候车亭、座椅、雕塑、广告栏等。设计合理、布置得当的设施既满足基本生活功能需求又具有近人的尺度，可以增强街道景观的宜人性和亲切感，设计特别的小品还可以展示地方特色，对城市街景的美化也较重要。

人工因素之外，每一个城市都有其赖以生存的自然地理环境，各种自然条件构成了城市的原生景观，体现了城市的基本特色。街道景观的自然因素包括地形、水体、动植物、气候等。其中自然地形是城市的地表特征，为城市提供了各具特色的景观条件，比如平原地形常常以线或面的形式展现，形成平缓、广阔的景观，山体的巨大体量和高度能为城市街道景观提供优美的背景，同时作为城市定位和构图的重要因素。而水体以其丰富的光影变幻为城市增加了生动性，自然水体如江河湖海等为城市街道景观带来开放性和动态美，人工水体如水池喷泉等亲切宜人，水体岸线往往是城市中最富有魅力的场所。另外，各类乔木、灌木、花卉、草地等植物是创造城市街道景观个性与特色的独具价值的自然因素，它们不但拥有净化环境的多种生态功能，而且还具有丰富的空间造型能力，其有机组合和不断变化的季相为城市街道景观带来特殊的生机与活力，植物与地理条件的相适性也使其成为强化地方性景观的重要因素。最后，自然的气候因素诸如日夜晨昏、风云变幻、四季更替、寒暑往来等产生的景观不确定性，也为街道景观添加了生动丰富的效果。

街道景观的人文因素主要包含人类在街道上的各种活动所产生的动态内容，此外城市历史文化作为内在动因对于街道景观产生的影响也不容忽视。人类在城市中的生活丰富而又复杂，其中有许多内容是在街道上发生的，所以有人将街道比喻成城市生活的"发生器"。其中最主要的人类活动是各种交通流，永不间歇的人流和车流是街道特殊的景观。街道还常常是各种休闲娱乐活动、商业活动、节庆活动和观赏活动发生的场所，这些动态活动是城市生活的重要组成部分，也是街道景观不可或缺的内容。

城市历史文化对于城市街道景观的影响表现在城市定位、景观制度等因素对城市街道景观生成和演化的制约，也表现在人们以审美价值观的主观方式间接影响街道景观，以使景观符合生活需要。

以上对于城市街道景观构成内容的综合分析，可制表如下以清晰表达（表 1-3）：

城市街道景观构成　　　　　　　　　　　　　　　　　　　　　表 1-3

景观内容	分类	内容
形态内容 （形态＋功能）	宏观层次	城市路网、城市形态、街道空间
	中观层次	环境意象、建筑立面、场所感知
	微观层次	建筑立面、铺地、植物、环境设施
人文内容 （生活＋文化）	文化层面	城市定位、建筑审美、景观制度
	行为层面	居住方式、交通方式、文明风貌

1.2.4　城市景观评价

对于景观的评价，景观分析评价领域初步形成了公认的四大学派，即专家学派、心理物理学派、认识学派和经验学派。专家学派从形式美的原则出发，强调形体、线条、色彩、质地四个基本构成元素在决定景观质量时的重要性，以统一性、丰富性、奇特性为其评价指标，认为凡是符合形式美原则的景观一般都具有较高的质量；心理物理学派则把"景观—审美"的关系看做"刺激—反应"的关系，主张以群体的审美趣味作为衡量景观质量的标准，通过寻求公众对景观的审美反映结果与景观客体元素之间的数学函数关系模型来评价景观的质量；认知学派更为强调的是人对于景观的认识及情感上的反应，重视景观是否能够唤起人的情感以及人对景观的当前的体验，倾向于从人的生存需要和功能需要出发来评价景观；而经验学派则将景观视为人类文化不可分割的一部分，用历史的观点，以人及其活动为主体来分析景观的价值及其产生的背景，探寻人的个性及其文化、历史背景、志向情趣与景观的相互作用，试图寻求具有普遍意义的影响景观评判的综合背景因素[1]。

当然，在不同学派的分歧之外，景观欣赏者的文化程度、个性、民族、生活环境等的差异，都会对其景观欣赏和评价产生影响，所以，关于景观评价的不确定因素可以说是很多的。如果借鉴美国的城市设计学家哈米德·雪瓦尼（Hamid Shirvani）将城市设计评价标准分为不可度量和可度量两类的做法，可以大致将景观评价标准予以简洁分类，归为偏重理性的可量度标准及偏重感性的不可量度标准两大类。一般来说，前者趋向将景观控制看做功能、效率的结果，强调使用可量度的设计标准；而后者则重视景观的艺术方面，常常强调使用不太具体和不可量度的评价标准。

1. 不可量度指标

1977 年美国城市系统研究和工程公司（USR&E）提出一套城市设计的景观评价标准，分别是与环境相适应、可识别性、宜人性和方位、功能合理性、视景、自然要素、视觉舒适、维护和管理。而旧金山城市设计的 10 项原则分别为舒适、视觉趣味、活动、清晰和便利、独特性、空间的确定性、视景标准、多样性对比、协调、尺度和格局。另外《不列颠百科全书》的城市设计标准为：格局清晰、环境容量、含义、多样性、选择性、环境特性、感知保证、活动方便、灵活性[2]。凯文·林奇则认为城市空间形态应该具有的指标为：

---

① 俞孔坚：《论景观概念及其研究的发展》，《北京林业大学学报》，1987 年第 4 期，第 433-434 页。
② 吕正华、马青编：《街道环境景观设计》，沈阳，辽宁科学技术出版社，2000 版，第 46-47 页。

活力、感受、适宜、可及性、管理、效率、公平①。

以上多项城市景观评价标准的主要内容可大致归纳为景观形态、景观功能、景观人文以及景观制度这四个方面，现制表予以比较如下（表 1-4）：

景观评价不可量度标准　　　　　　　　　　　表 1-4

提出者	景观评价不可量度标准			
	景观形态	景观功能	景观人文	景观制度
美国城市系统研究和工程公司	视景 自然要素 视觉舒适	宜人性和方位 可识别性 功能合理性	与环境相适应	维护和管理
旧金山城市设计 10 项原则	视觉趣味 空间的确定性 视景标准 多样性对比 协调 尺度和格局	舒适 活动 清晰和便利	独特性	—
不列颠百科全书	格局清晰 多样性 感知保证	环境容量 选择性 活动方便 灵活性	含义 环境特性	—
凯文·林奇	感受	适宜 可及性	活力	管理 效率 公平

2. 可量度指标

可量度指标是指那些可计量的实质形式指标。我国目前城市道路环境方面可量度指标尚不够系统、深入和完善，目前仅包括道路的红线宽度、道路横断面尺寸控制及一些人均面积标准、建筑与道路的高宽比等，对有些指标尚无明确的定量指标控制，如不同性质道路上商业空间、休闲空间、绿化空间、交通空间、停车空间等的组成密度及相互之间的比例关系等，因此导致了街道环境空间层次单调，且过于喧闹、使用不便，缺乏舒适感、安全感等问题②。

20 世纪 60 年代初期美国都市土地协商（Urban Land Institute）与联邦住宅局（Federal Housing）共同提出一套以土地管制确保设计品质的重要标准——土地使用强度系统（Land Use Intensity，简称 LUI），用以评估建筑物与土地的关系（也适用于开放空间）。依照这个比例，可以分配街道、停车场的空间量，且最重要的是分配开放空间的数量。LUI 并未提供简单的开放空间比率，而是一旦决定了基地适当密度，就可得出相应的开放空间、可居性空间及休憩空间等之间的"可行关系"，因此，具有较强的实践指导意义③。

我国在控制管理方面，土地使用（容积率、建筑退缩、建筑体量）与道路景观环境设计规则（如人行步道、道路设施配置等）的结合目前很不到位，有待改善。目前建筑单体

---

① ［美］凯文·林奇：《城市形态》，林庆怡等译，北京，华夏出版社，2001 年版，第 84-85 页。
② 吕元：《城市道路景观设计》，北京工业大学硕士学位论文，2001 年 5 月，第 24-25 页。
③ 吕正华、马青编：《街道环境景观设计》，第 48 页。

各自为政、公共空间开发受冷落、环境质量低下的不良局面在很多城市都存在。未来设计管理中应结合不可量度指标与可量度指标共同形成街道景观环境的控制和评价标准。一般来说，不可量度的指标宜于引导，但也可通过控制强化某些性质（如可通过控制环境中公共设施的数量调节环境可亲近性等），可量度指标则多属控制指标，但同时也需灵活运用。

1.2.5　街道景观评价

在以上城市景观评价原则的基础之上，街道景观由于其自身的特殊性而另有一些独特的评价原则，其中首要的一点是空间形态问题。环境美学家阿诺德·伯林特（Arnold Ber-leant）曾说过："环境条件对健康、满足感、人类自我实现和幸福感的影响是广泛且重大的，这些条件的美学特性是这种影响的主要要素"[①]，而对于环境美学特性的分析无疑需以形态内容为主。

1. 街道空间形态要求

对于任何功能类型的空间而言，合适的空间限定都是非常重要的，这主要是由人对空间使用的生理和心理特点决定的，封闭的围合空间具有较强的内视性和防卫性，可以给予人们心理上的安定感，便于人们舒适地使用并提供良好的景观效果。反之，在缺乏限定的空间中，人的视线容易涣散，心理易产生不安感觉。因此，空间限定的强弱在现代设计学中一般被视为空间性能好坏的一个指标。比如相关研究表明广场空间只有当周边有朝向它的建筑充当实体界面，围合成较为封闭、尺度良好的各种几何形空间时，才能使人注意力集中在空间之内，给人以整体感。

街道空间也同样如此，街道首先是以城市线性空间的形式为人们所觉察和使用的，而多数研究者都认为只有当街道的两个侧面封闭时才能具有引导性并吸引人的注意力。欧洲中世纪的一些小城街道广泛得到学者和游客们的共同认可，觉得很美，原因之一就是由于它们的封闭性很好，在这些街道的两旁，连续均衡的建筑形成了两道街墙[②]，确定了清晰的线性空间。因此，研究者们指出，为了适于使用以及视觉舒适美观，街道空间需要连续性空间限定及良好的尺度，也就是说街道两边建筑一般应该共同形成连续而完整的界面，且它们的高度与街道宽度比例合宜。

一般说来，街道空间的尺度是由街道的宽度（D）与街道两边主要建筑物高度（H）所形成一个比例关系（D/H）作为重要指标来衡量的，一些学者期望通过对历史优秀城镇街道空间尺度的研究和总结，得出一个可操作性强的合理指标。如日本建筑师芦原义信在其名著《街道的美学》中，借鉴了鲁道夫斯基在《人的街道》中及卡米洛·西特《城市建设艺术》中的研究成果，指出意大利中世纪街道 $D/H \approx 0.5$，文艺复兴时期街道较宽，达·芬奇认为街道 $D/H \approx 1$ 较为理想，巴洛克时期街道 $D/H \approx 2$，而欧洲中世纪广场的空间 $1 \leqslant D/H \leqslant 2$。最后，芦原义信总结认为 $D/H = 1$ 是空间性质的一个转折点，当 $D/H = 1$，街道空间的高度与宽度之间存在着一种匀称之感，而当街道 $D/H > 1$ 时，随着比值的增大会逐渐产生远离之感，超过 2 时则产生宽阔之感，当街道 $D/H < 1$ 时，随着比值的减小会

---

① ［美］阿诺德·伯林特：《生活在景观中：走向一种环境美学》，陈盼译，长沙，湖南科学技术出版社，2006 年版，第 29 页。

② 所谓"街墙"是指街道空间是由沿街建筑围合而成，这些建筑所形成的连续、垂直的界面对于街道空间而言就仿佛建筑室内的墙面对于室内空间一样重要。

产生接近之感，$D/H=1$、2、3 等数值可考虑在实际设计时应用[①]。阿兰·B·雅各布斯在《伟大的街道》一书中也探讨了街道适宜的 D/H 比例，结论大致为 $D/H=3.3$ 时，街道的界定感出现，$D/H=2$ 时，街道界定感明显，$D/H=4$ 时，界定感较弱，而 $D/H \geqslant 5$ 时，就基本没有了界定感[②]。总结他们两人的论述可知，一般而言 $D/H \leqslant 3.3$ 时街道空间才能界定较好。这种对于街道空间 D/H 比值的研究主要源自建筑与人的视野的关系，因为"人看前方时呈 40°仰角，若考虑在建筑上部看到天空，则建筑与视点之间的距离 D 同建筑高度 H 之比 $D/H=2$，仰角呈 27°即能欣赏到建筑的整体"（图 1-4~图 1-6）[③]。

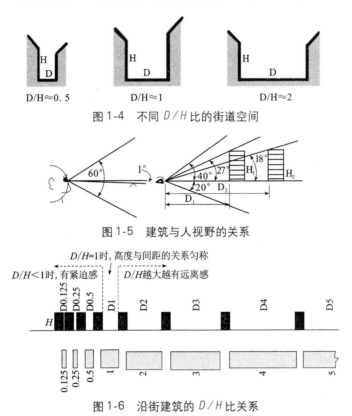

图 1-4　不同 D/H 比的街道空间

图 1-5　建筑与人视野的关系

图 1-6　沿街建筑的 D/H 比关系

不过，这一观点并未得到城市建设者们的一致认可，早在 19 世纪后半叶，卡米洛·西特就敏锐觉察了"在作为城市景观的 D/H 的考虑上，线路或交通的功能因素占了主导地位，而从城市美学观点出发的这一比例关系则逐渐被忽视"[④]。20 世纪初以来，随着现代建筑的兴起，建筑师们更注重建筑物的个体表达，而愈加忽视建筑与城市空间的关系问题，建筑更多地被视为城市空间中的雕塑而非街墙的一部分。如勒·柯布西耶（Le Corbusier）就曾在《城市》一书中，就对于西特的理论基本予以否定，认为它属于过去，已不适合现代的城市。因此，在 20 世纪以来的"现代建筑理论中，城市景观的指标 D/H

①　［日］芦原义信：《街道的美学》，第 46-50 页、第 207-209 页。

②　［美］阿兰·B·雅各布斯：《伟大的街道》，王又佳，金秋野译，北京，中国建筑工业出版社，2009 年版，第 273-277 页。

③　［日］芦原义信：《街道的美学》，第 49-50 页。

④　［日］芦原义信：《街道的美学》，第 208 页。

这一观念逐渐消失了"①。

　　笔者赞同芦原义信和阿兰·B·雅各布斯的论点，认为对于城市街道景观而言 D/H 这一指标的合理运用非常重要，因为正如芦原义信所指出的："街道宽度与建筑高度之比 D/H，适用于巴黎的香榭丽舍大道、罗马的维奈特大街、纽约的第 5 大街和东京的银座大街等世界各国的街道……它还适用于意大利广场、纽约的许多实例以及下沉式庭园等封闭空间"②，世界上多数景观美好、使用舒适的街道是符合这一指标的，笔者在欧洲各大小古城及国内一些宜人小镇的亲身游历体验也切实验证了这一论点。

　　除了 D/H 这一相对比值之外，街道宽度（D）的绝对值的重要性也不容忽视，因为人对环境的识别是有一定的尺度限制的，过宽的街道肯定不利于环境的可识别性。另外，从社会学角度出发的研究也表明街道宽度对城市居民的生活有较大的影响：例如当街道为 2 车道的轻度交通时，人们可能会有 3 个朋友加 6 个熟人；当街道为 3 车道的中度交通时，人们有 1.3 个朋友加 4.1 个熟人，而当街道为 4 或 5 车道的重度交通时，人们只有 0.9 个朋友加 3 个熟人③。由此可见街道越宽，人们碰面和交流的机会就越少，生活也就会相对趋于枯燥乏味。

　　在建筑物这一主体视觉印象源之外，街道的微观物质环境主要是由大量的公共景观设施所形成的，雕塑、喷泉、树木、花坛、坐凳、灯柱、栏杆等各种元素构成了与市民们更为贴近的具体环境细节，提供丰富多样的环境视觉体验。而且，"对于人们活动的城市空间来讲，建筑围合限定的是第一层次的空间或者说是城市原始空间，而人的活动所依据的是第二层次的、由公共设施限定的空间"④。这些环境要素的设计形式应相互契合、整体协调，追求一气呵成的整体美。其中沿街整齐排列的高大行道树对街道空间的影响作用最为明显，它们常常对于街道尤其是人行道产生积极的空间限定作用，有序排列的街灯也有类似的作用，但由于体积相对较小的原因，其效果不及行道树强烈。

　　2. 空间——运动——细节

　　由于街道景观首先是作为城市视觉内容而存在，所以首先从某种角度而言，每一静态的街道景观就如同一幅图画一样，是具有远景、中景和近景这些画面层次的，而且各种因素在这个画面中应该看起来和谐美观，形成较好的统一感和整体感。在这一景观画面中，街道空间是最为重要的宏观"画面"层次，它主要由沿街建筑物所形成，有时候也由行道树提供补充限定作用；而主要由各色建筑物所形成的街道景观意象及场所的形式构成了街景形态的中观层次；最后，建筑立面及靠近人的各种环境细节内容形成了街景形态的微观层次。对于静态街景的考察主要可借助于图底理论及连续理论，强调街道空间的完形和街道"画面"的美观。

　　其次，作为城市的线性空间，街道是各种城市运动的路线，人们对于街道景观的体验在静态之外，更多的时候是动态的。英国著名风景建筑师 J·麦克卢斯基（J. Mc Cluskey）就曾指出，道路的布线方式应该以最具有美学价值和使人愉悦为追求，他认为："一条精心设计的道路应具有一种内部的和谐——将随着其布线在驾驶者面前展示一幅幅图画，使

①　［日］芦原义信：《街道的美学》，第 208 页。

②　同上书，第 49 页。

③　陈可石主编：《城市设计晴朗的天空：北京大学城市设计论坛》，北京大学出版社，2008 年版，第 38 页。

④　袁烽：《今日建筑》，《时代建筑》2002 年第 1 期，第 96 页。

他赏心悦目；同时它也应该具有一种外在的和谐——它将安排得使那些经过这条路的人可以浏览旅途中穿越地带的有趣的连贯景色"①。因此，对于街道景观的考察必须加入时间这一维度，考虑到景观的空间序列、可识别性等。对于动态街景的考察主要可借鉴连接理论、戈登·卡伦关于景观视觉连续的论述和凯文·林奇的城市意象理论。

由于在不同的速度之下，人对于环境的观察方式差异较大，所以街道景观的设计必须考虑到车行和步行两种不同情况下的视觉需求。本书在考察街道整体景观的基础之上，更侧重于对街道步行环境的研究，这一方面是由于不同的运动速率决定了步行景观的视觉及功能要求远比车行景观高，另一方面也因为人们对城市环境的享受最终需要落实到步行上来，而且，北京目前在步行环境方面存在的问题相对车行环境而言更为突出。

最后，在视觉体验的和谐美观需求之外，街道景观对于身处其中的人们来说，还有舒适度和人文情感的需求问题，这就牵涉到对于景观的功能性、场所性、地域及民族特色的考虑等。对此可以借鉴场所理论、城市文脉理论，并应关注环境细节内容。

3. 评价原则

综合以上各项内容，可总结提出以下几项城市街道景观的评价原则：

1）空间完整——沿街建筑物应该在平面与立面上都具有一定的协调和呼应，使街道空间具有较好的完形感和连续性。

2）视觉和谐——街道景观给人以舒适的视觉体验，保护视线免受有害因素干扰，评价因素有尺度、比例、韵律等内容，以多样协调感为最佳效果。

3）识别清晰——街道格局清晰，街道景观具有秩序感与方位感，景观个性的视觉表达和社会功能良好，评价因素包括场所感及方向感等内容。

4）使用舒适——街道空间能有效组织交通及便于人们使用，特别是关注街道生活，关注空间的功能、位置、大小与相应的设施，评价因素既包括街道空间序列的安排，也包括各类公共设施的设计。

5）意义独特——强调街道景观的个性和独特性，尤其注重其地域性、民族性等历史人文方面的意义以及城市文脉的连续性。

---

① ［英］J·麦克卢斯基：《道路型式与城市景观》张仲一，卢绍曾译，北京，中国建筑工业出版社，1992 年版，第146 页。

第 2 章　北京历史街道景观概况

北京是一个历史悠久的文化古城，从辽代开始包括金、元、明、清诸王朝皆在此建都，其中元大都和明清北京城的规划建设杰出而具有代表性。北京的城市景观在新中国成立时依然基本保留了一个封建帝国的都城形制及面貌，而新中国成立后至今 60 多年来城市变化巨大，大量的拆除和新建工作逐渐消解了明清北京城的历史遗留。20 世纪末期以来，面对新北京城市建设的很多困惑，人们日益增强了对于老北京城市风貌的留恋和回味。对北京历史街道景观的回顾，可提供一种基于时间纵向的比较视野。

2.1　北京历史街道景观形态特征

2.1.1　形态完整——街道网络和空间

建筑史对于北京作为历史著名都城的详细考察基本是从元大都开始的，1267 年动工，1271 年完工的元大都是按照中国春秋战国之间成书的《周礼·考工记》的设计思想建设而成，这是一座建于地势开阔平坦的平原上的国家都城，其整体规划的思想基本遵守了"匠人营国，方九里，旁三门，国中九经九纬，经涂九轨，左祖右社，前朝后市"之制[①]。建成后的北京城市空间平缓开阔，天际线轮廓舒缓有致，整座城市为高大的城墙所围合，各式城门、城楼雄伟壮观。

元大都城市平面为长方形，东西长约 6600m，南北长约 7400m，城郭三重，以位于全城南部中央的宫城为中心，向外为一重皇城，再一重为外城，外城墙上除北面城墙只有两座城门外，其余三面各有三座城门。元大都有一条明显的中轴线，街道整齐，城市主干道纵横相交通向城门，道路的宽度也有分级，大致为四种状态，在宽度上依次递减。首先是大街，如中轴线上的大街宽约 36.96m（24 步×1.54m），其次是小街约 18.48m（12 步×1.54m），再次是火巷，可能宽 9.24m（6 步×1.54m），最后是胡同，一般宽 6~7m[②]。元大都的大小街道都比较宽畅，正如马可·波罗所说："街道甚直，此端可见彼端，盖其布置，使此门可由街道远望彼门也"[③]，可见街道宽直是元大都的一大特色。

元大都的城市主干道，是与城市中轴线相平行的、左右两条通往南面城墙城门的大街，这两条南北干道一条在西城，一条在东城，构成连接北京胡同的两条脊柱，它们既是交通干线，又是商业街，并且通过两个城门延伸到外城，另有若干条窄些的南北向道路与之平行，东西向干道则从东西城墙的各主要城门出发与南北干道垂直相接。由于街道两边

---

① 董鉴泓主编：《中国古代城市建设》，北京，中国建筑工业出版社，1988 年版，第 4、52 页。
② 关于胡同的宽度研究者有不同看法，本书此处是综合多份文献资料，并结合自身实地考察给出的结果，主要参考自王彬：《北京微观地理笔记》，北京，三联书店，2007 年版，第 65-66 页。
③ 转引自萧默编著：《巍巍帝都：北京历代建筑》，北京，清华大学出版社，2006 年版，第 41 页。

的房屋多为平房，城市主要干道显得很宽。胡同绝大多数为东西走向，与南北向道路垂直，胡同的间距一般约为 70 ~ 80m①（图 2-1）。

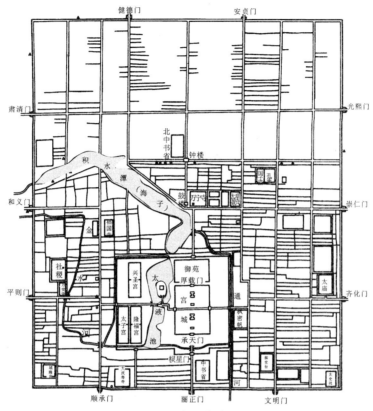

图 2-1　元大都城市总平面图

明清北京城内城的街道坊巷基本上沿用了元大都的一套系统，其街道格局以通向各个城门的街道最宽，为全城的主干道，大多呈东西、南北向，斜街较少，但内、外城也有差别。位于南部的外城是先形成市区，后筑城墙，因此街巷密集，许多街道都不端直。通向各个城门的大街多以当时的城门名命名，如崇文门大街、宣武门大街、阜成门大街、安定门大街、德胜门大街等。被各条大街分割的区域，又有许多街巷。据明朝人张爵在《京师五城坊巷胡同集》（成书于嘉靖三十九年）一书中记载，北京内、外城及附近郊区，共有街巷 1264 条左右，其中以胡同命名的 457 条。比较而言，以正阳门内皇城两边的城市中部地区街巷最为密集，达 300 余条，这是由于处在全城中部，又接近皇城和紫禁城，地理位置优越，人口自然稠密(图 2-2)。

明清时北京市肆约 130 多行，相对靠近在皇城的四周，形成四个中心，城北在鼓楼一带，城东、城西各以东四和西四牌楼为中心，城南在正阳门外。各行业之"行"通常集中在以该行业为主的坊巷里，如羊市、马市、果子市、中帽胡同、罐子胡同、金鱼胡同等。

① 关于胡同之间的南北距离，各相关研究论述有异，如萧默在其编著《巍巍帝都：北京历代建筑》中认为胡同之间的南北距离大多约为 50 步（约 77m）（第 41 页），董鉴泓主编《中国城市建设史》认为 70m 左右（第 102 页）。

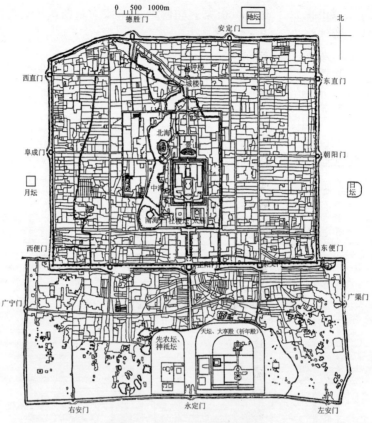

图 2-2　明清北京城市总平面图

在拥有了街道系统这一"合理而有秩序"的骨架后，各类建筑物被合理配置其中，街
道两边基本以四合院建筑围合，住宅区的胡同内沿街立面表现为院墙与院门延绵不断的形式，商业街则以连续的木质雕刻门扇为主。马可·波罗曾称赞过元大都的城市面貌"其美善之极，未可宣言"，他描述道："各大街两旁，皆有种种商店屋舍，全城中划地为方形，画线整齐，建筑房舍……方地周围皆是美丽道路，行人由斯往来"①。由此描述可见，元大都规划整齐，街道犹如棋盘，而且居民区为方形，排列十分整齐，开创了明清北京城四合院居住区之先河。而从《乾隆京师全图》中可以清晰看出由于街边建筑立面连续性好，街道空间由于得到了非常明确的限定而呈现出"图"的特征（图 2-3）。

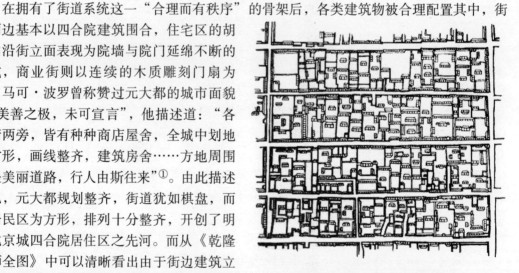

图 2-3　乾隆时期北京街坊平面

明清北京城市的整体性特色非常明显，梁思成先生曾著文指出："它所特具的优点主

---

① 转引自萧默编著：《巍巍帝都：北京历代建筑》，北京，清华大学出版社 2006 年版，第 41-42 页。

要就在它那具有计划性的城市的整体。那宏伟而庄严的布局，在处理空间和分配重点上创造出卓越的风格，同时也安排了合理而有秩序的街道系统，而不仅在它内部个别建筑物的丰富的历史意义与艺术的表现。所以我们首先必须认识到北京城固有骨干的卓越，北京建筑的整个体系是全世界保存得最完好，而且继续有传统有活力的、最特殊、最珍贵的艺术杰作。这是我们对北京城不可忽略的起码认识"①。

由此可见，明清北京城具有秩序井然、较为完整合理的城市街巷网络，而且由于沿街建筑物紧密连续，街巷空间形态的完形感较强，多呈现出"图"的特征。此外北京城的街道网络空间在城市发展历史上也一直延续了下来，历经明清500年沧桑变化而保存至20世纪40年代末，如新中国成立初期杰出的建筑师华揽洪先生曾写道："在总体轮廓上，1949年的北京和清朝时的北京几乎没什么大改变，而清朝的北京又沿袭了明代的都城"②。

2.1.2　识别清晰——街道环境意象

对于明清北京城的整体特征，有学者曾归纳为以下几点：

"以宫城为核心，外套皇城、内城，并与外城邻接。

南北近八公里的中轴线贯穿全城，祖社、里坊、郊坛等基本上沿轴对称排列。

'前朝后市、左祖右社'的格局。

街道系统呈棋盘状，大小、主次格外分明。

城市用城墙围合，并依靠城门、牌楼等划分空间。

挖池筑丘，解决了漕运及城市的主体自然景观"③。

确实，在对整体规划思想严格遵守的基础之上，北京形成了一种格局清晰的城市景观特征，总体景观尤其是街道景观可识别性较强："紫禁城的空间优势、由干道和胡同织成的经纬，构成这个城市横平竖直、等级森严、严密协调的整体，整个脉络之清晰不会让任何一个游客迷路"④。

梁思成先生在新中国成立初期曾著文对北京的街道系统评述道："今天所存在的城内的街道系统，用现代都市计划的原则来分析，是一个极其合理，完全适合现代化使用的系统"，"这个系统的主要特征在大街与小巷，无论在位置上或大小上，都有明确的分别。大街大致分布成几层合乎现代所采用的'环道'，由'环道'明确的有四向伸出的'幅道'。结果主要的车辆自然会汇集在大街上流通，不至无故地去窜小胡同，因而使胡同里的住宅得到了宁静。"⑤。

借鉴凯文·林奇的城市意象理论，可以较清楚地对明清北京城市街道环境意象所具有清晰的可识别性加以分析。

首先，城市最重要的可识别因素是城门和城楼的组合。北京城以高大的城墙四面围

---

① 梁思成：《北京——都市计划的无比杰作》，左川、郑光中编：《北京城市规划研究论文集》，第26-27页。
② 华揽洪：《重建中国——城市规划三十年（1949-1979）》，李颖译，北京，生活·读书·新知三联书店，2006年版，第13页。
③ 陆翔、王其明：《北京四合院》，北京，中国建筑工业出版社，1996年版，第46页。
④ 华揽洪：《重建中国》，第21页。
⑤ 梁思成：《北京——都市计划的无比杰作》，左川、郑光中编：《北京城市规划研究论文集》，第25-26页。

合，每面城墙上开有 2 至 3 个城门作为城市的出入口，同时也具有重要的对外防御功能。明清北京的城门为"内九外七皇城四"，共有 20 座。主要的对外城门之上都建有高高的城楼，外建瓮城，城楼建筑形式多为重檐、歇山、灰筒瓦绿琉璃剪边瓦顶，内城的九座城门除正阳门外，面宽大致为五间 36～39m，高 33～37m。正南面的正阳门因其方位而成为城市的主大门，面宽七间达 41m，城楼与城台共高近 40.36m。高大的城楼和角楼、城墙一起，组成了城市外围丰富的立体轮廓。

关于当时北京的城墙和城门的情形，瑞典美术史家奥斯伍尔德·喜仁龙（Osvald Siren）曾在其 1924 年所著《北京的城墙和城门》一书中描述和评论道："纵观北京城内规模巨大的建筑，无一比得上内城城墙那样雄伟壮观……这些城墙是最动人心魄的古迹——幅员广阔，沉稳雄劲，有一种高屋建瓴、睥睨四邻的气派……无论是在建筑用材，还是营造工艺方面，都富于变化，具有历史文献般的价值。城墙单调的灰色表面，由于年深日久而剥蚀，故历经修葺。不过，整个城墙仍保持着统一的风格。城墙每隔一定距离便筑有大小不尽相等的坚固墩台，从而使城墙外表的变化节奏变得鲜明……这种缓慢的节奏在接近城门时突然加快，并在城门处达到顶峰。但见双重城楼昂然耸立于绵延的垛墙之上。其中较大的城楼像一座筑于高大城台上的殿阁。城堡般的巨大角楼，成为全部城墙建筑系列的巍峨壮观的终点"[1]。可见，这些富于标志性和装饰性的城门城楼予城市以清晰的范围界定的同时，也为城市提供了富于韵律的完整天际线以及某种特殊的历史气质（图 2-4）。

图 2-4　正阳门城楼（1932 年）

另外，对于北京城市景观更为重要的是，城楼与通过城门的城市主要街道呼应，这里是入城道路的起始点和出城道路的终结点，因此，高耸壮美的城墙和城门一起成为明确的出入口标志物，对街道产生明确的空间限定作用，使道路轴线感得到加强，进入和外出城市的关系清楚，街道的环境意象因此清晰。纵观整个城市，可见众多城楼和钟鼓楼、牌楼等高大建筑物一起有规律地分设在各主要街道的关键部位，成为主要大街的对景和统率各地段的视觉构图中心，使整座城市成为一个有机的艺术整体，同时也产生了可清晰识别的城市意象。

四面围合的城内，皇家宫苑禁区紫禁城坐落在城市的正中心并重叠在城市中轴线上，它

① ［瑞典］奥斯伍尔德·喜仁龙：《北京的城墙和城门》，许永全译，北京，燕山出版社，1985 年版，第 28 页。

南北长 961m，东西宽 753m，以四面环绕的高 10m 的红色城墙和宽 52m 的护城河与城市相接，四面各设城门一座，皇城四周分布各个民居的坊区和集市。紫禁城以围合完整的红色城墙、辉煌的中轴建筑群和四角华丽高耸的角楼等标示出强烈的中心区域感，穿过皇城的城市中轴线达 7.8km 长，以永定门—正阳门—中华门—天安门—午门—紫禁城—景山—地安门—鼓楼—钟楼一系列重要建筑物串联，仿佛城市的脊椎一般。紫禁城城墙的四个角上各有一座精美华丽的建筑，是紫禁城造型奇特多姿的高 18m 的角楼，为复杂的大木构架和斗拱结构，十字形屋脊，重檐三层，多角交错，整体比例谐调，轮廓优美，造型玲珑别致，黄色琉璃瓦顶和镏金宝顶在阳光下闪烁生光，衬着蓝天白云，显得庄重美观，倒影于碧波荡漾的水中，景象更美，是紫禁城的重要标志。由于紫禁城的存在，城市的中心区和以中心皇城与四周城墙所共同界定的城市各区对于普通市民来说区域感明确（图 2-5）。

图 2-5　紫禁城角楼景观

　　而作为街道环境意象主导元素的城市道路，则因街道网络等级清晰、方向感明确而使行人自然易于识别方向。街道边界一般皆以四合院平房带入口的外墙或者面向街道的商铺连续限定，建筑单体的尺寸又相对均衡，所以作为街道边界的整体建筑元素形态完整。

　　在明清城各重要道路交叉口的节点上，则通常有牌楼或坊门作为标志物存在，提醒路人空间结构的转换。作为中国古代建筑中极有代表性的一种类型，牌楼（也称牌坊）在明清北京城市街景中是不容忽视的重要内容。牌楼一般都具有造型华美的飞檐瓦顶，在组合的建筑群落中，虽属于点缀型装饰品，却又相当于街道或建筑群"门面"。它们常用于表彰或纪念某人某事，作为装饰性建筑则可增强主体建筑的气势，置于街巷区域又可起分界及标志作用。由于数百年国都的历史使北京的殿堂、庙宇等大建筑群很多，需要纪念和表彰的事件、人物也相对较多，因此作为装饰性的牌楼的数量在北京也就较其他城市多许多。

　　而北京为街坊而专设牌坊的形式则源自元代，明、清都有发展。元大都的街道都是按坊建制，明清沿用，坊为居住的基本单位，基本是一个方块区域，为便于管理，一坊建一牌坊，这牌坊即是所在街道的标志。元大都时，全城分为 50 坊，明代分四城（区）36坊，清代分五城（区），坊依旧，这种设置方式是北京牌坊较多的一个原因。因此，明清北京城的街道上曾横亘着不少牌楼，另外每一城门外也都建有牌楼，如明代京城九门外都有牌楼。据不完全统计，北京曾建各式知名牌坊 300 多座，至今仍有许多古牌楼屹立在各个景点。北京的街道牌楼在民国以后的城区街道尚存 28 座，至新中国成立时也还尚存许多座，其中较为著名的有东四牌楼和西四牌楼（该处十字路口在东、南、西、北方向各有一座牌楼），东单牌楼和西单牌楼（路口南各有牌楼一座），东、西长安街牌楼、东交民巷牌楼和西交民巷牌楼，以及正阳门、朝阳门、阜成门牌楼等，但这些街道牌楼后来在 20世纪 50 年代初因交通拓展需要都被逐渐拆除，只剩下"东四"、"西四"和"东单"、"西单"这样的地名表征着一种历史记忆了。

　　时至今日，依然存在的北京街道古老牌楼已经极少，唯有成贤街的四座牌坊是历史遗存，它们既是该街道的特殊标志，又有效形成了街道的空间延续感，由连续排列的牌坊与两边院落墙体、院门一起形成特殊的富有节奏感的街道景观（图2-6）。

坊门也是街道的重要标志物，如现存的南池子大街和南长街位于长安街一端的坊门（街门），标有街名的红墙黄琉璃、瓦木梳背式顶的三孔拱券门对街道空间同时具有入口标志和限定作用，三个门孔的设计又正好限定了车行与人行的不同空间，可以说是功能与美观兼具（图2-7）。虽然这两座砖石券门是民国初年所建，但可以想见在明清应有许多类似的坊门设置，这种坊门也对于街道起到标志和空间限定的作用。

图2-6　成贤街牌坊丰富了街景　　　　　　　图2-7　南池子大街券门

最后，北京历史街道景观的可识别性还表现在建筑形制上。人们走在街上，根据建筑物外形即可获得许多信息，从而对建筑的性质或建筑主人的社会地位作出判断。最明显的是四合院大门，每一种门都有各自独特的建筑装饰形式，使人望一眼就大致可知主人身份是平民还是亲王、郡王、贵族官员或者富商。这是因为在封建时代，国家对于建筑形制包括门头形式向来有着严格的等级规定，它是中国传统理念"礼"的体现。大约从唐代起，统治阶级为了确立统治秩序，就明确规定了不同爵位、品级的贵族宅院与大门的形制，这种制度一直沿用到清王朝灭亡。如清朝《大清会典》中记载了顺治九年（1652年）对于北京四合院"门"的规定有：亲王府，基高十尺，正门广五间，启门三，门柱均红青油饰，每门金钉六十有三；世子府，基高八尺，正门金钉亲王七分之二；贝勒府基高六尺，正门三间，启门一，门柱红青油饰；贝子府基高二尺，启门一；公侯以下官民房屋，台阶高一尺，柱为素油，门用黑饰等[①]。在一般四合院住宅之外，其他公共建筑物如官衙、会馆、寺庙等，以及各种商业建筑，在建筑立面上也可根据建筑形制、装饰及牌匾等各种综合信息一望而知其建筑性质。

由此可见，明清北京城的外城城墙和皇城城墙的划分出的范围清晰限定了城市的区域（District），标示了城市的边界（Edge），城市街道方向又基本都是南北或东西向的，极为端正且等级划分严格，而街道上的诸多城楼、钟鼓楼、牌楼、坊门等则具有地标（Landmark）以及节点（Node）的作用，这些设计形式都符合凯文·林奇的城市意象理论，显著提高了城市总体街道环境的可识别性。

---

① 参见朱祖希：《营国意匠——古都北京的规划建设及其文化渊源》，北京：中华书局，2007年版，第226页。

　　而与北京相比较，同时期国外很多著名城市，如欧洲的一些古城，它们的城市街道多呈有机形或放射形，缺乏正南正北的方位识别，街道的等级划分也并不严格（图2-8），同时，建筑物的等级区分和识别也没有如此严格和清晰，所以北京历史城市街道景观的这种可识别性是比较特殊，也是较为可贵的。

2.1.3　视觉和谐——街景色彩与装饰

　　城市是建筑的集合体，而建筑就仿佛是城市的细胞，城市街道景观与沿街主要建筑形式密切相关。

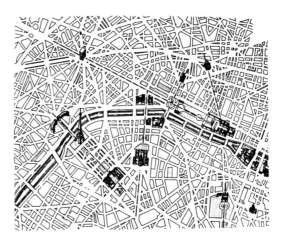

图 2-8　巴黎放射形街道网格形态

　　对于明清北京传统建筑的类型，学者萧默在《巍巍帝都：北京历代建筑》一书中，将与明清北京城相关的建筑划分为紫禁城、坛庙、皇家园林、陵墓、宗教建筑、王府与民居、会馆等几类，其中皇家园林和陵墓基本处于郊外，与城市街景基本没有直接关系，其他数种建筑类型的组合形成了北京城市环境的主体效果。例如其中会馆建筑在清末南城就达460余座，寺庙建筑据乾隆十五年（1750）《京师全图》所标示的，北京内外城寺庙能落实的共有1320座，民国19年（1930）北平市社会局调查时，北京内外城存寺庙890座。旧时的中国城市没有市民广场，庙宇提供了适合市民们接触、聚会的共享空间。庙宇有集市功能，也是百姓的宴游处所，另外庙宇的位置还具有环境标示作用，如小街或胡同口以关帝庙和观音庵为多，道路分叉处则多建五道庙，而北极庙、真武庙往往建在街道尽头或死胡同口，火神庙则多分布于国家仓储、军队草料场周围等处[①]。

　　封建时代，礼制对整个城市的建筑形制和装饰在律法上有较为严格的限定和制约，从而使城市建筑环境总体面貌呈现出一种和谐观感。首先，城市中心紫禁城的色彩设计中广泛地应用对比手法，造成了鲜明、富丽的色彩效果。从明朝开始，皇宫建筑都采用金黄色琉璃瓦铺顶。巨大尺度的金黄色屋顶和红墙、红柱，与北京常见的蔚蓝色天空相对比，形成强烈的艺术效果，给人以金碧辉煌、庄严肃穆之感。经由天安门、午门进入宫城时，沿途呈现的蓝天与黄瓦、青绿彩画与朱红门窗、白色台基与深色地面的鲜明对比，艺术感染力强烈。虽然明清之时普通市民难以进入皇城这个禁区，但紫禁城以其巨大的占地面积、绝对的居中位置以及肃穆的城墙、城门和角楼给予了城市一个辉煌夺目的中心和"壮"与"尊"的景观意象，并将影响延伸至周边的城市街道上。

　　皇城之外，从四面城墙上的各个城门向城市内部伸展的城市各条商业街道呈现一种颇具特色的街道景观。这里沿街的店铺一间间紧密排列着，建筑多为一层或两层的砖木结构，建筑上常装饰有各色木质的栏杆、雕花挂檐板、窗棂窗花等内容。另外，店铺的店名招牌多请书法好手书写，具有独特审美价值。店铺的幌子则竖立着与建筑垂直，直接面向街上来往的行人。这样的街景在民国时东四牌楼附近的街道以及崇文门内大街、东单大街、朝外大街等处都可见到。由于在建筑形制、用材、装饰纹样等方面的相似性，这些商

---

① 侯仁之：《北京城市历史地理》，第 188-210 页。

业街道的景观也自然具有某种形式和色彩的视觉和谐统一感。

从城市的商业街道走入胡同后，大量形式类似的四合院建筑占据了城市建筑的主体，此处景观显得更为统一。四合院建筑在城市中数量巨大且形式相似、统一感强，所以它们对于明清北京街景的主体面貌起着决定性作用。

有研究者指出典型的明清北京四合院住宅形制的特点是：

"采用正房为核心，外套院落的组合方式。

以倒座、垂花门、正房、后罩房所组成的南北主轴是宅院的中轴线，厢房、耳房等沿轴对称排列。

内院、外院分区明确，并强调引入自然的空间。

住宅平面有内在的网络关系，并用院门、围墙等限定空间。[①]"

其实不光居民住宅是这种形制，城市中的诸多会馆、寺庙、府衙等公共建筑也同样表现为类似的四合院形式的组合，这一点从《乾隆京师全图》可考察得知，现存的一些历史遗留建筑物也是实证。

北京传统四合院建筑等级划分清晰，如住宅方面是按官位品级由高而低，建筑间架渐次递减，但总体却保持了尺度相近的建筑形式和协调统一的外观。行走在城市的很多大街小巷，沿街两侧的建筑立面效果，基本呈现为以灰色砌砖墙或灰色抹面混水墙为底，以各个装饰效果特别的门户为"图"的连续、富有节奏感、和谐美观的图底关系（图2-9）。

四合院院门的装饰也是当时城市街景的重要内容。很多四合院门户有相应的影壁作为装饰，影壁形式主要有三种，包括位于大门内侧呈一字形的、位于大门外面的一字形和"雁翅"形的，以及位于大门左右两侧平面呈反"八"字形的。其中内

图2-9　四合院院门呈现"图"形特征

侧一字形影壁可以遮挡院中杂乱的景物和呆板的墙面，同时还具有很好的保密功能，其他两种影壁则可以烘托环境气氛，增加住宅气势。

在严格遵守等级规定、形制清晰的基础上，四合院的大门装饰统一协调，具有特别视觉美感。它们大致分为由一间或若干间房屋构成的屋宇式与在院墙合拢处建造的墙垣式两种，前者的级别高于后者，主人多为朝中官员之类的社会显贵，后者的主人则一般为社会普通百姓。屋宇式大门依门柱位置的不同又分为广亮门、金柱门、蛮子门、如意门等不同级别。

不同大门形制与不同的门饰相结合，门饰形式也有等级限制。例如对于门漆颜色的规定十分严格，公侯以下的官民住宅一律"柱用素油，门用黑饰"。为了显示门第的不同，当官的人家在大门框上、顶瓦之下加上木结构的装饰物"雀替"和"三幅云"，以标明官民之别。大门门簪之上的长方形空地可用于挂匾，匾上的字迹是宅主身份、职业的介绍。四合院的门礅也以不同形式代表居住者的不同身份地位，一般狮子形门墩代表皇族，抱鼓形或箱子形有狮子门礅代表高级文官，抱鼓形有兽吻头门礅代表低级武官，箱子形有雕饰

---

① 陆翔、王其明：《北京四合院》，北京，中国建筑工业出版社，1996年版，第46页。

门礅代表低级文官，箱子形无雕饰门礅代表富豪等。门礅上雕有各种寓意不同的吉祥图案表达美好祝愿，如："好事连连"、"吉祥如意"、"八宝吉祥"等。

封建时代发达的手工艺，使四合院门面上这些装饰工艺精湛、图案美观、趣味横生，它们不但综合形成了清晰的等级识别功能，显示出建筑物主人的社会地位，而且它们特别的视觉美感也给建筑门面增添了庄严、优雅的气质及独特个性，使门面在街景中凸显出"图"的效果，同时，也为城市街景增添了丰富的文化内涵（图2-10）。

总之，明清北京总体街道景观中总体景观大面积呈现为四合院墙的和谐灰色，其间又以各色院门、坊门、牌楼、城门城楼等鲜明装饰节点有节奏地点缀，景观效果统一而又颇具装饰细节。各种建筑形式既主次分明又彼此呼应，一些城市职能建筑虽然在形制上由于功能的不同而具有一些自身特点，与民居对比鲜明，但由于封建时代建筑材料以及建筑技术的限制，它们在建筑形式上又依然相互协调，建筑装饰也呈现多样统一。

图 2-10　装饰丰富的四合院大门

此外，明清北京城市景观视觉和谐的一个关键原因还在于，中国古代建筑模数体系自宋代《营造法式》成书时期逐渐建立，至明清已发展成熟，房屋高深皆以"材"为计量单位，这一模数体系的全面运用使建筑物各部分尺寸的比例关系趋于恒定，城市中的建筑因此基本同属于一个统一的模数体系，现代设计理论证明，整体构架、构件以相似比例建造的建筑物必然产生一种深层的和谐视觉感。

2.1.4　街道景观形态缺点

虽然从城市整体看，明清北京城街道网络具有形态完整的优点，研究者对此溢美之词甚多，但其实对于普通百姓的日常生活而言，当时的街道也存在一些不便之处。

首先是由于城中心占地巨大的皇城禁止平民通行，因此百姓出行有时很不方便，如要从东城去往西城就需费半天时间绕过皇城。而且城市中心的宫苑禁地再加上城市北面后海宽大水面的阻隔，使城市的东西两侧的城门虽然相对但大街并不能直通，城南三座城门和城北两座的城门则不相对，也未能形成直通大街。这种情况直到民国以后一些皇家禁区被废除才有所改善，1923 年开始，皇城的东、西、北三面城墙被拆除，后来南城墙也拆除了，此后开辟了东西南北的四条大街，即紫禁城南侧的东西长安街，北侧的景山前街，东侧的南、北池子大街和西侧的南、北长街，东西长安街被打通，景山前街也可通行了，这些改造疏通了当时京城的交通，使东西城之间出现了直通的大街，百姓往来不再需要绕行，出行大为方便。

而与明清北京城相比，欧洲古城城市中心常为市政厅、教堂等公共建筑围绕着大面积市民广场的形式，城市中的重要道路都通向这些广场，城市交通因此较为通畅，市民出行也较为便利。

其次，如果以现代城市设计的原则审视明清北京城市街道空间，它们的尺度也存在一些问题。由于典型的胡同横断面平均宽度为 6～7m 左右，而两旁四合院住宅山墙高度为

4～5m左右，所以胡同空间的断面高宽比 $D/H \approx 1 \sim 2$，尺度适宜。但对于城市宽约 36.96m 的大街来说，两边的建筑物高度一般也以一层为主，局部商业区域可能有两层高建筑（高度约 7m 到 10m 之间），所以推测其街道空间尺度应为 $D/H \approx 3.7 \sim 9.3$，可见街道显得过宽，空间围合感较弱。同理可推测约 18.48m 的小街 $D/H \approx 2 \sim 4.6$，空间围合感介于大街和胡同之间，也非特别理想。所以，在当时的外国人眼里，"初进北京大门第一印象是它同欧洲城市相反，这里的街道有一百尺宽"[1]（图2-11）。

图 2-11　北京的正阳门外大街（民国）

　　不过，由于城市街道网络中大街数量较少，而胡同在街巷数量中占据优势，所以总的看来，明清北京城市的街巷空间尺度还是趋于舒适合理。而且，街道的宽度由明至清有较大的变化，明永乐年间修建北京城的时候，为了充分显示出京城的气派，街道是规矩而宽绰的，但经过四五百年的漫长岁月至清朝末年时，由于人口的不断增长和商业的发展，城市的有些街道被大量挤占，已经变得面貌全非了。"例如原来宽达 28m 的地安门大街，仅剩下了 15.7m 宽，一般的干道仅有 9～12m 宽。最窄的胡同如前门外的高筱胡同、小喇叭胡同、钱市胡同分别宽 65cm、55cm、40cm，只能供一人通行"[2]。

　　此外，虽然北京历史总体街景倾向于和谐美观，但后来随着时代的发展、朝代的更替，原有建筑及装饰方面的等级条例不再被严格遵守，它们对于城市街景的制约作用也极大削弱，北京的局部街道景观有较大变化。比如由现存资料可见，发展至 20 世纪 50 年代，北京的一些商业性街道上，存在沿街建筑高低不均、建筑形式很不和谐、各种商店招牌设置杂乱的现象，从而导致整体街景较为混乱（图2-12）。

图 2-12　北京前门大街北段两侧局部立面（1955 年）

---

① ［英］斯当东：《英使谒见乾隆纪实》，叶笃义译，北京，商务印书馆，1963 年版，第 313 页。
② 齐鸿浩、袁树森：《老北京的出行》，北京燕山出版社，2007 年版，第 4 页。

由于时代发展的限制，明清城市道路设施总体质量较差，街面多以泥土为主，铺设石板的很少。遇大风天，土质路面的大街上风沙弥漫、暴土扬烟。即使是无风天气，干燥的路面上也是一层厚厚的浮土，车马经过灰尘极大，人步行其中也满脚是土，雨天则自然转为满街泥泞。当时的人们也非常希望改善街面状况，但由于耗资巨大，所以从元朝到清朝末年，北京仅修建了 8 条石板路，它们基本都是皇帝出行时所走的"御道"，所以又称为石辇路。如从前门至永定门的路段是皇帝去天坛、先农坛祭祀及出京所走的路，就被修成了石板路。到新中国成立时，"打开 1949 年北京公路建设史册，上面赫然写着'公路 8 条，总里程 398 公里，其中 96% 是土路'。风一吹，灰尘卷地起，雨一下，泥泞积水路难行"[①]。而且在清代，大街的路面分为三个部分，中间叫做"甬道"，又高又宽，其作用如同现在的车行道，而两边的路面又低又窄，作用如同现在的人行道，这种状况是由于每次皇帝出行时需要"净水泼街、黄土垫道"。为了节省人力财力，大量的黄土后来就直接从甬道的两侧挖，久而久之就在两侧形成沟状，据称有些地方深沟达到了七八尺深。平时民间的车马、轿子一般走甬道，行人走甬道两侧。

此外，在封建时代，街道有时还是人们倾倒垃圾和便溺之所，因此"天晴则沙深埋足，尘细扑面。阴雨则污泥满地，臭气熏天，如游没底之壑，如行积矱之沟，偶一翻车，即三熏三沐，莫蠲其臭"[②]，而民国之后的连年战乱也加剧了城市管理方面的问题。据记载，至北京解放时，北京城留下了明清数百年积累下来的垃圾，城内垃圾堆积如山，有的地方甚至堆积到屋顶、堆上了城墙、堵塞了街口和胡同，如天安门广场也垃圾成堆，环境卫生极为恶劣。这种情况在解放后发动群众开展了几次大规模的垃圾清运工作后才极大改变，有学者估计当时所清除的城市垃圾达 60 多万吨。

由此可见，明清北京的城市环境也存在不少弊病，只是由于相隔年代久远之后，今日人们倾向于回味它的优点，而不自觉地将其缺点省略或遗忘了。

2.2　北京历史街道景观人文特征

2.2.1　秩序严谨——礼制社会的产物

维护"君君、臣臣、父父、子子"为中心内容的等级制，是维系"家国同构"的宗法伦理社会结构的主要依托，也是礼制、礼教的主要职能。在中国封建社会，等级制度渗透到社会生活、家庭生活、衣食住行的各个方面。北京作为元明清几代重要的都城，必然深受礼学的熏陶，其城市规划及建筑形制也深受相关等级制度的制约和影响。

元大都的营建基本是按照《周礼·考工记》"匠人营国，方九里，旁三门。国中九经九纬，经涂九轨"的理念进行的。它的规划者刘秉忠、郭守敬都是著名天文学家，他们的规划首先以城市南面的正门"丽正门"为基础确定了南北向中轴线和宫城位置，然后再划出与中轴线垂直或平行的经纬网状道路，构成了城市布局的基准。全城最重要的建筑都安排在中轴线上，如钟楼、鼓楼以及宫城中的大明殿。规划形成了元大都全城的整齐街道，

① 刘明主编：《迈向新世纪的首都城市建设》，北京，工商出版社，1990 年版，第 250 页。
② 刘凤云：《清代北京的街道及其治理》，《故宫博物院院刊》［J/OL］，2008-05-30。

城市主干道纵横相交通向城门，道路则在宽度上依次递减地大致分为大街、小街、火巷和胡同四种等级。其中大街为城市重要干道或商业街，是城市的重要动脉，是人流、物流密集的空间，而全城满布的胡同则仿佛城市的微细血管，为两边四合院建筑中的居民提供了安详静谧的居住环境。后这一城市规制基本沿承至明清两代。

道路经纬织就后，城市的各主要建筑物也配列有序、高低有致。明清北京城城市轮廓对称、主次分明，最重要和最高的建筑位于城市南北轴线上，内环路上的牌楼与城墙和城门都对称分列于中轴线的两侧，而城市街道边的各个居住区都按坊建制，呈现为整齐方块形区域的基本居住单位，每一坊还建一牌坊作为所在街道的标志，坊内普遍较低矮的民居衬托着高大的宫殿和城阙，一起构成完整的城市空间景象。当时北京"城市的建筑高点分布的是较有规律的。环绕城墙每隔2km左右一个的城门楼是建筑高点，南面的正阳门、宣武门、崇文门统称前三门，是内城的主要门户，这里的城楼最高，均在40m以上；内城东、西、北三面的城楼略低，在34m左右；而外城的城楼则在26m左右，箭楼则比对应的城楼略低。城中住宅、商店、牌楼的建筑高度也是不同的，分别为5m、10m、12m左右，牌楼是道路交叉口的节点，一般都高于周围建筑"①。这些有规律的大体量建筑分布和各种建筑之间的鲜明对比构成了北京城丰富有序的城市道路景观。

街道上这些装饰富丽的城楼、牌楼等高大建筑物，不但为街道增添了重要的视觉细节内容，有清晰的环境标志作用，而且它们同时还在街道的水平面和垂直面上分别划分和限定街道空间，并具有框景的作用，从而使街道产生了特殊的节奏感、秩序感，避免了由于线性空间过长而导致的枯燥乏味感，为北京古城街道创造了独特风景线。

在城市主体建筑群四合院住宅建筑方面，历代沿袭的贵族宅院与平民住宅建筑形制的严格区别制度，对民居的规模及装饰作出了限制，形成了整齐、均匀的城市空间肌理和和谐的色彩。例如，"明朝曾规定：一二品官员宅第的厅堂五间九架、三品至五品厅堂五间七架、六品至九品厅堂三间七架，不许在宅院前后左右多占地，或构筑亭馆开挖池塘；庶民庐舍不过三间五架，不许用斗栱饰彩"，"清代早在崇德年间就已经对王府中的建筑的等级制定了严格的限制，逾制是要受到严厉的惩罚的，康熙十四年（1675年）曾再次颁布谕令，按官位品级分配住房或建造宅院的标准：一品14间、二品12间、三品10间、四品8间、五品6间、六品至七品4间、八至九品3间，其式全仿效明代勋戚之旧"②。另外，上文已论及，对于建筑的重点部分——"门户"的形制及装饰，清朝《大清会典》也有清晰明确的等级规定。

礼制对城市中的各色建筑空间布局也有影响。中国古代很早就形成"择中"的强烈意识，以"中"为最尊。《周礼》中多次提到"唯王建国，辨方正位"，可见"位"的限定也是建筑重要的列等方式。对于整个城市而言，它涉及皇城和宫城的位置选择，和城市中轴线的确定。对于住宅建筑而言，它涉及四合院中建筑单体在庭院中的坐落位置、座椅席位在堂屋中的摆放位置等。北京四合院单体建筑一般都保持"一正二厢"、中轴突出、左右对称的结构，应该就是为了符合这种要求。而室内"位"的限定是"堂上以南为尊"，

① 宛素春等编著：《城市空间形态解析》，北京，科学出版社，2004年版，第133页。不过，关于各城楼具体高度不同研究者稍有异议。

② 侯仁之：《北京城市历史地理》，北京，北京燕山出版社，2000年版，第173页。

所以堂屋中采用南向中轴对称的家具陈设布置。

种种制度的制约共同导致北京城民居建筑主体单元规模有所限制，绝大多数四合院结构简单划一、装饰色彩朴素。胡同、火巷、小街、大街，以及四合院、牌楼、宫城、城墙、城门等一系列环境元素形成严谨而富有秩序的排列组合形式，形成了古都北京的可识别性较高的城市景观意象。

2.2.2　意蕴丰富——文化古都的风姿

作为历朝都城，传统文化的丰富意蕴在北京城市选址、布局、建筑式样及城门题名等方面皆有生动呈现，城市街道景观也因此具有了独特的风姿，考察北京历史街道景观内容的一些象征含义，可以解读凝固其中的传统文化观念，理解传统建筑文化现象。

在整座北京城池中，礼制的制约与象征的内容几乎处处存在。元大都是基本参照《周礼·考工记》中的王城规划思想设计而成，而《考工记》的规划思想受《周易》影响很大，"应用《易经》的'九宫八卦'来规划都邑，而且予以制度化，是周人的一大创举。都邑就是一个宇宙的缩影，天地、阴阳、方圆、动静相反相成，充分体现了中国本土思维之奇特，城邑的方正规整形制与布局，蕴涵着一种秩序和礼仪规范。[①]"元大都规划中的城市坐北朝南、以中位为贵、数字崇九等内容皆与这种影响相关，具有某种象征及相应的礼制意义。

由于古人认为天是圆的，地是方的，因此城市中重要祭祀建筑的设计处处反映出天圆地方寓意，象征"天人合一"观念和朴素的宇宙观。一般是用圆形建筑象征天，方形建筑象征地，北京祭天建筑群天坛内的圜丘、皇穹宇、祈年殿等，都是圆形建筑，祈年殿为三重圆形攒尖顶，象征帝王祭祀时与天对话。

另外，中国古建筑还常以讲究含义的题名来提示强烈的象征意义。例如城市的城门取名多与文王八卦有关，取其吉祥意，借以克制邪祸。《日下旧闻考》记载："元之建国，建元及宫城门之名，多取易乾坤之文"。明朝为克制元朝残余王气，都城中轴线东移，为新建都城城门题名也与元大都不同，但题名依照易理的基本原则没变。比如北西门为出征军队通过之门，居乾位，"乾者健也，刚阳之德吉"、"天行健，君子以自强不息"，故此门命名为德胜门；安定门为北东门，位置艮位，此位象征制止北方战祸，国家安定。其他各城门的命名也与此同理，都有各自的特定含义[②]。

街道上具有重要识别和教化作用的构筑物牌楼上，也都有题字，少数一些是直接点明街道名称，更多的则蕴含了传统礼教和文化含义，并与其所处地点特色相合。如西单牌楼题"瞻云"（民国初改"庆云"）；东单牌楼题"就日"（民国初改"景星"）；西四牌楼东西两座题"行仁"、"履义"；东四牌楼东西两座题"履仁"、"行义"；司法部街北口牌楼题"蹈和"；东公安街北口牌楼题"履中"；东交民巷西口牌楼题"敷文"；西交民巷东口牌楼题"振武"；国子监内有一座是乾隆四十八年建黄色琉璃瓦牌坊，正面匾额为"圜桥教泽"，背面为"学海节观"；东岳庙前现存一座明代三券门七楼彩色琉璃牌坊，前额曰

---

① 黄建军，于希贤：《〈周礼考工记〉与元大都规划》，《文博》2003 年第 3 期，第 42 页。

② 参见居阅时：《明清都城北京城建筑象征的文化解释》，《华东理工大学学报（社会科学版）》，2003 第 4 期，第 108-110 页。

"秩祀岱宗",背面曰"永延帝祚";雍和宫内有三座高大华丽的牌坊,其中临街的一座牌坊上题字为"十地圆通",背面为"福衍金沙"。这些富有独特文化意蕴的城门及牌楼题字,不但增加了环境的可识别性,也表达了一种独特的民族文化思想,潜在地提升了城市街道景观的内涵(图2-13)。

北京古城还有一种重要道路礼仪构筑物——华表,是源于中国古代表示王者纳谏或作指路的木柱,后该构筑物多于宫殿、陵墓、城垣和桥梁前面作为标志和装饰用,如天安门前后各有一对石质华表,周身雕刻云龙纹,是皇家建筑特殊标志。华表同样既具有环境识别作用,也增强了城市景观的文化意蕴。

而作为城市建筑主体的四合院建筑,以丰富的文化内涵全面体现了中国传统的居住观念。四合院的中心庭院从平面上看基本为一个正方形,东、西、南、北四个方向的房屋各自独立,东西厢房与正房、倒座的建筑本身并不连接,而且所有房屋都为一层,没有楼房,连接这些房屋的只是转角处的游廊,从空中鸟瞰,就像是四座小盒子围合一个院落。封闭式的住宅使四合院具有很强的私密性,关起门来自成天地,宽敞的院落中还可植树栽花、饲鸟养鱼、叠石造景,使居住者亲近自然。

四合院的营建与我国其他古代建筑一样讲究风水,其装修、雕饰、彩绘也处处体现着我国民俗民风等传统文化内容,表现出人们对富裕、吉祥、幸福、美好的追求,如以蝙蝠、寿字组成的图案,寓意"福寿双全",以花瓶内安插月季花的图案寓意"四季平安"等。又如四合院门前比较常见的饰物门墩,分为狮子形、抱鼓形、箱子形等,各种样式或形制都非常讲究图案的精美与寓意。选择石狮是将其视为凶猛威武异兽,有它看家护院,野兽鬼怪就不敢进入它门,一对活泼可爱的小石狮子放在门前,也是一种喜庆活泼的象征。抱鼓形门墩儿,是通报来客之鼓,客来客往才显示出主人的人缘儿好,家业兴旺。而箱子形门墩多刻有蝠(福)、鹿(禄)、桃(寿)、喜鹊(喜)、穗(岁)、瓶(平)、鹌(安)、羊(三阳开泰)和钱等图案,都是以吉祥之物表现人们对幸福美满生活的向往和对美好事物的追求与渴望。其他文字装饰如嵌于门簪、门头上的吉辞祥语,附在抱柱上的楹联,以及悬挂在室内的书画佳作,都是集贤哲之古训,采古今之名句,或颂山川之美、或铭处世之学、或咏鸿鹄之志,风雅备至,充满浓郁的文化气息(图2-14)。

图2-13 雍和宫面街牌坊

图2-14 意蕴丰富的四合院门头

总之,传统文化的丰富意蕴在北京历史城市环境的各方面生动呈现,它们既丰富了民众的日常生活，也赋予城市景观深厚的人文内涵。

2.2.3　市井繁华——动态场所的生成

千余年来，各朝在北京建都，契丹族、女真族、蒙古族、汉族、满族轮流在这里执政治国，各民族不同的历史文化在此相互渗透交融，形成了独富特色的城市传统文化，包括具有浓郁地方特色的民风民俗。漫长的历史进程，城市的一事一物都反映在其大街小巷上，节年时令，市肆庙会，人情往来，衣食住行，婚丧嫁娶，迷信崇拜，祭祀占卜……人的活动是任何一座城市街道景观的不息动态，其中，又尤以"市"的内容最为活跃。

"城市"之"市"意味着商业内容对于城市的重要性，作为千百年来我国北方地区乃至全国的政治、文化和经济贸易中心，北京一直是一座巨大的消费城市。元朝大都人口达数十万，清末光绪年间，北京城仅"不士不农不工不商"的八旗人口就达 20 多万人。都市巨大的消费需求，吸引了各地的商旅云集。

元朝时，"城内的公共街道两侧，有各种各样的商店和货摊"，"大都城内各种专门的集市有三十多处，主要市场分布在三处：一处是城市中心的钟、鼓楼及积水潭一带，一处是城市西南顺承门（今阜成门）内的羊角市，另一处是城市东南部的枢密院角市"[①]。积水潭、什刹海在元代的时候称为海子，是当时新开凿的南北大运河的终点，这里船只密集停泊，南北货物及商贾云集，商业荟萃，为大都城内最繁华热闹的地区。钟鼓楼周围的日用商品交易也非常丰富。顺承门内羊角市（今西四一带）为大都城西部的商业中心，这里的集市以各种畜类交易为主。在大都城周边，尤其是南城及各城门外，也有不少商号和果菜集市。外国商人到元大都进行商业贸易也很活跃，多为波斯、阿拉伯，以及高丽等邻近国家的商人。

元大都的城市布局基本为明清北京城所沿袭，大都城内外商市的格局对明清北京商圈的形成和发展也产生了极大的影响。明清北京城仍然是天下商货汇聚之地，是全国最大的商业贸易中心。

明朝打破了"前朝后市"的旧制，在正阳门内的棋盘街、正阳门外的廊房胡同（廊房头条、廊房二条、廊房三条、大栅栏地区）形成了"朝前市"。当时的市肆相对集中在皇城四周的四门之外：城北在地安门外钟、鼓楼一带；城东、城西的市肆分别在东安门外的东四牌楼、西安门外的西四牌楼一带；城南的市肆则在正阳门外，相对形成了四个中心。此外还有内市、外市、灯市、晓市、庙市等专门集市，商业区比元代的时候分布更广，形式也更多样。

其中，庙市的数量众多，分布在京城内外不同地区的庙市在每月不同的日子里固定开市，为市民们的生活提供了物质的便利，也丰富了市民的街道生活内容，使人们有了交流和休闲的场所。庙市最初源于寺庙举行宗教活动时，香客众多，商贩们就汇聚来此贩卖小吃及宗教用品，后来逐渐扩大到也贩卖各种生活用品，还衍生出杂耍、表演、卖艺等活动，演化为集宗教、商业、娱乐一体的庙会形式。如城隍庙市位于闹市口以北的成方街（原城隍庙街），西起庙门，东到旧刑部街，长达三余里，每月初一、十五、二十五日开

---

① 转引自侯仁之：《北京城市历史地理》，第 221 页。

市。庙会上古今图书、古董古玩、玉石珠宝、洋缎蜀锦、象牙犀角、内府秘藏、外国奇珍等商品种类极其丰富，是京城士大夫们喜爱的市场；土地庙市位于宣武门外下斜街（原土地庙斜街）路西，每月初三、十三、二十三日开市。其他还有护国寺庙会、隆福寺庙会等，大都游人杂沓，非常繁华。

灯市位于紫禁城东华门外（今灯市口大街），每年正月初八至正月十八日"上元节"期间开市。逢灯市官府放假五天，京城市民无论官民、贵贱、男女老幼蜂拥而至，四方商旅也云聚而来。灯市期间，街道两边搭建华丽的街楼，供官宦商贾高价租用，赏灯宴乐。灯市晚上放灯，白天为市。白天灯市是热闹的集市，以售卖各种花灯为主，也有各种小吃、日用百货和来自各地官商带来的地方特产，买卖兴隆，非常热闹。

晓市是每天晨鸡报晓开始交易、天明即撤的市场，主要有南城崇文门外的东晓市、宣武门外西晓市、德胜门外北晓市三处，以交换售卖旧日用杂货为主，一直保留到清末民初。

明代在北京还出现了一些专业行市，以某一类商品集中在一个街区。这些专业行市大多在人口稠密、工商业集中的地区。如前三门外的猪市、羊市、骡马市、煤市、柴市、米市、蒜市、鱼市、菜市、花市、瓷器市等，所售商品也多为日常生活用品。

明代形成的各个商业区，奠定了北京数百年传统商圈的基础，对今日北京的商业布局影响很大。清初北京商业有一段严重倒退期，但在清中叶后得到了恢复和发展，逐渐复苏。前门商业中心雄冠全城，庙会市场也很兴盛，琉璃厂文化街形成，最终城市商业集市格局在明代的基础之上还有所扩展，形成了北城的地安门外至钟、鼓楼一带，东单至王府井，东四至隆福寺，西四至西单，"前三门"宣武门—正阳门—崇文门外，及其他各城门外关厢地区的多处繁华的城市商业区。这些商业区内商行集中，商号密集，牌匾招牌高挂飘扬，在城市街道上呈现的这种繁荣商业市景至民国也盛况依旧（图2-15）。

图2-15 前门外鲜鱼口市景（民国）

除各条商业街和种类繁多的集市之外，日常生活中，在城市街道的各处曾经还有走动不息的许多小摊贩们，他们带着自己的物品，配合以富有特色的吆喝声或响器声走街串巷，给安静胡同中的人们带去各色的果蔬和小吃，也给城市增加了一份流动的、富有生活气息的风景和活力。这种繁华市景一直延续至新中国成立初期的 20 世纪 50 年代，后来因为国家在全国范围内对商业服务业进行改造，实行公私合营及行业归口管理式的精简，城市的零售商业网点因而剧减，市景也就发生了剧烈的变化①。

　　纵观古都北京历史商业街景，可见城市具有很强的商业活力，商品荟萃、商铺繁多、市景丰富，在城市的许多街道上人们有各种交易和交流活动，街道因此而成为城市生活的重要场所，具有较强的场所感。

---

① 资料显示，1957 年，北京全市尚有 31366 个零售商业营业点，到 1980 年，仅剩 6714 个，减少了 78%；1984 年与 1952 年相比，北京市人口增长 2.8 倍，社会商品零售额增长了 10.6 倍，而零售网点却减少了 23.4%；到 80 年代中期，城区规模比新中国成立初扩大了 4 倍多，市级商业中心仍为新中国成立前遗留的 3 个（王府井、前门、西单）；地区性的商业中心，仍为 1950 年代建立的 8 个。据杨东平：《城市季风》，北京：东方出版社，1994 年版，第 217-218 页。

第3章 北京城市街道景观案例研究

当代北京的街道总体数量巨大，为了给分析和论述城市总体街景特征建立可靠基础，笔者采用剖切面的方式实地考察了大量街道景观，并在局部测绘和拍摄的基础之上予以一定的图解分析及观察记录。本章择取几个较为重要的北京街道案例予以详细分析，案例的选择注意它们具有各自特征并分属于不同的街道等级，其中长安街是具有特殊历史和象征意义的城市主干路，王府井大街是城市重要的商业街道，南礼士路是具有优秀景观的城市生活性支路，胡同则是北京特殊的旧城内街巷。

3.1 纪念性街道——长安街景观

3.1.1 街道历史沿革

长安街的雏形始于元大都南城墙内的顺城街，明朝永乐十五年（公元 1417 年），明成祖朱棣开始在北京重建城池，拆除了元大都南城墙，并在原城墙以南近二里处（今正阳门东西一线）建起新的南城墙。当时的长安街与皇城同时建造，位于新建皇城的正南门——承天门（今天安门）前，是兴建城市时最主要的道路，也是明代兴建北京城总体规划的重要组成部分。

明代的长安街只有从今东单到西单大约 3.7km 的长度，承天门位于其中点，门前建成了以红墙和宫门围合的面积约 11 公顷的"T"形广场，广场的东西两端建有长安左门和长安右门，南端则建有大明门，出大明门过一条棋盘街（亦称天街）便直达城市正南面的正阳门，这一条线为城市中轴线的南端。"T"形广场下部沿墙内侧建有"连檐通脊"的朝房——千步廊。由于这一宫廷前广场是封闭严密的宫廷禁地，起到了烘托皇城的重要作用，不对普通百姓开放，所以这时的长安街其实并非连贯的一条街道，而是分为东长安街和西长安街两条街道。两条街的街名与位于街道上的长安左门和长安右门相关联，应该寓有《汉书·贾谊传》："建久安之势，成长治之业"之长治久安之意。

明朝时长安街各段的宽度并不相同，承天门前最宽，分别向东西两边逐渐缩窄，街道在东西两边分别与崇文门内大街和宣武门内大街相交并基本收尾，在街道的宽度变化之处有牌坊、桥梁等相隔。"T"形广场附近是明朝政府衙署的集中之地。紫禁城建筑群前，城市中轴线东为太庙（今劳动人民文化宫），西侧为社稷坛（今中山公园）。"T"形广场两侧的宫墙之外，东侧有宗人府、钦天监和吏、户、礼各部，西侧为五军都督府、太常寺和锦衣卫等。这些中央行政机构和宫廷前的广场连为一体，拱卫在宫城前，是封建国家权利的象征。"T"形广场则是封建皇帝举行盛大庆典等重要活动的场所，在广场上会定期举行一些大型的国家政治活动，如皇帝登基、册封皇后等"颁诏"仪式。

清代的北京城基本沿用明朝规划，长安街的长度和宽度基本未变。清代官署机构也多沿用明代建置的旧址，宫城前的"T"形广场东西侧仍大致为各类衙门。清朝时期长安街上依然有一些牌楼和门阙，主要的有东长安街牌楼（今王府井大街南口）、西长安街牌楼（今府右街南口），另外，在与之垂直相交的崇文门内大街、宣武门内大街上有东单牌楼、西单牌楼，在通往长安街的小巷、胡同口处则还多设有木栅栏。

清末，列强入侵北京，外国使节被允许进驻北京并在使、领馆驻兵，天安门广场以东、崇文门内大街以西、北至东长安街、南至内墙根的大约120多公顷地块被划为东交民巷使馆区和外国兵营，由于该地区由各国自行建造，所以这里出现了为外国人服务的现代化城市设施，如邮电局、旅馆、医院、舞厅、餐厅等，建筑采用各国的形式和风格，街区具有异国情调。

1911年清王朝终结后，天安门广场和长安街的格局发生了变化，首先是长安左门和长安右门边的红墙被拆除，东西长安街连通，天安门广场也对外开放。北洋军阀统治期间，主要官署也多分布于长安街上。1937年后日军侵占北平达八年，在北京旧城的西郊进行了一些建设，为了解决旧城与新建区的交通联系问题，1939年在内城的东西两端各辟一门，东为启明门（今建国门），西为长安门（今复兴门）。

新中国成立后，随着北京成为全国的政治文化中心，长安街作为体现首都政治、文化和外交功能的国家大道焕发出新的生机，开国大典及后来历次国庆典礼、阅兵仪式、欢迎外国元首仪式等都在长安街上以天安门和天安门广场为中心的区域举行，中央机关办公楼相继在街边建设，长安街也处在不断的改造之中。20世纪50年代的城市规划方案将街道红线定为100～110m，由于道路拓宽、考虑交通便利等原因，东西长安牌楼、双塔寺等古建筑被相继拆除，西长安街的府右街至西单段被拓宽至50m，东单至建国门、西单至复兴门的长安街延长线被打通，改建后的街道成为全长约7km、路面30～80m宽的城市主干道，沿途建有电报大楼、民族文化宫、民族饭店、内贸部办公楼、北京饭店西楼等大型建筑。同时，天安门广场于1950年代末期完成了改扩建工程，扩大为东西宽500m、南北长860m的巨大广场，并修建了与之相匹配的大尺度人民大会堂及博物馆建筑，希望以恢弘的气势体现社会主义新中国首都的形象。

20世纪60～70年代重大工程建设较少，主要的有1976～1978年建造的毛主席纪念堂，以及长话大楼、北京饭店东楼等。20世纪80年代，长安街规划方案再次编制，其红线宽度被定为120m，建筑物高度东单至西单控制在30m以内，东单以东、西单以西控制在45m以内，并认为各建筑之间应留出适当绿化空间，在适当位置应开辟大块绿地。国家此时开始转入以经济建设为中心的改革开放时期，房地产开发热潮兴起，城市建设规模逐年持续扩大，长安街两边的建设量快速增长，中国人民银行等一大批国内外金融机构相继在20世纪80～90年代建成，各色商务写字楼、金融及邮电建筑、商业服务建筑占据了主体位置，长安街原先单一的政治文化形象定位受到商业经济的冲击而发生较大变化。

随着不断地进行分段改建，长安街的东西两端逐步向外延伸，现在的长安街以天安门中轴线为界，分为东、西长安街两大段，它的延长线，向西从公主坟延伸至首钢东门，向东从大北窑延伸至通州运河广场，总长度达94里，亦称百里长街，整条路面宽度被拓展为50～100m。不过严格意义上所指的长安街，还是原东单至西单这一段全长约3.7km的街道，城市的地图上也如此标注。但由于复兴门内大街及建国门内大街两端街道两侧排列有许多重要建筑物，所以也通常被视为长安街的组成部分，本书对长安街的研究范围基本定为从建国门至复兴门的这一段长度。

长安街在北京乃至全国的地位十分重要，它高度集中了政治、经济、文化等宝贵资源，街道两侧的国家级办公楼和大型公共建筑集中体现了北京作为政治、文化中心的城市性质，在某种意义上作为中国象征的天安门和天安门广场，还有人民大会堂、中南海以及诸多中央政府机关都分布在此。另外，长安街边还有很多文化设施，如中国国家博物馆、故宫博物院、国家大剧院、北京音乐厅等，也有许多重要的商业区，如 CBD、东单、王府井、西单、金融街。北京火车站和北京西客站也在长安街附近。在其近 600 年的历史中，长安街上发生了无数的故事，记载了中华民族沉沦中的不屈，繁荣中的辉煌[①]。

3.1.2 街道景观形态特征

长安街笔直宽敞的街道横贯京城的正东正西，正好与纵贯京城南北的中轴线垂直相交于天安门前，为明清北京城坐北朝南、街巷纵横的总体布局提供了一个准确的"十"字形经纬坐标中心点。有关专家认为，这一坐标点不但决定其四周大街小巷的走向，而且对于当时整个城市以科学的经纬线形成纵横的交错格局、展现出"棋盘街"式恢弘壮观的市容市貌也具有一定的重要意义。

通过《乾隆京城全图》可推测出清初东西长安街之大致宽度变化。东长安街近长安东门（长安左门）处最宽，约为 90m，此段向东至北御河桥结束，过桥后街道宽度约为 56m，再向东至东长安街牌楼结束，然后以街宽约 40m 向东直至崇文门内大街交接处结束；而西长安街之东端靠近长安西门（长安右门）的最宽处约为 88m，向西渐渐缩窄至西长安街牌楼，宽约为 65m，过牌楼后，街面宽度缩为 38m，向西继续渐渐缩窄，至宣武门内大街处以约 21m 宽结束[②]。

由该地图也大致可以确定，当时东西长安街的沿街建筑物，北部有一半为皇城的红色宫墙，剩下的则既有各色衙门、寺庙的大型合院建筑，也有非常多的小型四合院民居建筑，但多为单层建筑及院墙的组合。其中皇城城墙高一丈八尺，约合今天的 6m；四合院民居的建筑墙体高度约 4m。可见当时的东西长安街街道空间就好像是一个不规则梯形立方体，如果对路宽及两边建筑高度均取平均值，可推算东西长安街三段不同街道的宽高比，即 D/H 比例数值，大致为街道最宽处 15，街道最窄处 7。由此可见，虽然当时各段街道的 D/H 比例有较大差别，但它们共同的特点就是都远大于阿兰·B·雅各布斯所提出的 $D/H=3.3$ 的街道空间良好界定要求，街道的整体空间围合感非常弱。

民国初年的照片也显示了长安街给人的感觉很空旷，不过，由《乾隆京城全图》以及这些照片来考察明清长安街的街道景观，可以发现除街道过宽、感觉很空旷的缺点之外，它相对的也还具有一些优点，那就是街道两边建筑连续不断地紧密排列从而使街道界面比较完整，所以街道空间整体看还是呈现较显著的"图"的形式，而且明清对合院式建筑的规模限制，也导致了大部分街边的建筑物入口排列相对较为紧密，可以推想装饰丰富的建筑入口为街道行人提供了大量的视觉审美内容（图 3-1、图 3-2）。

---

① 此节相关历史数据主要参考北京市规划委员会、北京城市规划学会主编：《长安街——过去·现在·未来》，北京，机械工业出版社，2004 年版。

② 参见庞玥：《北京长安街街道空间形态的形成与演进》，第 105-106 页。

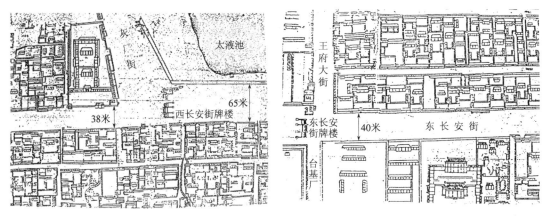

图 3-1　清西长安街平面局部　　　　　　图 3-2　清东长安街平面局部

此外街道以精美的牌坊、桥梁等分段，也起到了积极的纵向和横向上的空间限定作用以及框景的作用，而且由于它们在街道上的醒目性，也增加了环境的可识别性，对街景产生积极效果（图 3-3）。

图 3-3　牌坊限定和标示了街道空间（民国时的西长安街）

对于今日长安街景观的考察也首先可从其空间形态出发，空间形态的重要内容是空间的尺度感及其形态完整性。

前文已提及，由于长安街的特殊地位，北京历次规划都对其红线宽度作了特殊考虑，20世纪 50 年代先定为 100~110m，而 1984 年长安街规划中又确定宽度为 120m，建筑高度则大致规定为东单至西单 30m 之内，此外为 45m 以内，这一规划内容基本被延续执行至今。规划所确定的长安街红线宽度，远宽于世界上许多著名城市大街的红线宽度，如巴黎著名的香榭丽舍大道只有约 70m 宽，而美国首都华盛顿的礼仪大道宾夕法尼亚大道只有约 40m 宽。按规划数据可得出长安街的宽高比 D/H 值应为 2.67~4，属于围合感较弱、空旷的街道。

而在实际建设中，长安街的规划数据并未得到严格执行，不论是街道的宽度或者建筑的高度，都有许多不符合规划的现象，主要表现为沿街许多建筑物超出规划的高度要求，道路红线宽度也常远超 120m（表 3-1、表 3-2）[1]，因此造成了一些路段两侧相对建筑的高

---

① 转引自刑国煦：《北京旧城干道改造中的历史风貌问题研究——结合长安街、朝阜大街实例》，清华大学硕士论文，2004 年 5 月，第 61-62 页，笔者有补充。

度及相互间距变化较大，街道同一边的相邻建筑物在高度上也常常不均衡，而且各大型建筑物通常以独立的大体块矗立街边，相互之间留有较大间隙。

长安街部分路段两侧建筑间距及尺度差异统计　　　　　　表3-1

位　置	两侧相对建筑物名称	间距（m）	建筑高度（m）
西长安街	中国人民银行，远洋大厦	156	36，70
	中国银行，武警回迁商业楼	134	46，45
	人民大会堂，红墙	170	40，4
东长安街	北京饭店西楼，原纺织部办公楼	110	38，28
	光华长安大厦，中粮广场	170	56，45

长安街两侧违反1984年规划限高的建筑　　　　　　表3-2

建筑名称	最高点高度（m）	超出高度（m）	建造年代
北京长途电信线路局	87	42	1976年
民族文化宫	63	18	1959年
电报大楼	78	33	1958年
远洋大厦	69	24	1999年
北京饭店东楼	89	59	1974年
东方广场	68	38	1999年
国际饭店	104	59	1987年
中国社会科学院	59	14	1983年
北京日报社	81	36	2002年
恒基中心	110	65	1997年
海关总署	54	9	1990年

　　实地考察中可见，长安街的以上特点致使其街道空间围合感非常弱，人行于街边，常切实感受到自身的渺小（图3-4、图3-5，图中树下小黑点为行人）。不过，由于行道树与街边绿化较多，它们的综合作用使部分街段的微观环境还算舒适。

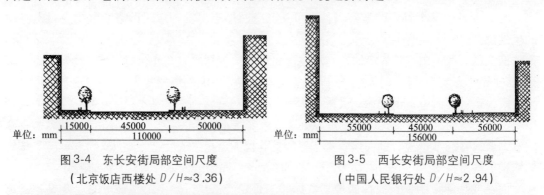

单位：mm

图3-4　东长安街局部空间尺度
（北京饭店西楼处 $D/H \approx 3.36$）

图3-5　西长安街局部空间尺度
（中国人民银行处 $D/H \approx 2.94$）

　　从有效限定空间的视角出发考察长安街沿街建筑群，可发现它们的设计存在较多不合理之处，其中首要问题是这些建筑物绝大多数呈现以自我为中心的中轴对称形式，且很多建筑立面凹凸显著，在空间上与其左右紧邻的建筑物非常缺乏必要的呼应，它们彼此远离的独立存在状态导致了街道空间的破碎状。如妇联大厦建筑群为其中较为显著实例，该建筑群在长安街上面宽达200m，建筑立面以多种曲率弧面大进大退，与邻近的交通部大楼等建筑物的立面完全缺乏协调，破坏了街道空间的连续性，影响了街道景观的整体性（图3-6）。其他如中国人民银行、中粮广场、北京国际饭店等很多沿街大型建筑物，也都存在明显的类似缺点。

　　沿街同侧及两侧建筑高度的不均衡，也致使长安街空间界面限定很不完整，如东长安街西段北侧空间建筑包括北京饭店建筑群、东方广场等，界面相对完整，但南侧界面则显得不够明确，有待完善。再如西长安街北侧建筑尺度、高度适宜且相近，虽然间隙明显但界面还算连续和完整，但南侧的街道空间界面却尚未形成，有待建设（图3-7）。天安门广场段，北部空间的围合感相对较好，环境优良，其南部则以低矮建筑物为主，有待完善。另外，新建成的椭圆半球体国家大剧院，其建筑造型与附近众多方正的历史建筑完全无法协调，对于街道空间的完形感也产生较大负面作用。

图3-6　东长安街妇联大厦局部空间

图3-7　西长安街局部空间现状

　　众多原因共同造成了长安街空间界面曲折变化多，连续感不足，致使街道围合感弱、空间完形感差。由西长安街的局部谷歌地图可绘制出建筑与街道的图底关系分析图（图3-8），清晰显示出由于沿街建筑体量不一、形态各异并缺乏连续性、建筑立面凹凸不齐，导致了街道空间感很不完整，各幢建筑物在空间中明显倾向于"图"的形式，而街道空间则相应地倾向于"底"的形式。整条长安街的图底关系也基本如此，街道空间限定很不完整呈散漫形态，表现为"底"的形式（图3-9，深色部分为街道空间，浅色为沿街建筑）。

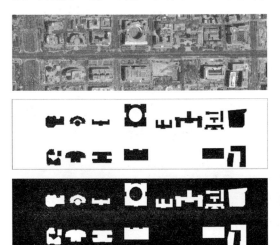

图3-8　西长安街局部谷歌地图及空间图底关系

西长安街空间形态示意

东长安街空间形态示意

图3-9　东、西长安街空间形态

如果在同一比例尺下，将长安街与另外两条世界闻名的国家礼仪大道巴黎香榭丽舍大道及华盛顿宾夕法尼亚大道的局部街道空间图底关系加以比较，可以发现它们之间的显著区别（图3-10~图3-12）。比较显示，长安街空间尺度巨大，沿街建筑多以自我为中心、体量和造型差异大，且建筑在地块中留空较多，因此在空间中建筑明显倾向为"图"而街道空间则倾向为"底"；而在后两条街道中，沿街建筑尽量占据了街区的地块，建筑立面多采用连续的类似简洁直线形，因此建筑对于街道空间的限定较为完整，街道空间趋于完形而呈现为"图"，而沿街建筑物则由

图3-10　巴黎香榭丽舍大道局部空间图底关系
（谷歌地图视角海拔高度450m）

于总体体量均衡、形式相似并彼此呼应，趋向于"底"。其中尤其是香榭丽舍大道的街道空间异常完整，图底关系非常清晰，这一特点其实欧洲很多城市街道都具有。

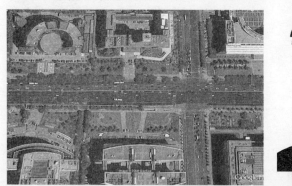

图3-11　长安街局部空间图底关系（谷歌地图视角海拔高度450m）

图3-12　华盛顿宾夕法尼亚大道局部谷歌地图及空间图底关系（视角海拔高度450m）

街景中观层次上，长安街正东正西的方位给人以较好的环境方向感，从复兴门西长安街路口开始由西向东游览过整条街时，街道北部与之垂直相交的西单北大街、王府井大街、东单北大街等，商业繁荣、建筑林立、人流量较大，具有一定的环境可识别度。紧邻

于紫禁城东西两侧的南池子大街、南长街是两条内容简单的生活性街道，但它们沿长安街一侧的街口竖立有特殊的红色三孔拱券门，上书街名，因此具有了较好的环境可识别性，而且这两座拱门还以类似的色调及相对简洁的形式，对中部天安门城楼的景观产生一定的呼应作用，就彷如一部华美乐章的尾声一般。与街道北部的环境相比，长安街南部与之垂直相交的闹市口大街、宣武门内大街、崇文门内大街以及北京站街等则景观意向较为单调，其中宣武门内大街、崇文门内大街新拓宽不久，街道空旷、沿街建筑散乱、行道树矮小，缺乏显著环境特点，可识别性相对较弱。

长安街北部垂直道路中，环境较为特殊的是位于天安门广场东约600米的正义路，它的中部为公园绿化带，两边各有一条单行车道，整条道路的每条车道两边都完整排列着高大、整齐、美观的行道树，它们在春夏日浓荫遮盖、绿意盎然，以街道主角的身份使街道空间尺度感良好，同时也提供了美好视觉及一定的历史感，而且行人、机动车和非机动车在该条路上通行有序、舒适自在，路中间绿化带宽阔，并配置有造型美观且舒适的成排座椅供行人休憩，因此街道环境整体场所感较好，可识别度也较高。

总的看来，长安街的优良景观界面主要集中在天安门城楼附近的城市中轴线地区，因为这一地段景观标志点较为集中，城楼巍然挺立、壮观美好，由白色雕栏的七座弧形金水桥烘托着，成为行人必然的视觉焦点。在其对面，天安门广场上的人民英雄纪念碑和国旗遥相呼应，人民大会堂、中国国家博物馆则左右拱卫，形成了历史性的鲜明对景，不过由于距离遥远，南面这些建筑物的形象在长安街北侧行人的视野中并不非常清晰可辨，但这一地段的建筑物因为长期的宣传而为多数人所熟悉，所以景观意象的可识别度还算较高。

而在长安街的其他地段，次一级的景观标志点则不够突出，因为虽然街边大楼林立，但相邻建筑物在立面上缺乏必需的呼应协调，各自独立为政的建筑物致使整条街道的景观难以形成和谐的序列感及节奏感，所以街道的天际线常常变化较大，缺乏空间连续性，这一点由长安街的总体建筑轮廓图分析可以清楚看出（图3-13）。

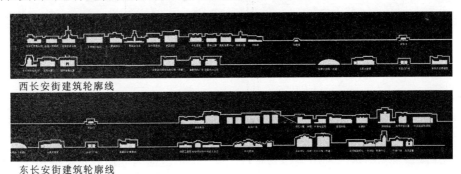

西长安街建筑轮廓线

东长安街建筑轮廓线

图3-13　长安街总体建筑轮廓

沿街各幢建筑物立面的设计形式中，相邻建筑不协调的例子比比皆是。例如东长安街与王府井大街交口处的北京饭店建筑群，一共含三幢建筑物，其中西边的西楼（建于1954年）和中间的老楼（建于1917年）两幢建筑高度近似，为7～8层，外立面形式很协调，不但圆券大窗、凸窗、铁花栏杆阳台等特色元素在两幢建筑物上相互呼应，而且两幢建筑的檐口、窗洞口上下找齐，色彩皆为灰调的暖色，也较调和。可最东边的建筑东楼（建于1974年）则高约15层，其主体立面设计了连片的凹阳台，浅黄色马赛克饰面，构图上凹凸显著，与东边两幢建筑倾向于平面感的立面形式明显缺乏调和，在装饰细节上也没有与其东邻的建筑相协调的元素，而且与前两幢建筑在立面上平接不同的是，可能是因为高度的原因，它的建筑主体向北部退让了近20m，入口台阶也特意抬高了许多，所以整体对比感强烈，设计很不合理（图3-14）。

　　而该段街道路南的主要建筑物为中国纺织总会办公楼和长安俱乐部，前者外立面为白色配灰色，有中式装饰纹样，和一些竖向线形，但其较长的长度决定了建筑整体倾向于水平舒展的横向构图，该建筑物形式特征总的看来模糊凌乱，整体感较差（这与该楼初建于20世纪50年代，后于1990年代加建过有关）。后者为白色配蓝色镜面玻璃，竖向构图，所以虽然局部构造及开窗方式有与前者呼应的做法，但这两个建筑物放在一起形式上还是非常不协调。

　　再向东，为红色配白色的远洋集团大楼，20世纪50年代建筑的典型造型，水平构图，中部有竖向线形。可以看出后建的长安俱乐部的建筑外立面中部竖向白色线形应是为了与此楼中部形式相呼应，但该楼与长安俱乐部距离较大，且两栋楼在外形轮廓上、立面尺度感上都差距显著，未能产生协调感。类似的例子在长安街上其实还可举出很多，如西长安街中国人民银行的特殊圆弧建筑造型与邻近的其他建筑物无法形成整体感而显得相互异常独立等（图3-15）。

图3-14　北京饭店建筑群形式不协调　　　　　图3-15　西长安街建筑物不协调现状

　　建筑相互间的不协调以及空间的整体散乱状态，使街道不能形成良好的线性空间序列，整条长安街真正能给路过的人们留下清晰美好印象的建筑物也很少。不过位于西长安街上西单北大街街口的、由贝聿铭事务所设计的中国银行总行大厦在长安街上算是一个难得的佳作，其设计手法有多方面值得肯定。

　　首先，该建筑物虽然由于用地等原因体量很大，但其沿街立面基本都采用了简洁的无凹凸的直线造型，从而对街道空间的限定作出了积极贡献，由街道空间图底关系图中各建筑物之间的比较可见，它与其他多数建筑物在这方面具有明显差异（参见图3-8，图中右上角一幢为中国银行总行大厦）；其次，该建筑未采用长安街建筑惯用的中轴对称形式，而是将建筑入口设置于东南角，使建筑不但很适合自身所处的两条街道交叉口的位置，而且同时对位于其东部的长安街的中心——天安门广场产生了一种隐性的呼应，仅此一点就使该建筑远胜于其他很多建筑物；此外，建筑的外立面采用合模数的灰黄色亚光石材饰面（575mm×1150mm，1/2的比例关系），使建筑整体气质与东方广场大厦、首都时代广场大厦等一些采用大面积玻璃幕墙或金属板材饰面的闪亮建筑物相比显得较为内敛；而且，该大楼进门处既未设高台阶，也无过宽的绿化带，因此路人易于移步进入该建筑；最后，该建筑一层局部使用了透明玻璃，因此以室内的景观为街道上的人们提供了通透的视线。最后两项设计手法使建筑的内部空间与街道空间产生了一定的融合感，让经过的路人感觉平易舒适，这种易于近距离接触和交流的建筑空间为街道提供了积极的场所作用。

纵观长安街现况，街道整体尺度过大及沿街建筑的设计缺陷共同导致了街道空间立面不完整，而原先长安街上东西两座门（长安左门、长安右门）、东西长安街牌楼、双塔寺等古建筑的相继被拆除则消解了原有街景的纵向空间序列，使街景的节奏感消失并削弱了街景的可识别性，后续的新建设又未能建立起新的空间序列，长安街景观因而在总体上显得缺乏合理的节奏而散乱乏味（图3-16、图3-17）。

图3-16　西长安街局部景观

图3-17　东长安街局部景观

至于长安街的微观步行环境，一方面，由于道路红线宽阔，所以沿街绿地面积较多[①]，许多大型建筑物以宽阔的绿地及楼前停车空间与街道相隔离，同时也与行人保持较远的距离，使路人对于很多建筑只可遥望、无法靠近，从而使建筑对于街道空间产生消极的限定作用的同时，建筑内部空间也因此无法与城市街道空间相互接触，无从为行人或路上的驾驶者提供视觉内容（图3-18，浅色为沿街绿地，深灰色为人行道）。

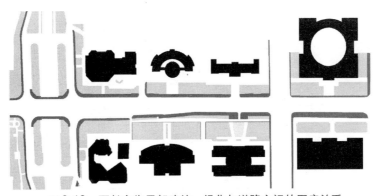

图3-18　西长安街局部建筑、绿化与道路空间的图底关系

① 如刑国煊在论文《北京旧城干道改造中的历史风貌问题研究》中指出，长安街从复兴门至建国门距离共计6850m，沿街绿地面积（2004年）为28.1公顷，则长安街平均每一米街道边有约40m²的绿地，也即平均每侧街边有宽约20m的绿地。

有些新建筑虽然楼前空间以硬质铺地为主，供行人使用，但在设计上同样缺乏对于行人需求的考虑，如东方广场前建筑至机动车道距离约58m，铺地采用灰、黑色石材拼合而成，较为美观大方，但是此处基本没有坐具等小尺度的环境设施限定空间，致使空间极为空旷，难以产生良好的场所感。

另一方面，长安街沿街绿地实用性较差，为行人设置的可使用空间较少，良好的小型休憩场所及座位非常缺乏，因此总体步行环境较为单调。最为典型的如西单广场，基本没有考虑行人使用该空间的多样性要求，而只是简单地将其以大面积草坪完全覆盖，环境形式极为单调无趣（图3-19）。

由于大面积绿地的存在，长安街的步行道常被分为临近建筑和临近街道两部分，前者稍私密，后者较开放，满足了人们不同的需求。但沿街的绿地布置常缺乏对人行道连续性的考虑，加上局部停车场、栏杆、地下道入口等占用了空间，人行道铺装材料在各段街道上也变化多样、缺乏协调统一。同样，行道树种类在整条街道也变化较多，这些共同导致了长安街人行道整体显得断续、不完整、使用不便利。这一点在天安门东西两侧的街边也很明显，虽然此地经过精心地设计施工，为游客提供了不少座位，但绿地占据很多面积，使人行道显得很不通畅，影响了人流舒适地漫步和通行。

不过，这一区段由于天安门城楼和广场的存在，常年步行经过的游人很多，沿墙所设置的带靠背座椅一年中大部分时间使用率较高，很受欢迎，而且此处的红色高墙与成排的高大树木一起发挥了积极的空间限定作用，产生了舒适的空间感，同时在不同季节和天气投射在红墙上的树影变幻不定，景观富有特殊韵味，给人们留下较为深刻和美好的景观印象，因此具有较强的场所感（图3-20）。

图3-19 缺乏场所功能的西单广场

图3-20 红墙与树影形成美好景观

3.1.3 街道景观人文特征

由于在城市中处于比较特殊的位置，所以长安街向来就是一条具有非同寻常地位的街道，穿越历史的洪流，街道上各个年代的人文事件是这条街道景观的丰富内容。

封建王朝时期，长安街与承天门（清天安门）前的"T"形广场一起，起着体现国家礼制秩序和帝王威严的作用。明朝时承天门前长安左、右门之间的横街是朝廷举行各种重要典礼的所在，如皇帝登基、册立皇后等国家大典都需在承天门前举行颁诏仪式，皇帝的诏书置于云匣之中，用彩绳系在龙杆上，由承天门降下，再由礼部颁行全国。明代科举考试中最高等级的"殿试"后考取进士的黄榜颁布仪式,路线为由紫禁城内过午门捧出黄榜,鼓乐御杖引导至承天门而出长安左门外张挂于"龙棚"。另外,明代一年一度的对各地判处死刑的罪犯复审定案的"秋审"和"朝审"也在此处举行。在清朝,类似的仪式依然于此继续举行。

作为当时政权标志性建筑物之一的承天门,其建筑形式也在历史发展过程中日趋庄严华丽。由明初黄瓦飞檐的三层楼式的五座木牌坊,逐渐演变为清代的面阔九开间、进深五间、重檐飞翘、雕梁画栋的 33.7m 高门楼,在高大的墩台之外,有汉白玉石栏围绕,加上两侧皇城长长围墙黄瓦红墙的衬托,整体环境庄严肃穆、雄伟壮观感强烈。虽然这一景观当时对于普通市民距离遥远,日常不易亲近,但由于门楼的高度,人们应该能从城市的很多地方遥眺到这一城市中心的景象。

中央皇城南侧的东西长安街,是与皇城的红墙相伴而生的,它们既隔开了皇城与城市的其他建筑物,同时又是皇城与城市的重要通道。由于明清两朝的官署俱在皇城之前,而皇城前"T"形广场前端的大明门(清大清门)只有在国家举行大典时才开启,所以长安左、右门是平日百官上朝的入口,百官出皇城往文武各署办公也须经过此地。因此长安街上常有官员经过,街的两旁也有许多的官员宅邸和王府。

既是皇宫前的重要通道,当然就应足够宽阔以显示出必要的排场,因为在封建王朝,与皇家有关的一切都提倡"非壮丽无以壮威",所以明清时的长安街已经较宽,特别是靠近长安左、右门处最宽近 90m,是城市一般主干道宽度的两倍以上。不过街道向外延伸的过程中可能由于"壮威"的功能性弱化,宽度也就相应地趋于收缩,在过了东、西长安街牌楼之后,街道宽度就缩窄至与一般城市主干道接近了。

清朝灭亡后,东西长安街连通,天安门广场也对外开放,电车通行,穿越过长安左、右门进入昔日的皇家禁区,城市生活融入了街道,天安门作为壮观的封建王朝的历史遗迹凸现于人们的视野,它与普通市民的距离不再遥远隔阂,在天安门前也可以看到小商贩的身影。作为旧城的城市中心,在国家经历长期战乱的过程中,这里也见证了多次影响深远的大规模游行集会活动,如五四运动、"一二·九"运动等。

新中国时期,开国大典在天安门广场及东西长安街上举行,新中国成立后的许多重大节日游行、国庆阅兵仪式、迎接外国元首贵宾的仪式等也都在此举行,为了适应这些功能需求,同时也为了改善城市东西之间的交通、改善首都的市容,长安街就此趋向于林荫大道、游行大道这样的形象建设,宽度和长度上都渐趋扩大。

所有这些深具历史意义的事件,都在长安街的年轮上刻下了难以磨灭的丰富印记,使它作为中华民族记忆中的一处重要场所而存在。时至今日,以天安门为背景的长安街,已经成为全国人民心中意象深刻的图画,这一图画既是北京的城市形象代表,也是国家的形象代表,具有不可泯灭的重要意义(图3-21)。而当国家进入新的建设时期,大量巨型金融办公和商业服务建筑物在此涌现,虽然这些建筑意象有些也与国家形象联系在一起,但总的说来还是对长安街体现国家政治形象这一功能产生了一定的弱化作用,也相应地出现了街道景观处理上的矛盾。例如 21 世纪初建造的国家大剧院,由于外形独特,与天安门广场的历史建筑群缺乏必要的城市文脉联系,所以在方案公布伊始就引发了大规模的质疑和争论,虽然它最终按照原中标方案建成,但相关的批评意见至今不断,这些都需要引起城市建设者和设计师们的重视及深入思考(图3-22)。

图 3-21　天安门城楼具有特殊的象征意义　　图 3-22　国家大剧院是长安街的最新建筑

　　长安街景观人文特征的另一个问题是沿街建筑功能相对单调，而且建筑与街道及街上行人的关系较为疏远。早在 20 世纪 60 年代就有学者对长安街规划方案提出了质疑，认为长安街上设置众多的部委办公楼，它们建成后关上大门、围起围墙，老百姓来到长安街时就缺乏了活动内容，没什么可干的。后来又有研究者指出，出于政治上和思想意识上的需要，封建王朝时的北京曾经是一个典型的封闭城市，随着时代的前进，北京城的这种封闭模式已经发生了变化，但其封闭半封闭性并没有根本转变。比如"天安门广场面积很大、气势雄伟，但在使用上它却是封闭和半封闭的，人民群众来到广场，实际有诸多不便。广场上除了人民英雄纪念碑和革命历史博物馆外，人民大会堂、毛主席纪念堂、前门、箭楼等都处于封闭和半封闭状态中。人们来到这个长街上，没有多少可以停留、徜徉的场所，只能是匆匆而过"[1]。

　　他们所提出的这些问题在今天的长安街上依然切实存在，作为国家著名街道的长安街，其沿街建筑的类型较为同质化，主要以大多不对路人任意开放的国家机关、银行、酒店等大型楼宇为主，较为缺乏各类文化、生活及商业类建筑，长安街街边的建筑绝大多数呈现出一种严肃冷漠的面孔，以封闭的围墙、较远的距离以及高大的台阶等与街道生活隔离，单调的建筑功能致使街道生活缺乏生气，从而间接导致了街道环境的单调，所以对于国内外慕名而来的游人们来说，长安街的整体面貌确实有些乏味和冷漠的味道。实地考察中可发现，整条街道只有西单、王府井和天安门这三个点附近游人较多，街道的其余部分虽然建筑矗立、绿树成荫，但不具有生成丰富街道生活的基本条件，往来行人极少，总体街景较为单调无趣。

3.1.4　街道景观未来构想

　　通过上面的分析可见，长安街景观目前存在不少问题。

　　首先，由于历史规划的原因，造成长安街宽度太宽，与其所处的北京旧城区城市肌理差异显著、不相适应，而且出于对旧城及天安门地段历史面貌保护的考虑，街道沿街建筑的高度又必须予以相应限制，这样就导致街道空间限定感相当微弱。有研究者曾指出，当空间尺度超过 137m 时，空间界定就会变得相当微弱，从而出现不管周边建筑有多高，中

---

① 曾昭奋：《创作与形式——当代中国建筑评论》，天津科学技术出版社，1989 年版，第 85 页。

间的部分都更像一块空地而不是一个广场的局面①，而前文已列表指出，长安街的不少地段街道宽度都已超过了 137m 这一数字。

长安街的巨大宽度同时也致使行人对街道的使用、对街道两侧环境的掌握变得困难。比如梁思成先生早在 1957 年讨论长安街的宽度时就提出过"短跑家要跑 11 秒"这样的质疑，作家冯唐也曾调侃式地批评长安街的宽度过宽，导致了城市环境的非人性化："最宽处近百米，基本就是给坦克行驶和战斗机起落用的，心脏不好的小老太太小老大爷横过马路，先舌下含一片硝酸甘油。在上海或者香港等依海而建的城市里，一百米的距离，已经做了头修了脚洗了衣吃了饭买了菜钉了鞋寄了信会了朋友"②。确实，街道的巨大宽度使街道两侧建筑物也相应地需要以较大的尺度来与之相适应，从而无疑极大削弱了街道环境的多样性和舒适度。

其次，长安街边的建筑物的建造在设计上缺乏统一的城市景观控制规划，因此众多新建筑相互之间在体量、色彩、风貌上缺乏协调，它们的"自然生长"状态未能产生连续的城市街道空间及和谐的街道景观。有些如果单看其本身可能造型、色彩等还并无大碍，但将其与周围其他建筑物放在一起观察时，却产生了杂乱无章之感，其中最主要的原因就是各幢建筑物都只想突出自身形象，努力表现自我个性，缺乏对于其"邻居"的照顾，从而造成相互之间的极度不协调，街道空间因而显得很破碎而缺乏完形感，而且，这些建筑物对街道所呈现出的较为封闭的形式也使街道生活趋于乏味。

其三，步行空间与绿地的设计缺乏精心思考和必要的协调。如人行道不但宽窄变化明显，而且在一些路段步行空间被绿地分割后呈狭窄、破碎状，导致人行道在纵向空间上不够贯通。此外整条街道的步行道铺砌材料及行道树的变化也很大，因此整体街道微观环境的统一感非常不够。

针对以上这些问题，可尝试对于长安街未来景观发展提出一些构想。

首先，对于由历史原因造成的街道过宽的问题，要想改变比较困难，目前可行的方法只有大量种植行道树来积极限定街道的二次空间。著名建筑师贝聿铭先生就曾建议北京要特别重视绿化，如长安街两侧应该以行道树来限定空间，而且行道树的品种应该力求统一，不应混乱。贝先生指出由于现在长安街上的建筑都显得很"重"，所以树对于街道空间的柔化和限定就很重要，整条长安街都应该种植一样的树，晚间的街道照明重点也不应该放在沿街一些大体量建筑上，而应该放在树上。这些对于长安街空间绿化的意见无疑是较为合理的③。

其次，关于街边建筑物在设计上缺乏统一城市景观控制规划的问题，可参考我国老一辈城市规划师陈占祥的观点，陈老曾经指出："英国有位建筑师，写了一本小书，说建筑有的是'有礼貌的建筑'，有的是'没有礼貌的建筑'，我很赞成这个观点。今天的建筑很多是没有礼貌的。我认为，社会主义的建筑必须有礼貌，新的要尊重旧的环境"④。陈

---

①　[美] 阿兰·B·雅各布斯：《伟大的街道》，王又佳、金秋野译，北京，中国建筑工业出版社，2009 年版，第 273 页。

②　冯唐：《浩荡北京》，[EB/OL]，[2012-05-12]，http://blog.caijing.com.cn/expert_article-151420-5575.shtml。

③　王军：《贝聿铭访谈录》，《江南时报》2001 年 12 月 18 日，第 5 版；凤凰：《与大师对话——杨澜 VS 贝聿铭》，《中外建筑》2001 年第 1 期，第 28 页。

④　梁思成、陈占祥等著：《梁陈方案与北京》，王瑞智编，沈阳，辽宁教育出版社，2005 年版，第 83 页。

老所提出的"礼貌"一说非常形象,建筑物在街道两边的形式就仿佛一个个站立着的人,相互之间如果能产生一种和谐对话关系的话,则"礼貌"感就自然产生了。前述建于1954年的北京饭店西楼,是由建筑师戴念慈先生主持设计,该项设计在建筑高度及外立面色调、装饰元素等方面都注意到了对于一侧建于1917年的老楼的协调及呼应,使新老建筑和谐共处,这种设计态度是一种对于原有建筑环境的礼貌表示。

另外,贝聿铭先生也曾谈到,在北京的新建建筑可以"世界化"、现代化,可是现代化里面应该有一点规律,但现在这个规律在北京和上海都没有。关于这个规律,他认为首先是对于建筑高度的控制,其次是对于建筑材料和颜色的选择,他指出北京不但应严格按照规划控制建筑高度,而且在旧城里面造新建筑时应该使用专门的石材饰面以与旧城的历史感相配适①,而如东方广场建筑这样体量巨大又采用反光玻璃、外立面太过耀眼亮丽的做法则是比较错误的,因为建筑物应该体量越是大,外表则越不能太亮②。同时,贝老还告诉人们在设计位于长安街上的中国银行总部时,他是尽力使建筑内部对于街道显得通透,以及使建筑与街道发生较为平易的关系,从而显示出邀请人们自由出入该建筑的态度,增强了街道的场所功能。参照陈、贝两位先生所提意见及中国银行作品所反映出的思想来反观长安街两侧的各色新建筑物,即可清楚它们的主要缺点,同时对于北京现代建筑应具有的设计形式也相应有了更多了解。

最后,关于街道两边人行道的设计,巴黎的香榭丽舍大街也许可以作为一个较好的参照。宽70m的香榭丽舍大街也是一条较为宽阔的街道,在1992年最后一次街道改造后它被取消了街边停车空间,使两边人行道各达到了24m的宽度,而且在其主要繁华地段,宽阔的人行道上只种植了两行梧桐树,基本没有其他的绿地,这种做法将街道还给了行人。而且,从人行道可轻松舒适地进入两边建筑物,街道上的城市生活因此丰富多彩,各种咖啡座、书报亭等为街道景观增色许多(图3-23、图3-24)。长安街的人行道设计可以向它多多学习,虽然整条街道的功能可能有较大差异,但某些城市设计的手法,以及对于人的尊重却应该是相同的,比如精简绿地以提供足够的行走宽度和贯通的空间、加强建筑入口与步行道的联系、建立适度的街道场所感等。

图3-23 香榭丽舍大街空间形态较完整　　图3-24 香榭丽舍大街丰富的人行道生活

① 凤凰:《与大师对话——杨澜VS贝聿铭》,《中外建筑》2001年第1期,第28页。
② 王军:《采访本上的城市》,生活·读书·新知三联书店,2008年版,第169页。

总之，关于长安街，城市建设者们在未来还有很多工作需要做。

3.2　商业性街道——王府井大街景观

3.2.1　街道历史沿革

王府井大街是位于北京东城区紫禁城东边的一条南北走向的长街，南起东长安街，北至东四西大街，全长约 1800m，是北京最著名的商业街。它的历史可追溯至 13 世纪的元代，已有七百多年，当时称为"丁字街"，与皇城东侧城墙相平行，距离约 350m。其南端始于城市南城墙下的顺城街，元代中央三大衙署中的枢密院和御史台分布在这条大街上。明永乐年间这里设置了接待外国使者的宾馆，永乐十五年（1417 年）因东安门下东南建十王邸，该街道被称为王府街。宣德年间在王府南又建三座公王府，街道改称为十王府街。明朝灭亡以后，王府随之荒废。清光绪、宣统年间，这里又开始繁华，街旁出现了许多摊贩和店铺，成为当地有名的一个街市。清光绪三十一年（1905 年）重新厘定地名，因街上有一眼建于明中叶的水质较好的水井，遂定名为王府井大街。在《乾隆京城全图》和民国二年（公元 1913 年）《实测北京内外城地图》上均绘出该街此井并明示位置。1915 年，北洋政府内政部绘制《北京四郊详图》时，把这条街划分为三段：北段称王府大街，中段因有清乾隆时为官员饮马而设的八个石槽而得名八面槽，南段以有甜井称王府井大街。该井的位置在大街的西侧，现今的大甜水井胡同，此井后于 1920 年代被湮没，1998 年王府井大街整修改造时又被发现，被作为街道重要历史遗存加以保护及展示。发展至今，整条街道一起被称为王府井大街了。

王府井大街最早的商业活动始于明代，但其商业区地位是从晚清时期慢慢发展形成的。清光绪二十九年（1903 年），为了改修马路、整顿东安门外大街的市容，清政府将附近商贩聚集在废弃不用的八旗兵练兵场，从而形成东安市场，是王府井日后成为商业街的起点。后随着东交民巷使馆区的形成，一些为洋人服务的银行、商号落户王府井。当时的东安市场是北京人最爱逛的地方，1909 年出版的《京华百二竹枝词》中有一首词描述它道："新开各处市场宽，买物随心不费难，若论繁华首一指，请君城内赴东安"，可见当时市场的盛况。20 世纪初期，王府井大街的商业活动进入了新时期，1935 年这里修成了北京市第一条柏油马路。新中国成立之前，王府井大街和西单、大栅栏成为北京的三大商业区。1950 年代王府井大街建成了北京市第一个百货大楼，并逐渐发展成为全国最著名的一条商业街，街上的同升和、盛锡福、瑞蚨祥、东来顺、全聚德、翠华楼等诸多老字号见证了老街的繁华商业史。

20 世纪 80 年代，由于缺乏整体规划加上管理不到位，王府井大街存在客流拥挤、环境杂乱、设施缺乏等问题。后来，该街多次展开建设和改造工程，新建了大型商业建筑群东方广场，东安市场、百货大楼等也加以改造，它们与工艺美术大楼、儿童用品商店等老店新店一起构成现代化商业中心区环境。1999 年 9 月，王府井大街历经八年改造举行开街仪式，此后该街道又历经多次改造最终成为今日以步行街为主的格局。目前的王府井大街聚集着 700 多家大小商店，商业服务设施总建筑面积达到 150 万 m^2。

回顾历史，自清末至现在，这条街一直是商业繁荣之地，作为北京最著名的一条商业街而闻名全国。

3.2.2 街道景观形态特征

由《乾隆京城全图》来计算，当时的王府大街比与之垂直的东长安街稍窄，宽约35m，沿街建筑以小型四合院为主，也有一些规模稍大的王府建筑。如果以四合院民居建筑约4m的高度来推算，则当时该街道的空间尺度应该为 $D/H \approx 8.75$，是一条空间围合很弱的街道。后来，随着其逐渐发展成为商业街，街边的建筑高度逐渐向两层发展，明清时的商业街沿街建筑大多数是两层楼房，高度约 8~9m[1]。而民国时期的王府井大街，沿街则建起了一些 3~4 层的建筑物，因此它的 D/H 比值渐趋缩小，空间感也趋于合理。

现在的王府井大街全长约1785m，在空间上延承历史情况依然分为三段：南段是金鱼胡同以南，长约810m；中段是灯市口至金鱼胡同，长约340m；北段是灯市口以北至东四北大街，长约635m。其中南段实施了全步行街，中段金鱼胡同口处，东西走向的金鱼胡同和东安门大街与南北走向的王府井大街垂直，形成了十字形商业框架。再向北延伸，街道的商业氛围渐渐弱化，可通行机动车。

目前，这条北京乃至全国名声响亮的商业街的街道环境存在诸多问题。首先，在宏观上，街道空间零散、限定不够。王府井大街在规划中是一条城市次干道，改造前原宽26m，对于一条重要的商业街这一宽度本是比较合适的，但在规划改造中道路红线被定为40m，据称所有新建的建筑均实现了规划红线，因而现在看到的王府井大街很开阔，空间尺度较大。但其实作为一条步行商业街，这一街道宽度有失亲切，因为我国传统商业街道宽 6~8m，D/H 比值为 0.7~1.5，所以一般专家建议我国新建商业步行街一般应该以宽 10~20m，D/H 比值 1~2.5 为宜[2]，也有研究者认为城市主要步行商业街的宽度以 20~24m 为宜[3]。

王府井大街的尺度过宽这一缺点，在新的建设过程中不但未被弥补，反而有加重的趋势，如街道的局部宽度达到了60m，且巨大体量的建筑物越来越多地占据了街道两侧，如新东安市场建筑，面宽约300m，高 30~45m；丹耀大厦面宽约80m，高约30m；百货大楼新厦高约40m；东方广场南北长约200m，高约68m；北京饭店新楼高约60m 等。而且该街两边的建筑物体量差距较大，相互关系松散，从而导致街道的天际线高低起伏，对于街道空间的围合明显不够，难以产生舒适街道空间所需的合适 D/H 比值，也很难产生美观的视觉效果（图 3-25、图 3-26）。

如从金鱼胡同至王府井大街南口的810m步行街上，东西两侧都有大段的低层建筑物造成空间缺口，由平面图及立面图可看出其街道空间呈现散乱和破碎状，整体感较差，"图"形感不够理想（图 3-27、图 3-28）。同时，在沿街建筑物限定空间不力的情况之下，街道环境还非常缺乏有效的二次空间限定手段，如行道树、环境设施等内容缺乏良好安排。

---

① 杨涵：《明清北京商业街市空间形态研究》，北京建筑工程学院硕士论文，1999 年 6 月，第 65 页。
② 北京市城市规划设计研究院主编：《城市规划资料集第六分册——城市公共活动中心》，北京，中国建筑工业出版社，2003 年版，第 132 页。
③ 白德懋：《漫步北京城：一位建筑师的体验》，南京，东南大学出版社，2006 年版，第 69 页。

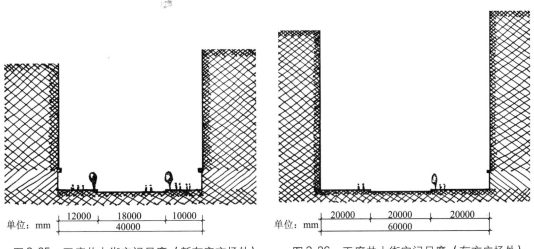

单位：mm

图 3-25　王府井大街空间尺度（新东安市场处）　　图 3-26　王府井大街空间尺度（东方广场处）

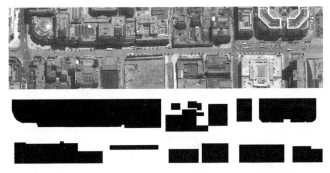

图 3-27　王府井大街南段谷歌地图及空间图底关系

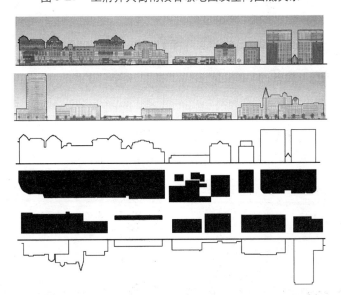

图 3-28　王府井大街南段沿街建筑立面及轮廓线分析

　　从中观层面考察该街道，由街道南段平面及立面图可见，建筑围合的混乱感导致该街道空间整体缺乏秩序感、节奏感。虽然在设计上沿街共有三处由建筑退让而形成的小广场，给街景带来一定的张弛变化，但总的看来，由于沿街建筑物相互之间缺乏统一呼应的规划设计，因而未能有效形成由节点建筑所主导的街道序列空间景观，整条街道空间缺乏丰富的场所及相应的场所感，从而空间感觉较为单调乏味（图3-29、图3-30）。

图3-29　王府井大街南段景观　　　　　　　图3-30　王府井大街中段景观

依然从空间图底关系出发，将王府井大街与另外两条世界著名休闲商业街——西班牙巴塞罗那的兰布斯大街和纽约的第五大道相比较，可以清晰看出它们相互之间的显著差别。图形显示这两条商业街的共同点是沿街建筑不但尺度相近、形式协调，而且连接紧密地占领了街边的地块，因此建筑对于街道空间限定明确，建筑总体呈现为空间之"底"，而街道空间则凸显为"图"形，它们的街道空间更为严谨明确，明显优于王府井大街的松散空间（图3-31、图3-32）。

图3-31　巴塞罗那兰布斯大街谷歌地图及空间图底关系

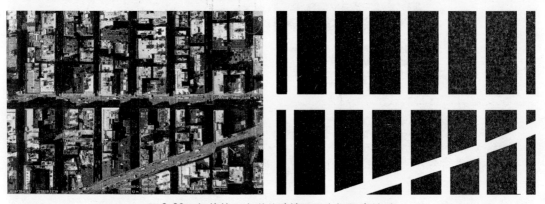

图3-32　纽约第五大道谷歌地图及空间图底关系

在王府井大街上，位于街道中段偏北位置东侧的天主教堂东堂以及它前面的广场是一个较为吸引人的空间节点。该广场的改建注意保留了原围墙大门和原有大树，体现了对于该地段历史的尊重，街道和广场之间的空间因此也有了丰富的层次感。此处坐具等设施的设计也较为合理。合理的空间尺度、特殊的历史文化感以及舒适的环境设施一起成功营造了氛围宜人的总体环境，场所感强烈，建成以来很受人们欢迎（图 3-33、图3-34）。

图 3-33　东堂具有明显的场所感

大街两侧的建筑在立面形式上相互之间协调感较差，建筑单体各自为政情况较为严重。比如建于 1950 年代的百货大楼是当时的著名建筑，它的建筑设计与同时代北京的一批新建筑形式协调，采用米色石材的外饰面，具有鲜明的时代特色，而其北侧不远处后建于 1990 年代的北京穆斯林大厦，却主要采用宝蓝色玻璃外饰面，在立面形式和色彩上既缺乏应有的厚重质感，也与百货大楼完全缺乏协调。又如大街北口的首都剧场与百货大楼属于同时代、风格相近的建筑，相邻的 1990 年代建的华侨大厦却以白色外墙、大屋顶的建筑形式与之迥然不同，缺乏协调呼应。

又如金鱼胡同的三幢大建筑：王府饭店、和平宾馆（扩建）和台湾饭店，它们建造的时间相距不远，可是从空间布局到形体、尺度却显得缺乏关系[1]。另外，新东安商场与东方商厦虽然距离遥远，但它们以巨

图 3-34　东堂前环境设施舒适美观

大体量占据步行街东侧的一头一尾，对环境影响很大，其街景本应是前后呼应的，但现状是前者较为起伏、带复杂细致线形的中式古典大屋顶造型和后者以简单直线为主的大体块现代建筑造型极难协调，使街景很不和谐。

主要建筑物立面形式的不协调导致整条街道的景观显得混乱，从街道立面图上可以清晰看出这一点（图 3-28、图 3-29）。

最后，在微观上考察街道，存在的最大问题是南段改造后的街道铺地形式设计不合理，施工质量也较粗糙。这里两侧人行道的铺设采用了200mm×200mm、表面光滑的广

---

① 高亦兰：《重视城市设计，保证城市的整体性》，《建筑学报》，1996 年第 2 期，第 11 页。

场砖，主要为米黄色，不同街段配以白、黑、红等色同质感方砖，拼成约为 3m × 3m 的方格形。由于该广场砖的亮度较高并具有一定彩度，它与街道中部横向铺设的大尺度亚光灰黑色石材（460mm × 920mm）在尺度和质感上对比都过于强烈，因此难以达成和谐的视觉感，大为削弱了步行街的环境整体性。而且人行道的广场砖在铺设时，缺乏对材料模数的整体性思考，致使铺地材料在各处被裁切成很多零碎边角，而一些市政设施的黑色铸铁井盖在人行道上未加掩饰地凌乱设置，更产生了较差的视觉效果（图 3-35）。沿街步行道的宽窄变化很大，窄处约 5～6m，宽处则有 10～12m，过多的变化增加了空间的混乱感。

与之相比，王府井大街未经改造的北段，人街道采用的是 300mm × 300mm 的方形黑色石材，视觉感朴素而又稳重，与南段的广场砖比较，这一材料显得更为适合一条历史悠久的街道，而且这里的环境整体设计注意到了材料模数的使用，如树池为 1.5m × 1.5m 的方形（1.5m = 5 × 300mm），树距为 6m（6m = 20 × 300mm），自行车架长 1.2m（1.2m = 4 × 300mm），加上街边的建筑物尺度大为缩小，店面开口因此大为增多，行道树又是高大美观的槐树，所以此处步行环境整体较南段更为舒适宜人。

另外，王府井步行街的环境设施也较缺乏，如作为步行街重要设施的导向牌在各主要路口设置不足，公共坐具也存在数量严重不足、功能差、位置不合理等多项问题。在一次调查中，有 69.5% 的被调查者认为休息座椅数量不足，且没有靠背和遮阳，舒适度较差[①]（图 3-36）。

图 3-35　形式粗糙的人行道铺地

图 3-36　功能较差的环境设施

对于这些环境细节问题，其实中外都有许多优秀的实例可以借鉴，比如市政设施的井盖应趋于"隐形"，以减弱对于步行者视觉的影响（图 3-37）；而公共坐具应该符合人体工程学，使人们能够舒适使用（图 3-38），问题的关键在于良好的设计与精细施工质量的结合。

该街道景观的其他问题还有沿街商业建筑的标志牌总体形式显得单一，有些地段的广告布置较为混乱，装饰性和艺术性较差。街道的绿化形式则较为单调，选用银杏作为行道树，间距约为 10m，布置过于疏朗，在 5～10 月阳光强烈的日子里，无法给街道上的行人

---

① 王灵姝，张伟一，马欣：《北京城市的开放空间和景观设计——以王府井商业街为例》，《城市问题》2007 年第 8 期，第 61 页。

提供遮阳，同时由于植株瘦小、枝叶稀疏，也无法起到柔化建筑物生硬边界、美化街景的重要作用。

图 3-37　铺地中的市政设施井盖可以
"隐形"（澳门某街道）

图 3-38　公共座椅应舒适美观
（巴塞罗那市街头木制座椅）

3.2.3　街道景观人文特征

王府井大街之所以成为北京乃至中国著名的商业街，是由于它的历史以及它在城市中所处的特定地理位置，比如它的街名就是一个鲜明的符号，使人自然可以联想起它的久远历史和昔日辉煌。从明朝时众多王府分布于此，到清末由于地利而形成的繁荣商业，历史作为一笔宝贵的财富为这条街道留下了深刻印记。这印记，体现在街道的整体空间布局、街道与周边街巷的关系上，是明清以来历史城市肌理的延续；体现在街道的名称上，这里不仅街以府命名，巷也以府命名，在这条街两旁的小巷名称中，至今尚有四处称为府：帅府、阮府、空府、霞公府；体现在商业内容上，则是众多老字号的延传至今，源于清朝并延续至今的大批中华老字号名店如卖鞋的内联升、步瀛斋，卖帽子的盛锡福、马聚源，卖丝绸的瑞蚨祥，卖糕点的稻香春、桂香村，以烤鸭出名的全聚德，以及一些传统吃食品牌如六必居酱菜、天福号酱肉、红螺果脯等，都与这条街道的历史紧密相关。

但令人遗憾的是，由于时代的发展，以及历经多次改造，现在的王府井大街上已经基本旧影无存了，因为大量的老字号历史名店被调整出大街，取而代之的是缺乏特色的大型百货商场和一些写字楼，商业街的历史延续性几乎被割裂，失去了其原有特色。虽然改造后又请回一些老字号商铺，但它们在此的历史遗迹已荡然无存，现基本都以全新面貌集中在新建的老北京一条街上。因此，不论是招牌林立的建筑立面、街道地面的铺装，还是绿化环境，街道景观"旧"影难以寻觅，"新"貌却又显得杂乱纷呈，未能形成新的鲜明整体风格。其实对于一条历史悠久的街道而言，"旧"是非常重要的，这种"旧"，首先应该体现在沿街不同时代丰富多样的建筑立面上，现在这种多样性在该街道的大部分路段明显缺失，街道的历史感也因此基本无存。不过这一问题已经引起相应的关注，如 2008 年初王府井大街北侧街面进行改造时，就曾注意将那些多年的老建筑褪去"外衣"，使藏在里面的写满沧桑的老门脸、老招牌显现出来，以增加街道的历史感。确实，每个时代的建筑物自有其特色，城市建设过程中应该珍惜这些时代特色，并注意以新建筑与之协调，从而增加街景的历史层次感和景观多样性。

此外，各类街道设施也应该精细设计制作，并予以长期延续性使用，因为只有这样，街道的历史才能逐渐累积起来，在时间流逝中变得厚重，体现出独特的人文价值。天主教堂前的广场深受人们欢迎，最重要原因就是由于教堂这一非常珍贵的"旧"元素之留存。而街道北段王府井大饭店门口的两个老树，也同样在清楚地诉说这条街道的久远历史。可惜的是，整条大街上类似的历史元素太少了，只有东堂以及建于20世纪中叶的王府井百货大楼、首都剧场等极少数建筑物还具有一些朴素厚实的历史感，其他多数建筑和设施则都表现为花哨的崭新面貌，各处设置的大幅广告牌更是临时感强烈。

3.2.4 街道景观未来构想

以上所述的一些问题，在王府井大街未来的建设发展中应予以积极改善。如作为一条著名的商业街道，它需要增加沿街建筑的界面连续感以使街道空间趋于完整，需要增加街道空间的场所感使街景层次更加丰富，也需要对沿街建筑立面在尺度、材质、色彩等方面采取协调控制。为了达到这些目标，则必须邀请优秀的设计专家组为其街道量身定制景观控制条例，再长期严格执行。条例内容应包括对街道空间的控制，对新建筑物的高度、尺度、立面材质等方面的详细要求，以及广告牌设立方式等，另外，追求"真实的历史感"这一观点也应得到更多的认识和重视。

此外，王府井大街的行道树种植问题尤其突出。原先在街道改造前，两边的国槐已经形成了很好的遮阳效果，可是一经改造南段街道的国槐全部被移走，路两边新栽植了间距为10m的银杏树，可是目前小银杏树的树冠远未形成，在炎热季节基本不具有遮阳作用。与南段相比，大街的北段由于保留了原来的行道树，街道的空间层次就好些，街景的历史感也稍强些（图3-39、图3-40）。据设计者说明，之所以选择银杏并采用这一间距，是从银杏不遮挡建筑物立面，而又具有遮阳和观赏作用，可以强化街道空间的完整性的角度来考虑的[1]，另外北京市园林局绿化办公室的某高级工程师也认为，在商业区的行道树种植不应以高大和遮阳为主要目的，以避免它们将商厦店铺的招牌和霓虹灯都遮了而显得空间不整齐美观[2]。

图3-39　王府井大街北段高大行道树使　　　　图3-40　王府井大街南段缺少行道树使
　　　　街道空间丰富舒适　　　　　　　　　　　　　　街道空间单调不宜人

---

① 王晖：《王府井大街改造景观设计小记》，《新建筑》，2002年第3期，第8-11页。
② 高炜，王维：《烈日酷暑，京城何处寻树荫》，《精品购物指南》，1999总第475期。

其实以上观点并不合理，因为街道上绿色的树木通常都是街道景观的积极因素而非消极因素，它们不但具有清洁空气的生态作用，还能够为城市提供与人工构筑物全然不同的自然形态，从而柔化人工构筑物过于生硬的线条，满足人们的视觉及心理需要。另外，在宽阔的街道上，行道树限定空间的作用也非常重要。典型的例子如巴黎香榭丽舍大街，每一边人行道上都有两行密植的法国梧桐（树距约 7m，行距约 9m），这些绿树缩小了街道的空间尺度感，是美好街景的重要内容。类似的情况在许多著名商业街可见，如上海的淮海路和南京的中山路等重要路段上，整齐排列的高大行道树都大为美化了街道景观。

因此王府井大街的景观设计在行道树这一点上实为败笔，亟待改善。因为银杏生长期缓慢，对环境要求高，养护困难，不太适宜北京的气候环境，而且由于其树下空间领域感较小，通常也不适宜用作步行街道的行道树。目前，在宽阔的王府井大街两旁，虽经多年成长，这些银杏树依然显得瘦弱、枯黄、稀疏而生长不良，致使街道炎夏无树荫遮挡，环境舒适度较差。有行人曾对此表示抗议，说由于商场之间距离较远，在暑天走在这条大街上常被晒得头昏脑涨却难觅阴凉，路边小树又树荫微弱远不足以遮阳[1]。而2001 年 6 月有报道称自王府井大街 1999 年 9 月改造以来，所植银杏树不断死亡，已经更换了不下 30 棵了，这既浪费又不利于街景的美观，同时也是银杏不适应此处街道环境的一个实证[2]。

3.3　生活性街道——南礼士路景观

3.3.1　街道历史沿革

南礼士路位于北京西二环路以西 200～300m，紧邻北京旧城，北起阜成门外大街，南至复兴门外大街，总长约 1800m，是 20 世纪 50 年代初经统一的规划设计建造起来的，是一条集办公、居住和生活于一体的南北向城市支路。

南礼士路的历史颇为悠远，在金代，它就是中都崇智门外的官道，而明中叶修建外城以后，这里又成为西便门外的官道。始建于明嘉靖九年（1350 年）的月坛是明清两代皇帝祭祀月亮夜明之神的场所，现位于该条街道的中段稍偏北，今日南礼士路的南端原来是月坛东门外的礼神坊，在明代时此街是从阜成门去往月坛祭祀之通道，故称礼神街。现月坛段在街道西侧为植物茂密的月坛公园，街道东侧为月坛体育场。清雍正二年（1724年），礼神坊改叫光恒坊，该街道就随之改称光恒街了。后清末民初至 20 世纪 40 年代，阜成门附近曾设有驴市，人们可在此租用脚驴，所以该街道以阜外大街为界，有南、北驴市口之分称，1911 年以后，"驴市"被雅化为谐音"礼士"，位于驴市之南的路，名南礼士路，以北的称为北礼士路，两条路名就此沿用至今。南礼士路由北向南分别有月坛北街、月坛南街与之垂直相交，街道南端的西侧，则有南礼士路头条、二条、三条等胡同平行排列着。

[1]　高炜，王维：《烈日酷暑，京城何处寻树荫》，《精品购物指南》，1999 总第 475 期。
[2]　黄建华：《北京金街银杏树为何都短命》，《北京青年报》，2001 年 6 月 11 日。

目前南礼士路大致保留了在 20 世纪 50 年代由陈占祥和华揽洪两位先生共同规划设计所形成的面貌，当时是华揽洪设计平面，陈占祥设计立面。该街道中段偏南的月坛南街也是他们两人于 1954 年共同设计的。资料显示在最初建成时，南礼士路的道路红线宽 30m，其中四条车行道总宽 13m，两侧各为 8.5m 宽的人行道，沿街两侧安排了一些市级单位如机械施工公司、市政工程局、建筑工程局、规划管理局，同时还安排了儿童医院以及不少住宅。

在建成后的半个世纪以来，随着城市经济的发展和生活的变化，街道环境有所变化，主要表现为建筑物的增建或扩建，以及交通的日渐繁忙。这条以办公、居住和生活为主的街道增加了许多新的内容，有办公性质的建威大厦、月坛大厦；有改扩建的商业服务设施，如广电部招待所、核工业部招待所、二炮门诊部、各银行营业部、各种餐馆以及设在住宅建筑底层的各类商店和设在月坛公园地下的一批发零售市场等。其次交通流量增加很大，原有 3 条公共汽车线路至 2005 年已增加到 14 条，复兴门外临南礼士路口有一条地铁线和 10 条公共汽车线在此设站，大量人流在此换乘，交通流量很大。街道也进行了改造工程，在部分路段将人行道缩窄了一半，让给自行车道，而原来的自行车道则让给了机动车，街道对景观随之发生一些变化。但大致看来，该街道依然保留了一条具有安详生活居住气氛的城市支路的基本特征，它的街道景观与北京多数街道对比有一些特别的优点，对于城市街景建设具有相当的参考价值。

3.3.2 街道景观形态特征

从阜成门外大街进入南礼士路南端时，人们会感觉到，与北京的很多街道相比，南礼士路具有一种特殊的氛围。笔者认为其特殊之处就在于一种整体舒适感，这是由于总体上南礼士路沿街建筑物多数体量均衡且连接紧密，形成了相当完整且比例合适的街道空间，人车在其中各行其道、舒适自在，因此街道景观怡人。

从南礼士路北端步入，可看到这是一条尺度适宜的街道，机动车道宽约 13m 左右，分为 4 条车道，两边的车道也兼具自行车道的功能。街道两边的人行道较宽，西侧主要人行道宽约 8.5m，近机动车道一边种植一行槐树，靠建筑物一边种植一行杨树，树距约为 9m；东侧的主要人行道宽约 4.5m，种植一行槐树，树距 9m，靠建筑物一边为草坪绿化，宽约 4m。这些槐树已近 4 层楼高，树形完整。杨树则显得瘦而高挑，较为靠近西侧建筑。行人在这一段行走在两排树之间，步行空间较为宽裕，且炎夏树荫浓密，为行人遮挡强光的同时，斑驳的光影投射在街道及两侧建筑上，阴凉而又美观。

而在南礼士路南段，1994 年完成的道路改造工程将人行道缩减，并划分出独立的自行车道，原宽为 8.5m 的人行道也被分成了三份，一条宽 2m 种有槐树的公交车候车带、一条宽约 4m 的自行车道，和一条近建筑的种有杨树的人行道，宽度仅 2.5m 左右，这条人行道去除宽 1.5m 的树池后，行人仅能够使用 1m 的宽度了，因此街道此段的步行空间破碎、使用不舒适，导致行人常常都行走在自行车道上（图 3-41、图 3-42）。而笔者观察发现，该条路上骑车经过的人全天都较少。

图 3-41　南礼士路北段人行道舒适　　　　图 3-42　南礼士路南段人行道空间不足

　　与一般北京南北向街道两边建筑物多为与街道垂直的南北朝向非常不同的是，南礼士路的沿街建筑多被设计为与街道平行的东西朝向，与街道相平行而非垂直，因此它们的紧密围合形成了完整的街道空间，而且它们的建筑形式非常和谐一致，建筑高度及开间相近，在街道立面上呈现为尺度近似、平均分布的窗口和均衡有致的建筑轮廓线，因此沿街和谐、连续的建筑立面很好地限定出了街道空间，使其"图"形感强烈（图 3-43、图 3-44）。这些沿街建筑物以建于 20 世纪 50 年代的 4 至 5 层的朴素的砖混结构建筑为主，其中住宅建筑占较大比重，它们不但建筑风格统一，而且具有鲜明的时代特征。沿街建筑群原多为清水灰砖墙面，现多粉刷有灰彩涂料，建筑平顶带女儿墙，窗间及窗下墙面细部的处理体现了中西结合的特色，设计既吸取西洋古建筑手法又融合中国建筑细部，突出建筑群体的节奏感，具有一种独特的清新风格。

图 3-43　南礼士路谷歌地图及空间图底关系

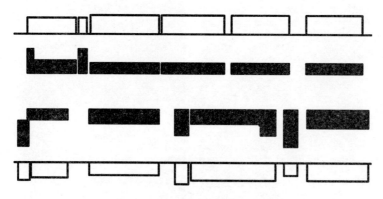

图3-44　南礼士路沿街建筑轮廓线

由于主要建筑物的这种形式，南礼士路不但街道空间完整，而且其尺度为 $D/H \approx 2$，较符合宜人街道空间的比例要求（图3-45、图3-46）。但20世纪90年代以来，由于沿街一些高层建筑的兴起和部分建筑的加层和扩建，街道的空间尺度发生了明显的变化，因为新建的高楼大厦都在16层以上，庞大的体量使街道变"窄"了，南礼士路的空间尺度在局部缩小到 $D/H \approx 1$ 甚至更小。如建威大厦17层60m高，与街宽的比例为 $D/H \approx 0.67$，因此，虽然它退离道路红线10m，但因直接临街而依然给人以压迫感。

图3-45　南礼士路街道空间限定好

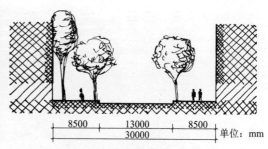

图3-46　南礼士路街道空间 $D/H \approx 2$

南礼士路街道空间的设计具有一定的节奏感，在沿街住宅建筑占有较重分量的同时，也间插着不少企业的大型建筑和一些公共空间。月坛北街在街道中段与之垂直相交，在其南边，街西有月坛公园，路东为月坛体育场（沿街建月坛大厦办公楼）；在南礼士路和月坛南街的交叉口处，随着道路的弯曲出现了一个绿化小广场；路南端的东部有南礼士路公园，路西的市建筑工程局5层楼房与之对应，形成轴线关系；另外，个别建筑物的重点部位都适当后退或提高层数，如儿童医院院落也为街道提供了一个公共空间，其主楼则明显提高与街道形成了垂直轴线的对景关系。

另外，沿街的住宅建筑多数在一层有开口，作为小型店铺对外营业使用。店铺种类非常丰富，与日常生活有关的基本都有，常呈长条状连接，如米粉店、刀削面店、书店、眼镜店、服装店、烟酒店等。这些店铺多为一开间，原住宅建筑的结构特征决定了它们的面宽多被限定为大约3.8m。这样的小型店铺在街道上非常多，有些甚至没有店门，如一家煎饼店和一家烟酒店,只是在墙上开出的一个稍大的洞口中营业,这是由原来住宅的窗口扩大形成。小店众多使此处的街道生活内容丰富,小尺度的店面也增加了空间的宜人感。沿街有少数规模稍大的店占有两个甚至三个开间,好几层楼面,但其店门也基本限制在一个开间内,没有大型的店面装修,如路南端 58 号的一家老字号饭店"烤肉宛",就是如此,资料显示其经营面积达 4000m²,可容纳 700 多人就餐。这种店面尺度上的统一感,主要由于该街道整体空间尺度舒适宜人,有限的街道宽度使人们在街对面也可以很容易看清店面招牌,因此张贴过大尺寸招牌不但没有必要,而且反而可能导致视觉上不舒服、不美观。

南礼士路上日常人流和车流量都较大,上下班时段尤其如此,这一时段街边的人行道上也人流不断,以下班职员和放学的学生为主。在南礼士路北段,人行道空间舒适,基本没有行人横穿马路现象。街上的车流则是连续不断,填满街道,其中,最为引人注目的是公交车辆,这些新型的公交车辆长度近 12m,体型较大,触目所及街道上的公交车辆常常有 7、8 辆,占据了大段的街道面积,而且由于它们的功率远大于一般小轿车,所以产生了较大的噪声,是该街道的主要噪声源。

南礼士路街景细节也较为特别,一些街道设施如自行车停放装置、沿路缘石的点状铸铁车挡等,应该是街道最初建成时投入使用的,目前它们不但依然存在并被使用着,而且由于设计合理、质地精良,所以虽历经岁月风尘有所磨损,却别具一种特殊时代感和历史厚重感,是街道历史的默默阐述者。另外,街道北段的人行道铺设以良好的设计形式产生了独特的美感。首先,它是由 300mm × 150mm 的灰蓝色地砖和 150mm × 150mm 的白色小砖拼合而成 450mm × 450mm 的图案,脚感舒适、视觉美观,而且更为重要的是,此处整体环境尺度都采用了与地砖尺寸相符的模数体系,即整个人行道的宽度、树池的间距、自行车停放设施以及点状铸铁车挡等的尺寸与设置,都采用了与地砖的铺设尺寸相配适的 150mm 及 450mm 模数,因此人行道上的全部地砖整齐铺设,完全无需裁切。这一对于人行道空间的系统设计,使环境的整体感极好、舒适美观(图 3-47、图 3-48)。

图 3-47　自行车停放设施设计合理

图 3-48　具有良好模数的美观铺地

总的看来,虽然南礼士路街道的整体街景质量有下降的趋势,但是它在总体上依然保留了建设之初的较完整空间形态和具时代特色的建筑形式,整体街道环境具有相当的舒适、宜人性,这一特征在北京的各条街道中殊为难得。

3.3.3　街道景观人文特征

20世纪50年代建设的南礼士路，按最初规划应是一条以生活居住为主的城市支路，适当安排办公性质的建筑，起到居住与工作场所接近的作用。但随着时代的发展，一些大型办公楼纷纷兴建，使其有发展成为以办公为主，兼具商业、服务、居住的综合性街道的趋向。目前该街道原先生活居住的安详气氛趋弱，但总的环境感觉依然未变，街道上的商业种类即是实证。街边各类店面大致可分为三类，第一类是为居民生活提供日常服务的，如副食店、食品店、日用小百货、饭馆等；第二类是为居民生活提供周期性服务的，如理发店、照相馆、银行储蓄所、书店等；第三类是与街边企业单位密切相关的专业商店，如市建筑设计院与市规划局附近的制图、复印等商店。其中前两类商店在数量上占了绝对多数。总体看来，安详的居住氛围是这条街道的特色，是非常独特和值得珍惜的。

南礼士路的沿街建筑很多都印刻着1950年代的强烈时代特征，虽然受到当时国家财力弱、建筑技术不够发达的限制，但它们的形式还是饱含着当时设计者们对于具有民族风格的现代建筑形式的探索精神，这一点，由建筑物的一些富有特色的装饰细节可以体察（图3-49）。

例如，南礼士路北京儿童医院建筑群落是著名建筑师华揽洪先生在新中国成立初期（1952~1954年）主持设计的，曾被《弗莱彻建筑史》列为1950年代中国现代主义的经典建筑，国内建筑专家们也一致认为它代表了现代建筑运动的特殊分支——民族性建筑的一部分。当年波兰、罗马尼亚、保加利亚、德国等多国建筑代表团参观北京时，曾盛赞儿童医院的设计具有国际水准。梁思成先生也曾于1957年对该建筑赞赏有加，认为它是那几年建设的我国的新建筑中最好的，这是因为建筑师抓住了中国建筑的基本特征，不论开间、窗台，都合乎中国建筑传统的比例，因此表现出了中国建筑的民族风格[①]。建成之初的北京儿童医院建筑不但功能合理，是真正的现代建筑，而且同时又是真正具有中国风格的建筑。

设计者华揽洪先生认为建筑之美在于比例与尺度，设计中他只是将儿童医院的屋顶，包括水塔烟囱的屋檐、四角微微翘起，再与下部开窗的比例配合，即产生了中国建筑飞檐的神韵，建筑立面再辅之传统格饰的栏板，整体古朴而简洁，又充满现代气息。这一具有历史意义的现代建筑本来应该得到很好的保护，但目前由于时代变迁及未得到良好维护，该建筑已有些面目全非，室内外一些增设的设施严重破坏了它原先的完整面貌，而其东侧的儿童医院新建大楼已取代它成为空间主角。建筑群朝向南礼士路的院落依然让人感觉到建筑与街道的一种和谐关系，而新的门诊大楼是朝向阜成门南大街的，虽然新建筑在西立面对于旧大楼有些形式上的呼应，但新旧建筑不但在建筑内部空间交接上较为局促，而且新建筑的线形及色彩与旧建筑都缺乏一种和谐关系，因此未能很好地延续建筑文脉（图3-50）。

---

① 转自沈博、文爱平：《北京儿童医院拆塔事件观察》，《北京规划建设》，2005年第6期，第97页。

图 3-49　儿童医院建筑阳台栏板图案　　　　　图 3-50　儿童医院新增建筑形式单调

　　南礼士路上与儿童医院一样具有中国传统意蕴的建筑还有不少，如有些住宅建筑上的装饰线脚及办公建筑的入口拱门形式等，都体现了设计者们当时对于延续我国传统建筑文脉的思索。而沿街的一些较新的建筑如北端的北京银行、华远大厦等，却显得尺度过大、形式粗糙，而且与街道空间关系处理不当，对街道空间的完形感及和谐的立面形式具有一定的破坏性，是未能良好融入街道景观文脉的负面实例（图 3-51、图 3-52）。

图 3-51　北京银行的大尺度独特造型　　　　　图 3-52　华远大厦底层的大尺度入口
　　　　破坏了街道空间的完形及和谐感　　　　　　　　破坏了街道景观和谐感

3.3.4　街道景观未来构想

　　作为一条以生活性内容为主的街道，在南礼士路街道景观未来建设中，30m 的道路红线不必拓宽，而应控制沿街新建筑高度以保持合理的街道空间 D/H 值。比如新建的 17 层60m 高的建威大厦因直接临街而给人以压迫感，但在街对面一幢 16 层住宅由于退居后排，沿街有多层住宅过渡，因此人们的视线受到多层住宅的遮挡，忽视了后边的高层住宅的存在，因而未对街道产生压迫感。应控制新建筑的高度与形式，使之适合现有街道环境，与旧建筑并置产生和谐统一感。

　　其次，在街道南段，人行道被削去了一半，让给了自行车道，原来的自行车道，则让给了小汽车，现在改建后的人行道太过狭窄，不能满足行人的步行要求，原先完整的人行道被划分为三段不同高度的空间使用后，不但使街道空间显得破碎，而且街道的整体通行功能变差，因此很不合理。建议将空间重新还给行人，或者将自行车道与人行道设计成同标高的合并使用形式，将更便于人们的日常生活使用。

　　南礼士路北段那些街道初建时设置并使用至今的公共设施，设计形式优雅、功能合理，并带有一定的历史特征，它们对于街道的景观贡献很重要，因为街道的历史感不但体现在沿街建筑物上、行道树上，也体现在这些公共设施等细节上。与这些旧设施相比，该条街道上的一些新的公共设施设计形式及制造质感要差很多。比较可惜的是，上述遗留设施由于年代久远，数量上有明显缺失，单体也有损坏现象，相关部门应该珍惜这些历史遗留物件，并及时予以修复和增补。另外，街道的一些市政设施还有待改进，如街道的北段有大量的电线穿过行道树上方，影响了街景美观。街道北段人行道对于行道砖的良好模数运用，在该街南端由于人行道被分割而未得体现，未来这种铺地形式如能遍及整条街道的人行道，将使街道微观步行环境更为连贯协调。

　　此外，该街道的公交路线超过10条，大量通行的公交车带来噪声和空气污染，在一定程度上降低了街道的环境质量，这种生活型城市支路上的公交车线路应该予以合理控制，并非多多益善。

　　南礼士路规划建设形式的成功，使该街的主要设计者之一陈占祥先生在晚年谈起自己当年的这一作品时仍感到很自豪，同时他也指出，建设街道要注重整体和谐性，尤其是沿街建筑应该有统筹的平面计划和周到的立体设计，要和谐、美观又实用，既有变化又统一①。确实，他的这一作品不但在当时得到了人们的认可，而且经过历史的检验，至今依然具有相当的优越性。但建设一条街道"既要有统筹的平面计划，还要有周到的立体设计"这一简单真理却并未被大多数城市建设者们真正领会，从北京市郊很多新建住宅区的规划建设可以看出，各个小区及建筑之间缺乏统筹安排、街道的平面及立面混乱而不统一、和谐的街道空间无法形成的现象比比皆是（图3-53、图3-54）。正因如此，南礼士路这一优秀实例对于北京街道景观建设更具有相当重要的借鉴作用，其设计形式值得认真研究和学习。

图3-53　某生活性街道空间限定较差　　　　　图3-54　不够协调的街道立面
　　　　（海淀区某生活性街道）　　　　　　　　　　　（知春路）

① 梁思成，陈占祥等：《梁陈方案与北京》，沈阳，辽宁教育出版社，第82-83页。

3.4　旧城特殊街巷——胡同景观

3.4.1　胡同历史沿革

北京老城四合院住宅区中的众多小巷被称为"胡同"。本书在第 2 章已指出元大都的城市街道系统主要分为大街、小街、火巷和胡同等几个等级，其中，大街是城市的主要干道，一般与城门相通，小街是城市的次干道，而胡同则多是四合院住宅建筑之间的通道。四合院建筑原是北京城的建筑主体，当时的城市主要是由众多大大小小的四合院背靠背、面对面、并列有序地平排组成的，成排的院落间为了居住者出入而留出的通道就是胡同。另外，语言学家张清常考证认为"胡同"一词是来源于蒙古语"水井"，由其发音借用而来，转为街巷的用意，与北京城区由来已久的以水井为中心分布居民区的历史相关。总之，"胡同"是在元代已经出现，至明清被大量使用的地名标志词，主要用于称呼民居院落之间的交通道路。

由元大都延承至明清的城市规划，导致北京的大街基本是笔直平坦的，南北、东西纵横交叉。与此同时，北京特殊的地理环境决定了适宜住宅采暖通风的朝向以坐北朝南为最佳，这样的住宅朝向决定了联系住宅的胡同走向以东西走向为宜，所以北京的胡同也多笔直，且多为东西走向、南北平行的原则，常开辟在南北干道与次干道之间。例如以东四地区为例，这一带胡同的西口是东四北大街，为城市主干道，东口为朝阳门北小街，是城市的次干道。在这两条主要道路之间开辟的众多胡同从东四头条到东四十条均为东西走向，从南向北依次排列，相互平行。胡同这种东西走向、南北平行的特征，保障了住宅的朝向，使住宅可以均匀地得到阳光的照射。

如果干道之间，或者干道与次干道之间距离过大，不便于居民出行，则会开拓一条南北方向的道路，在这条道路与主干道或者次干道之间，依然按照东西方向的原则构筑胡同。比如，南锣鼓巷地区介于交道口南大街与地安门外大街两条城市的主干道之间，由于这两条干道的距离过大，于是开辟了南锣鼓巷，在南锣鼓巷与交道口南大街之间构筑菊儿胡同、后圆恩寺胡同、前圆恩寺胡同等。东西走向与南北平行的原则基本适用于北京旧城各区的胡同。不过，由于城市环境的复杂性，在历史发展过程中城市各处胡同的宽度必然有宽有窄，同时也有一些竖胡同（南北向）、斜胡同、死胡同出现。

纵观整个北京老城，胡同就像城市的微血管遍布在整个城市。前述明朝人张爵的《京师五城坊巷胡同集》记载，明代北京街巷有 1264 条，其中直接叫胡同的有 457 条。后清朝人朱一新《京师坊巷志稿》则记叙清代城市街巷有 2000 多条，直接称为胡同的有近千条，看来整个城市路网趋于细密，城市肌理也因此趋于细致（参见图 2-1、图 2-2）。而新中国成立后北京街巷数据统计显示，20 世纪 80 年代初整个北京城十个区街巷共约 6000 条，直接称为胡同的约 1300 条[①]。

由于胡同与北京城相伴而生，在城市中又拥有相当的群体规模，表现出了一定的地

---

① 翁立：《北京的胡同》，北京燕山出版社，1992 年版，第 8-9 页。

方特色意义，因此常被视为北京街巷的特殊代表，并发展出了独特的胡同文化，成为京味文化的重要载体。现存很多胡同的规制可以追溯至明清，有的甚至可直追至元代，这些历史悠久的胡同默默承载着北京人的日常生活，同时也以其沧桑的面目阐释着北京古老的居住文化。

但近 30 年来，随着城市的快速发展，各类拆建项目的剧增，城市中的胡同数量在不断减少。不过，随着人们对于城市历史文化的重新认识，最新公布的北京历史文化保护区已经增加至 25 片，旧城的近四分之一面积被划为保护区范围，基于这种保护，很多胡同的生命有了长久延续的可能性，胡同文化也有望被作为城市特有的文化资产保护和发展下去。

前文曾指出，街道的功能通常是丰富多维的，融通行、商业、社交、休憩等内容于一体，如果以此原则考察北京的胡同，由于很多胡同两边是以住宅建筑为主，功能相对单一，所以与此并不相符合，但由于胡同对于北京城市空间的重要性，我们必须将其列入研究范围，作为城市的一种特殊街道来考察。漫步在北京老城的很多地段可以发现，老北京人的生活在各条胡同中延续着，胡同的景观内容丰富多彩。

3.4.2　胡同景观形态特征

北京的胡同整体呈现为一种狭长的空间形态，介于两条城市道路之间的胡同，在东西长度上必然大体相等，在宽度上也基本接近。同一地区的胡同群落基本都符合这个原则。胡同的长宽比较为悬殊，据考证今日北京东四、西四、南锣鼓巷一带的微观道路系统规制近似为元大都遗存，东四三条到九条胡同西口为东四北大街，东口为朝阳门内北小街，这九条胡同的尺度分别为 722m × 8m、726m × 7m、781m × 7m、715m × 9m、724m × 9m、717m × 8m、718m × 7m。平均计算则长度为 729m，宽度约

7.8m。以类似的方法计算得出其他的数据包括：西四一带的胡同（含西四头条至西四八条，以及砖塔胡同、羊肉胡同）平均宽度为 4.8m，平均长度为 567.7m；外城鲜鱼口地区草厂头条至十条的平均长度为 281.5m，平均宽度为 4.14m；大栅栏一带胡同平均长度为 167.6m，平均宽度为 3.2m[①]。由此可见，胡同的长度和宽度在目前的城市中具有较大的变化，并无定制。

胡同两边基本为形式相似、体量相近的单层四合院建筑，紧密排列的高度为 4m 左右的住宅墙体组成了胡同的立面，各四合院的入口间列其间。由于建筑物围合紧密，胡同的空间一般呈现较强的"图"形感（图 3-55）。如果以 3 ~ 7m 的胡同宽度计算的话，则胡同空间的 D/H 值介于 1 ~ 2，符合街道景观美学要求，因此，胡同空间一般给人以舒适和亲切之感（图 3-56）。

图 3-55　传统街巷空间呈"图"形（宫门口横街）

---

① 王彬：《北京微观地理笔记》，第 95 ~ 96 页。

　　例如位于东城区的东四十二条胡同西端连接东四北大街，东端连接东直门南小街，是东四胡同群中普通的一条。胡同两边以四合院建筑为主，皆为一层，它们以大门和围墙的交错方式围合了道路。在胡同中段偏东有第 24 中学和中国青年出版社这样的单位，中段偏西有东城区卫生局，都是小型的院落式建筑群，路南的 24 中为 3 层高教学楼，路北出版社为 6 层高建筑。该胡同中间现已铺设了宽约 5m 的柏油路面，可容两车对面通行（不过东四地区的胡同目前都已辟为机动车单行线）。柏油路两边各有宽约 1m 的空间，铺设有行道砖，并种植着较多行道树，路边有机动车停放。该胡同中的行道树树种为白蜡树，树龄约有 40 多年，树距为 3.6m 左右，局部树荫良好，但整个胡同的行道树种植很不完整，呈断续状。

　　胡同内没有喧闹市声，环境非常安静，空间尺度适宜步行。由于两边建筑都是平房，因此居民们日常出门非常方便，邻居间在安静的胡同中亲切地招呼见面、相互聊天以及进行遛狗等活动，孩子们则在一起自由玩耍，人际交流很是和谐（图 3-57）。但由于该胡同长达六七百米，因此进入后一般就只能后退或前行，中途的岔路仅有一条，与南北其他两条与之平行的胡同相连通，胡同内除岔路口有一家小饭店之外，基本别无其他商业内容。

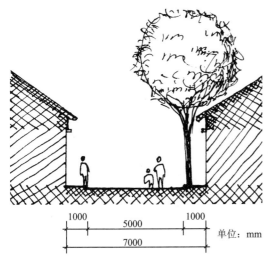

图 3-56　东四十二条胡同空间尺度（$D/H \approx 1.75$）

图 3-57　东四十二条胡同空间舒适

　　这条胡同景观感觉较为单纯，在立面上，灰砖围墙大致呈现为"底"的效果，而"图"则是各个四合院大门、围墙上的木雕小窗等。整体胡同新近被全面修缮过，建筑外墙面上基本都新刷了灰色涂料，不少建筑门头的一些灰砖也似乎是新近补砌而成的，各大门上的红漆也都是新涂饰的，分外醒目。有些大门两边的八字影壁上的雕饰看起来工艺较为粗糙，难辨新旧。而与此同时，大门未经修缮的一些石刻门墩、檐头彩画又显得非常陈旧、破损严重，因此总体看来，建筑门头各装饰元素新旧之间的对比显得非常强烈，缺乏和谐视觉美感。不过，由于每个四合院的尺度所限，因此它们的大门在胡同的两侧以一定的距离连续排列着，从而对行人而言产生了一种舒适的节奏感。虽然每个大门都经过新近稍显粗糙的修饰，但它们仍然具有一定的可欣赏性，特别是那些旧的砖雕、石雕、彩画等，提供了丰富的历史信息，予环境以特别的视觉趣味，使行人的视线有了着落点的同时，脑海中也相应地有了想象的空间（图 3-58、图 3-59）。

图3-58　东四十二条胡同景观　　　　　　　　　图3-59　某四合院入口

　　空间上的紧密相接,使人们从胡同进入四合院非常方便,而且由于现在的很多四合院都成为居住着多户家庭的"大杂院",所以这类院子的门在白天通常是敞开着的,进入的通道也是公共的,行人进入院落参观很方便,与居住者的交流和沟通对来访者而言也是了解北京居住文化的一种良好方式。

　　北京很多胡同的综合景观印象基本与此类似,总的看来胡同是北京老城区较为狭窄的巷道,两边的建筑物以一层四合院为主,这里的空间围合感较好、尺度舒适、适合步行。整条胡同非常安静,经过车辆较少,而且由于胡同宽度的限制,车辆至此车速自然减慢。在同一条胡同中居住的人们彼此相互熟悉,对外来人员很容易辨识,因此胡同倾向于成为安全的生活场所,孩子们在这里玩耍,既有大人们的视线保护,又没有快速过境车辆的威胁。在相互平行、多为东西走向的胡同区,行人也易于产生清晰的方位感。至于胡同的立面景观,未经全面整修过的胡同显得很颓败陈旧,且环境不够清洁卫生,在经过全面修缮过的胡同中,环境稍显整洁,但却又存在有时新旧对比强烈、有时新旧不分的矛盾现象,新的、旧的建筑元素都因此显得不很美观。胡同中的环境设施一般很少,常见的是供居民日用的立式塑料垃圾桶,通常路边也会设置有卫生状况尚可的公共厕所。有极少数胡同的局部新添了一些色彩鲜艳的体育锻炼设施,但在胡同这样的空间尺度和色彩环境中这种设置一般显得不太适宜。

3.4.3　胡同景观人文特征

　　在北京旧城的许多地段,大大小小的胡同纵横交错,织成了细致的城市生活肌理,胡同深处是人们温暖的家。不但北京人对胡同有特殊的感情,而且一般旅游者走进现代化的北京城,最感兴趣的也往往并不是那些鳞次栉比的高楼大厦、四通八达的宽马路,而正是那曲折幽深的小小胡同和温馨美丽的四合院,很多外国游客也常喜欢在北京的胡同里流连忘返,觉得北京的胡同别有风味,很是迷人。

胡同之所以受到人们普遍喜爱，首先与其舒适的空间尺度及安静的环境氛围有关。胡同的长度使其隔绝了两端喧嚣的市声，其宽度则限制了车辆的通行速度，因此几乎每一条胡同都是比较安静及安全的。而胡同的空间一般都是由两侧连续不断的四合院建筑群限定的，界面的连续性、空间 D/H 比值的合理性以及很多胡同中排列整齐的大树绿荫共同营造了尺度舒适的空间。同时，一个个相距不远的四合院大门则以各自特殊的重点装饰在街景中呈现出"图"形，为步行者的视线制造了可欣赏的内容，也就为长长胡同的狭长空间制造了良好的景观节奏（图 3-60）。

其次，由于胡同环境具有的舒适安全感及较好的可识别性，从而具有特定的场所感，这里是家居生活的良好扩展空间，人们在这种空间中容易彼此熟识、漫谈交流，孩子们在此则可安全游戏，外来者来到这里，既被许多视线监视着，又易于受到接待和欢迎。所有的人在此都容易找到良好的方位感，因为胡同一般只有两个端口，与这两个端口相垂直的街道的方位感也易于辨识，那里的商业内容正是居民们日常所需和分外熟悉的。

最后，胡同及四合院建筑与北京的城市文化血脉相连，这里是城市生活气息最为浓重的地方，漫步在这里，老北京人的生活就展现在你的眼前，各种杂乱而又丰富的生活物件也散落各处，观者至此就直接贴近了城市的深层生活内容，包括语言、生活方式、历史文化遗存等。例如

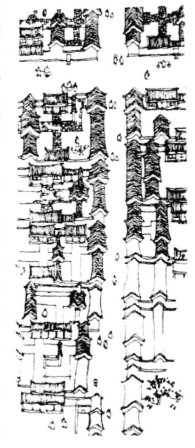

图 3-60 尺度舒适的胡同空间

仅北京街巷胡同的名称，就好比一部城市百科全书，既反映了历史沿革，又展示了社会风情。

因此，北京古城的历史感虽然体现在故宫、天坛等古建筑群上，但却更体现在各条胡同里流动着的城市生活中，在这里老的风俗文化及旧建筑装饰依稀还在，新的生活、新的文化又延续着，新旧的交杂产生了一种色彩斑驳的文化肌理，这正是胡同深层次的人文魅力所在。作家冯骥才在游历巴黎旧街区时曾感叹巴黎浩大而深厚的文化正是沉淀在这些老街老巷之中，他认为与博物馆中陈列品确凿而冰冷的模样相比，街巷中的文化更为生动又真实，因此非常值得珍惜。北京的胡同对于城市的历史文化也正具有同样特殊的意义。

由于缺乏有效的修缮和维护，今日北京的很多胡同有衰败的倾向，但人们对它们的留恋就说明它们有重要的存在价值。对于胡同昔日景观的美感，很多作家也曾予以热情描述、深表留恋。比如作家张恨水笔下的北京胡同，就有一种摄人魂魄的干净之美："一条平整的胡同，大概长约半华里吧？站在当街向两头一瞧，中国槐和洋槐，由人家院墙里面伸出来，在洁白的阳光下，遮住了路口。这儿有一列白粉墙，高可六七尺，墙上是青瓦盖着脊梁，由那上面伸到空气里去的是两三棵枣儿树，绿叶里成球的挂着半黄半红的冬瓜枣儿。树荫下一个翻着兽头瓦脊的一字门楼儿，下面有两扇朱漆的红板门……这是北平城里'小小住家儿的'"。可以想象，遍布北京城的胡同曾经就是这般诗情画意地铺展开了

别致的美景。时至今日，在那些胡同斑驳的旧影
中依然呈现着一种雅致时光的美好感觉，舒适的
空间限定、安静的环境氛围，高大茂密的绿树闪
烁着光影，装饰独特的院门有韵律地排列着诉说
着建筑的历史，人们自由地相聚闲谈，孩子们快
乐地玩耍着，外来者容易受到欢迎并被迎入院内
做客，这一切形成了北京胡同迷人的魅力，使人
流连忘返（图 3-61）。

图 3-61　舒适宜人的胡同空间

　　总之，作为市民生活的场所，北京的胡同是
城市古老地域文化的重要载体，具有一种独特
的、不可磨灭的魅力。

3.4.4　胡同景观未来构想

　　胡同区是古老北京的传统居住环境，它们很多已经存在了几百年，而且随着人们对历
史文化保护的重视，它们中的大多数应该还会长远存在下去。

　　目前较为迫切的任务是需要寻求对古老四合院建筑比较合理的保护方法。目前，虽然
北京已经有大片的胡同区被划入历史文化保护区的范围，但具体的保护方法、保护技术却
还没有定式，迫切需要深入研究。一些已经实施过整修的胡同最终的效果都很不理想，如
上文提及的东四地区的一些胡同，常见的方法是将墙面用灰色涂料粉饰一新，四合院的大
门则多采用红漆新饰，一些彩画也重新画过，一些精细的砖雕也被粗糙地粉刷过了，这样
的做法基本掩盖了建筑物原有的历史信息，不但难以达到保护的作用，而且有时对于旧建
筑而言甚至是一种破坏行为。

　　比如建筑史学家陈志华先生曾经对南池子历史保护区的保护规划提出强烈质疑，认为
该规划将旧房彻底拆光全部改建新建筑，因此根本谈不上"保护"一词，这样的保护方式
不应该施之于历史文化保护区和作为文化古都的北京[①]。无独有偶，学者舒乙也同样曾对
南池子的改造方式提出质疑，认为"拆旧建新"式的改造是非常错误的。其实与此类似的
情况在北京的很多街道不断出现，比如地安门大街拓宽后，沿街建筑物基本都为新建的
"布景式"仿旧建筑（图 3-62），前门大街打造历史文化商业街的方式也是全部拆除旧建
筑、挖走旧树木，而重起炉灶地大力修建起全新的仿旧建筑群和宽阔街道。

　　其实，这些所谓的保护方式与国际惯例确实很不符合。欧洲一些国家对旧建筑的整修
工作至为精细，针对不同的对象，分别有简单清洁、异材修补等不同手法，过程中非常注
重原有历史信息的保留，新修补的部分一般会力求与旧的保持差异性，便于人们识别。有
些建筑即使内部功能发生很大变化了，外立面也完全保持不变以求完整保留街道景观历史
元素。当然由于中外建筑形式和建造技术的差别，我国并不能够照搬欧洲的保护技术，关
于中式建筑的保护方法至今还没有很好的答案，是一个亟待深入研究的重要课题。

　　另外，在欧洲城市中，街边新建筑的形式一般会注意与临近老建筑保持一定的区别，
但同时又力求相互间的协调性，多样统一的城市景观即由此而形成（图 3-63）。欧洲国家

---

① 　陈志华：《五十年后论是非》，《梁陈方案与北京》，第 114-122 页。

的这些建筑保护及建设方法很值得学习，因为"新"和"旧"有差别地协调着，才能产生丰富和谐的、具有多样性及整体性的街道景观，而如果一旦旧城改造就将旧建筑全部拆去、将旧街道全面拓展重建，那么很多宝贵的历史信息就被抹去了，城市的历史感也自然就荡然无存。

图 3-62　修缮后的四合院仿如全新布景
（张自忠路）

图 3-63　新旧建筑区别而又融合
（法国斯特拉斯堡市历史街区）

不过，由于建筑物在历史发展过程中必然有更新的需要，所以胡同区的建筑物及市政环境设施的更新也是必需的。走进北京的不少胡同，人们会发觉衰败的景象处处可见，天空中横过很多杂乱的电线、公共设施配套不全，而且许多四合院建筑严重老化，如院门前的抱鼓石磨损得面目全非，一些磨砖对缝的墙面也风化碎裂，多数墙面则是全新的灰色粉刷层或起泡严重的旧粉刷层。这些建筑物的更新一方面有上述技术方法的问题，另一方面，还面临经济和产权归属问题。由于北京的很多四合院属于大杂院，建筑物是多家共有的，居住于此的居民多为城市平民，经济优裕的较少，所以统一的修缮工作难以开展。而一些独门独户、属于个人私有的四合院，也常会担心因被拆迁而不敢花大笔费用进行必要的修缮。

胡同中建筑的更新问题，是北京旧城改造与更新的重要内容。近年来，随着北京危房改造、城市建设的提速，很多古老破旧的大杂院被现代化的楼房所取代，旧胡同也将失去它赖以存在的基础。据不完全统计，北京老四城区（东城、西城、崇文、宣武）的胡同已经消失了 800 余条，这种状况引起了一些专家的忧虑，因为胡同是北京旧城的重要组成部分，胡同的大量消亡，严重影响了北京的古都风貌的保护。对于北京这样的文化古城而言，老城的城市肌理的保留是首要的，那种推倒重来、破旧立新式的大面积成片开发肯定不适宜在古城中施行。而与之相比较，由吴良镛教授所提出的有机更新理论也许显得更为科学合理，北京菊儿胡同的整建就是对此理论的探索和实践，其"新四合院"的住宅体系，倡导了一种既与传统文脉相承、又结合现代功能与技术要求的清新简朴风貌，并使新建筑服从城市的历史肌理，一度曾被认为是旧城更新实践的成功典范，未来这一思路如能得到进一步深入推进，也许会有利于北京历史保护区的更新和发展。

最后，胡同及四合院这一居住形式对城市现代居住区设计有重要启示作用，如现代住宅建筑群与城市空间的关系该如何处理才能形成安静、安全而又便利的生活环境，在这些新建居住区该如何创造宜人的舒适的城市公共空间，以使人们易于彼此认识、亲切交流，住宅建筑的形式又该如何才能够与这个城市古老的四合院建筑产生文脉上的联系等。作为一个历史底蕴丰厚的文化古城，也许北京居住建筑的总体形式应该相对简单纯净些，像胡同中灰色的墙体一样产生"底"的作用，然后以一些像四合院大门那样的重点装饰作为"图"来画龙点睛。在欧洲的很多城市，即使是郊区新建的住宅区建筑，外立面也常会带有一些延续城市文脉的元素，这值得我国设计者学习借鉴。

当然，由于历史的局限性，北京的胡同也不可避免地带有一些缺点，比如缺乏独立的公共空间，致使狭长的线形空间显得较为单调，以及街道环境设施落后等，这些只有寄希望在未来的城市更新中逐步加以改善了。

第4章　北京城市街道景观形态特征

从空间尺度和人体观感出发，结合环境行为学的研究方法，可以将城市街道景观分为宏观、中观和微观三个层次。宏观为城市空间层次，主要包含城市路网设置及其与建筑尺度、建筑排列方式相结合而形成的街道空间构成等内容；中观为动态体验层次，包含城市街景的环境认知、沿街总体建筑形式以及街道的场所设置等内容；微观为景观细节层次，包含建筑装饰细节、街道环境设施及步行道铺设等内容。

4.1　空间消极——北京街道景观宏观框架

4.1.1　疏松的城市路网

城市路网是城市整体空间形态的骨架，路网结构决定了城市的总体格局，同时也是取得城市景观整体秩序的最有力手段。美国著名景观规划专家约翰·O·西蒙兹（John Ormsbee Simonds）曾这样阐述环境中交通格局的重要性："大多数人工构筑物只对人类有意义，而且只有当人类去体验它们时才具有意义。在各类交通格局及线路的导引下，借助徒步、骑马、飞机、火车、汽车等一切旅行运送手段，我们得以接近、经过、环绕或上下穿越人工构筑物，正是在这过程中，构筑物的蕴意方得到展现。我们因此意识到：交通格局是任何规划项目的一项主要功能，它决定了感知或视觉展现的速率、序列和特性"[①]。

北京是一个地势西北高、东南低的平原城市，坡度5度左右，平坦开阔，有很少量的河湖点缀其间。从元大都建设完成之后直至封建时代末期，城市历经了多次改建，范围有所变化，但城市坐北朝南的"方城"意象一直是延续的，而且城市的中心主体有一部分范围未变[②]，在历史的发展过程中元大都的街道格局被延续和传承，北京的城市路网基本保持了南北东西纵横垂直、道路等级清晰的总体形式。明代时北京城的居住区共划分为36坊，在城市主要干道之间布置着多为东西向的胡同，胡同的长度则一般在600～700m左右，相邻胡同之间为70～80m的南北平行距离，既适合修建一所三进的大型四合院，也可南北各修建一座较小的四合院。在整个城市，均衡密布的胡同就仿佛是城市有机体的毛细血管，它们与其他城市道路共同组成了密度较高的路网系统，使城市肌理趋于均质、细致，城市尺度较为适宜步行（参见图2-2，图2-3）。

而作为新中国首都的北京，由于城墙的拆除和城市的向外扩张剧烈，城市整体格

---

① ［美］约翰·O·西蒙兹：《景观设计学——场地规划和设计手册》，俞孔坚等译，北京，中国建筑工业出版社，2000年版，第239页。

② 关于从元到清北京城垣的变迁，可参见萧默《巍巍帝都：北京历代建筑》，第55页。

局早已超出了原来的范围限制，目前北京已形成了"方格—环行—放射式"路网格式，其中"方格"主要是指北京旧城区（二环路以内）的城市道路基本保持了棋盘式格局，横平竖直，有平安大街、东西长安街、前三门大街、广安大街4条横贯东西和西单南北线、东单南北线等纵贯南北的主干路；"环形"是指随着城市的不断外扩，北京陆续建设了从二环直到六环一圈圈外扩的多条城市环路，其中建设最早的二环路是在拆除明清城墙的基础之上修建的，其他环路则是随着时代的发展和城市的扩张逐渐建设而成，这些环路3条为城市快速路，两条为高速公路；最后，"放射"主要是指由城市环路上的一些重要节点出发，向城市周边区域呈放射状散发的10多条快速路放射线，如京石高速、八达岭高速、京津塘高速等。在这一复合的路网系统中，原先的城市中轴线意象被保留并向南北延长建设，城市的中心由原先的紫禁城转移至天安门广场，另外东西向的长安街被拓宽和延长后，成为富有特殊意义的城市东西向重要轴线（图4-1、图4-2）。

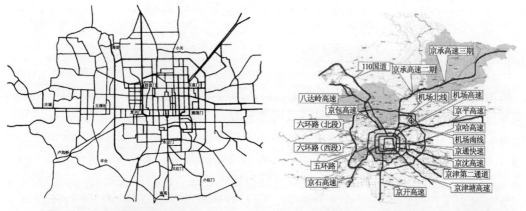

图4-1　北京道路系统图（1985年）　　　　图4-2　北京高速公路网（2010年）

与明清北京城路网相对细密、城市肌理细致不同的是，现代北京城市路网密度较低，城市肌理也相应较为粗糙。有研究者指出："北京的路网无论从长度还是面积角度都远远落后于其他城市，路网密度仅为东京的1/6，道路面积率仅为纽约的1/4"[1]。而且，现代北京非常缺少路网的次干道和支路，"城市道路的合理路网结构是以快速路和主干道为骨干，次干道等低等级道路为主体构成。北京城市的快速路里程已经超越其他城市，但低等级道路在整体路网中的比例远小于东京等城市"[2]。

在国外交通发达城市的市区道路上，通常不超过150m就会有一条疏散的路口，如华盛顿，机动车道路一般相隔100～150m一条。而北京在路网规划方面，20世纪50年代制定的道路红线规划基本一直执行至今，机动车道一般隔700～800m一条。如西二环路和西三环路之间，相隔2.8km，中间没有一条可供分流的南北向主干道。又如乘坐城市铁路13号线从五道口站到西直门站，可发现此段位于北四环至北二环之间的区域东西向道路很少，主要的仅有知春路、北三环、学院路三条，这些道路之间不但距离超过1km，而且非常缺乏次干道和支路。目前相关专家已基本达成共识，认识到城市低密度的路网是北京城

① 　杨静、毛保华、丁勇：《北京与国际大都市道路交通比较研究》，《综合运输》2009年第4期，第46页。
② 　同上。

目前道路严重拥堵的关键原因，而北京历年来的道路建设试图以不断拓宽的"宽马路"来解决这个问题是建设决策的失误，很难达到理想效果。

从同比例的城市路网图底关系比较图上可以清晰看出北京当代城市路网的问题所在。如东直门内大街、珠市口大街附近大致保留了北京旧城的路网格局，将它们与二环路以外的几处城市路网相比较，可发现北京旧城的路网因为布置更为细密均衡，道路也更为通畅，同时图形也显得更为美观。由二环路向外至四环路，城市路网则明显趋于疏松。

而将北京旧城与巴黎、巴塞罗那旧城的路网相比较，则可发现后两者更为细密，后两个城市不但街区尺度更小，而且街道网络中编制有一些广场作为街道的节点，街道的场所感更强；而观察纽约路网及巴塞罗那新城路网，则可以发现它们具有非常清晰简洁的结构，且道路相互之间很畅通，相比之下，北京二环外城市路网明显是无秩序且非常不畅通的，这样的路网结构必然会造成严重的交通拥堵问题（图 4-3、图 4-4）。

东直门内大街—张自忠路

珠市口大街—前门大街

东直门外大街—工人体育场北路

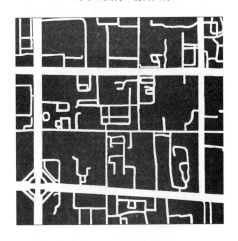

车公庄西路—阜成路

图 4-3　北京城市路网图底关系（1）

北四环—成府路

望京街—广顺北大街

图4-3 北京城市路网图底关系（2）

巴黎路网

巴塞罗那老城区路网

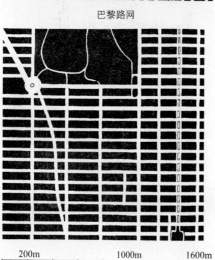

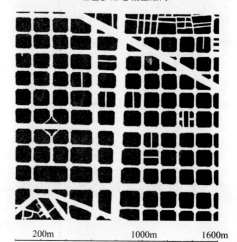

纽约路网

巴塞罗那新城路网

图4-4 世界大城市路网图底关系

4.1.2　分散的城市形态

与明清北京城较为集中、紧缩的城市形态相比较，现代北京城市形态呈现分散、疏松的特征，两者差异显著，主要体现在城市范围的严谨限定与无序蔓延，以及建筑密度的高与低这两个方面。

明清北京城呈现集中和紧缩的城市形态特征，这首先是因为当时的城市具有清晰的范围界定。作为几个朝代的国家都城，明清北京城是《考工记·营国制度》中所倡导的"理制城市"的杰出代表，它的建设是基于政治、经济、军事等需要，严格按照封建宗法礼制秩序有计划地整体规划建设和发展起来的，在营建之初即以高大城墙确定了城市的范围，虽然在历史发展过程之中该范围有所变化，但作为城市界限的城墙始终以其巨大体量形成了清晰的边界，明确限定了城市空间，从而有效阻止了城市的无序扩张，城内与城外的概念界定非常清晰。

而新中国成立后的北京城，先是基于城市发展的需要在 20 世纪 50～60 年代拆除了明清遗留的北京古城墙，后又由于一些城市规划方面的失误导致城市形态四向蔓延，城市范围处于失控状态，以旧城为中心的城市政治、文化、经济等多功能的聚焦导致外围集团的吸引力既弱小又分散，于是城市建成区以旧城为中心，以不断外扩的环路形式向外"摊大饼式"地低效蔓延，同时卫星城的建设也远未达到预定规划目的。这一蔓延分散的城市形态与范围严格限定的明清北京城迥然不同，呈现为一种疏松的总体空间特征。

此外，由于城市规划和建筑形式的巨大差异，古今北京城市建筑密度差别较大[①]。明清北京城市建筑的主体为四合院建筑群，四合院对北京城而言就像有机体的细胞一样，在建筑形式上具有显著的相似性和协调性，四合院建筑之间排列紧密，将街道边的地块完全填充，使街道两边建筑立面连续，形成了较为整齐的街墙，而且建筑入口相距不远地均匀排列，整体街道的尺度与人体尺度相适应，环境氛围适宜步行。同时，城市中的绿化形式也是均质的，在城市的居住区中一般无集中绿地，但在四合院的庭院中多有树木种植。四合院建筑群的形式及排列特点导致了明清北京城的建筑密度较高，城市整体形态由此呈现出致密、集中的特点，城市肌理细致（参见图 2-2，图 2-3）。

而新中国成立后，国家首都的功能要求以及时代的发展使城市建设量急剧加大，由于现代城市生活方式的需求以及现代建筑技术和建筑形式的影响，新建建筑基本都是楼房，且高度越来越高，因此城市新建筑在形式上与四合院建筑基本断裂。例如占城市建筑总量较大比例的住宅建筑，从 20 世纪 50 年代开始建设多层板式住宅，到 1978 年改革开放后开始建设板式或塔式小高层住宅，再发展至 20 世纪 90 年代至 21 世纪初则大量建造塔式高层住宅，建筑高度不断大幅提升。与之相对应，为了保证日照、通风及防火等基本功能要求，楼与楼之间的间距也必然越来越大。根据我国现行的相关建筑法规，北京地区的南北向板式住宅建筑日照系数大致为 1.6，点式高层建筑的日照系数大为 1.2[②]，因此 6 层高约 18m 的板式住宅建筑，如果都坐北朝南平行排列，则相互间距一般约为 28m，16 层

---

① 建筑密度是反映建筑占用地面积比例的一个概念，指的是建筑覆盖率，即项目用地范围内所有建筑基底面积之和与建设用地面积之比，建筑密度大，说明用地中房子盖得"满"，反之则说明房子盖得"稀"。

② 日照系数是指为保证住户的通风采光等权利，国家有关建筑设计规范规定住宅设计须保证建筑日照间距，以不同地区冬至日照时间不低于 1～3 小时（房子最底屋窗户）为标准，一般采用楼间距与楼高的比值来计算。

高约50m的板式建筑间距约为80m，以此类推可见，高层住宅建筑之间的间距都比较大。这种由建筑高度所导致的建筑间的过大间距与各条宽阔的街道相结合，使城市建筑密度自然降低，城市肌理相应趋于疏松（图4-5、图4-6）。

图4-5　低密度分散的城市形态　　　　　　图4-6　低密度分散的城市形态
（北三环中路景观）　　　　　　　　　　（德胜门外大街景观）

　　城市空间形态疏松的特征体现在北京很多街道上，不论是市中心地区还是城市郊区，城市的建筑密度其实都不高。在旧城区，很多街道被拓宽后，街边保留着成片的低矮四合院建筑群，但这些旧平房常与新中国成立后各时期建成的多层、高层建筑参差不齐地排列在一起，使街景显得混乱无序。如由地安门大街向东至张自忠路及东四十条一带，以及宣武门内大街、崇文门内大街等的情况都是如此；在近郊区，街道边的建筑物也多以低层为主，少数几个高层距离遥远地耸立其中，在城市各条环路上这种情况尤其明显。本书的"北京城市街道空间图底关系表"是对于北京街道空间形态的一种剖面式解析，由借助谷歌地图绘制的北京城市街道平面图底关系，可清晰看出由于街道尺度过大，沿街建筑物形式差异较大、高低参差不齐且相互联系松散，导致了北京城市街道空间形态多呈现出疏松分散的特征（表4-1）。

北京城市街道空间图底关系表　　　　　　　　　　　　　　　表4-1

说明：此图表对北京城市街道的空间图底关系展开剖面式研究，选取从北至南以及从西而东的20条街道逐一予以分析，标注出沿街建筑层数，并以3m/层估算建筑物高度，同时测出各条街道大致的建筑红线宽度（该图表的绘制借助了谷歌地图及"都市圈"北京三维地图）。

街道 名称	街道图底关系	建筑层数	建筑红线 宽度（约）
		高度（约）	
北四环 中路		3、4、5、6、8、10、11、12 层	80m
		9～36m	
花园北路		1、3、4、5、10、12 层	40m
		3～36m	
北土城 西路		1、2、10、12、17 层	40m
		3～51m	
北三环 中路		1、3、4、5 层	100m
		3～15m	
学院南路		1、2、3、4、5、14、16 层	50m
		3～48m	
文慧园路		6、14、19、24 层	30m
		18～72m	

街道名称	街道图底关系	建筑层数	建筑红线宽度（约）
		高度（约）	
德胜门西大街		2、6、10、11、16、21 层	110m
		6~62m	
西直门内大街		1、2、5、6、7、8、10、13 层	33m
		3~39m	
平安里西大街		2、4、6、12 层	60m
		6~36m	
阜成门内大街		1、2、4、6、7、20 层	30m
		3~60m	
广宁伯大街		8、13、16、17 层	70m
		24~51m	

续表

街道名称	街道图底关系	建筑层数	建筑红线宽度（约）
		高度（约）	
中关村南大街		2、3、5、6、20、26 层	80m
		6～78m	
大柳树路		2、4、5、12、19 层	70m
		6～57m	
西直门北大街		1、3、5、11、17、26 层	70m
		3～78m	
新街口外大街		2、4、6、9、14、15 层	50m
		6～45m	

续表

街道名称	街道图底关系	建筑层数		建筑红线宽度（约）
		高度（约）		
德胜门外大街		2、4、18 层		90m
		6～48m		
鼓楼外大街		2、4、6、8、10、13 层		60m
		6～39m		
阜成门北大街		5、6、13、14、20 层		130m
		15～60m		
赵登禹路		1、3、5、6 层		30m
		3～18m		
西四北大街		1、2 层		30m
		3～6m		

　　例如，在笔者曾居住过的清华大学校园区周边的几条街道中，只有南边的成府路由于清华科技园、地铁五道口站及一些住宅建筑的存在而显得建筑密度稍高，校园的其他三个方向的沿街建筑密度都较低，同时街道也严重缺乏各类公共设施。校园外西、南两面道路的日常交通流量极大，高峰时拥堵严重，而东、北两面则交通流量稀少，可见建筑密度的极度不均衡也直接导致了道路使用的不均衡，使有些道路过度负担交通量，而有些却常呈现空闲状[①]。即使是建筑稍密集的成府路，其两边的建筑形态也呈现疏散状，如从中关村北二街路口向西的成府路南建筑物以低层为主，与路北清华科技园处林立的高层建筑尺度差异较大。而且由于路北的建筑相互之间留有巨大空隙，因此无法对街道空间形成舒适围合和有效限定（图4-7、图4-8）。

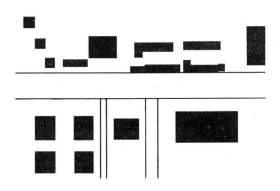

图4-7　成府路局部沿街建筑平面

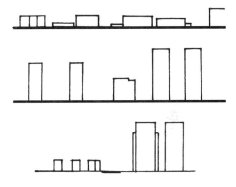

图4-8　成府路沿街建筑立面及剖面

图4-9　成府路街道景观（东向）

图4-10　成府路街道景观（西向）

　　建筑物密度低、道路宽、路网密度稀这些特点使现代北京城整体空间形态呈现疏散的特征，城市肌理较为粗糙，这一点在城市二环外至五环内的地区表现突出，在二环附近的一些区域也很明显（图4-11、图4-12）。不少著名建筑师曾对此发表过批评意见，如英国著名女建筑师扎哈·哈迪德（Zaha Hadid）认为，由于北京是大街区和高楼的发展模式，

---

① 清华大学校园的北面是城市保留绿地，此处多年来无任何变化，城市空间的可达性极差。笔者认为如能将这块绿地开拓为城市公园，即可使其加入城市公共空间的序列，从而带动城市公共设施的建设，对周边道路交通产生分流作用，同时可丰富和改善周边居民生活空间。

宽阔的马路隔绝了城市之间的联系，生活至为不便；另一英国著名建筑师泰瑞·法瑞（Terry Farrell）也指出北京的城市空间是柯布西耶式的高楼加空地模式，这一城市建设模式是不宜人、不合理的。有规划学者也研究指出，出于城市发展的考虑北京应该增加城市密度，尤其是城市二环路到四环路的城市密度①。

图 4-11　形态疏松的城市空间
（安定门外大街俯瞰）

图 4-12　低密度的城市空间
（朝阳门内大街街景）

4.1.3　消极的街道空间

芦原义信从空间中人类不同的行为与心理出发将外部空间区分为积极空间和消极空间，它们具有相对立的性质。积极空间有计划性，能满足人的意图，消极空间，是无计划性、自然发生的②，因此限定较好、功能合理的空间就是积极的，限定弱、功能差的空间是消极的。另外建筑与街道的空间关系，也可分为积极和消极两种，如果建筑物为街道空间的限定作出了积极的作用，那么它与街道的关系就是积极的，反之则是消极关系。

明清北京城中除紫禁城这一大型建筑群外，各种四合院建筑为城市建筑的构成主体，不论是王府、会馆还是民居都以四合院形式构筑，这些四合院建筑虽然由于形制不同，建筑体量及院落组合方式会有所差异，但它们基本都是一层建筑物，与外界相接的边缘形式也基本一致。四合院整体主要呈现南北向方形，其四面皆是围墙，大门多开在南向围墙的东部。在大街小巷的两边，四合院建筑相互连接紧密排列，将街道之间空间完全占据，由此街道空间完整呈现而凸显出"图"的特征，并倾向于积极空间（图 4-13、图 4-14）。而且，由于建筑在街道两边紧密排列，建筑

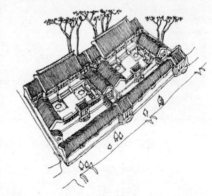

图 4-13　四合院建筑紧密均衡排列

入口与街道的关系也是非常密切的，由建筑通往街道以及街道进入建筑方便易达，所以

---

① 丁成日：《城市空间规划：理论、方法与实践》，北京，高等教育出版社，2007 年版，第 281 页。
② 参见［日］芦原义信：《外部空间设计》，北京，中国建筑工业出版社，1985 年版，第 12-26 页。

建筑与街道空间也是一种积极关系。

　　而时代的发展和变迁导致今日北京城早已脱离了以四合院建筑为主体的单一面貌，建筑形式丰富多样。但目前城市中各类低层、多层、高层建筑沿着各条街道呈现为非常不均匀的分布状态，低层建筑常与多层建筑相邻，而一些高层建筑更是突兀地矗立街边，与周围建筑高度差距巨大，完全缺乏体量上的联系和呼应，这样的建筑布置致使环境中建筑为"图"，空间呈现为背景式的"底"，街道空间限定较差、不完整而倾向于消极（图4-15、图4-16）。同时，这种沿街建筑高度无规律可循的状况，也导致了很多街道的 D/H 比值根本无法计算，这一特征在北京街道中极为普遍（参见表4-1）。

图4-14　传统街巷空间呈"图"形（宫门口三条雪景俯瞰）

图4-15　东三环路潘家园段

图4-16　北三环路人民大学附近

　　另外，与四合院建筑完全占有地块、以墙体与街道密接的方式不同，现代北京建筑与街道的联系方式呈多样化，有的与街道直接相连而对街道空间有积极限定作用，但很多建筑却远离街道，与街道的关系疏远、消极。直接连接的又可分为建筑与街道平行或垂直两种，其中平行的关系优于垂直的。建筑远离街道时一般是间以围墙或建筑前公共空间。这些复杂多变的关系，加上很多建筑的过大尺度，使从街道进入建筑的路径不再清晰易达。

　　例如很多街边的围墙阻断了建筑与街道的联系，这些围墙来自于各政府部门和科研单位、大专院校的大院，也来自于很多住宅小区。如清华大学的"大院"占地面积巨大，且基本是以围墙的形式与外部街道接壤，长长的院墙立面上与城市街道相通的开口非常少（图4-17，图中6个黑点为大院沿街道的出入口）。类似的"大院"情况在北京极为普遍，如果将北京的地图以单位"大院"的形式绘制出来，可以看出这样的"块"在城市中非常之多，它们对城市空间的流畅起到了严重的阻隔作用，而且"块"内的建筑多远离街道，不能为街道空间提供积极的限定作用。同时，院内生活与外部城市空间的隔绝，使街道的商业和行人都极少，街道功能变得很单一，以车辆的通行为主，这种情况导致了消极的城市空间荒漠化倾向（图4-18）。

　　建筑与街道直接联系时，我国的多数建筑（尤其是住宅建筑）都是南北朝向的，而现代建筑的高度决定了它们之间需要留出一定的间距以满足阳光和通风的要求，因此，在北京东西向的街道两边，沿街建筑物多与街道平行，对于街道空间有较为积极的限定作用，但建筑之间按规划要求留出的防火间距使街道空间的"图形"感也仍然有缺陷。而在南北向的街道边，住宅建筑通常与街道相垂直地平行排列，建筑越高则间距越大，街道空间的完形感也自然就越差。有时建筑之间的空当由低层商业建筑填充，会稍微增强些街道空间的完形感，不过沿街建筑空隙较大且未被填充的情况也很常见。前文的图解也清晰显示出北京的多数街道沿街建筑物不但高度差距大，而且相互之间以及与街道的关系较为松散，从而导致街道空间消极（表4-1）。

图4-17　清华大学之"大院"　　　　　　　图4-18　清华东路北京林业大学围墙

目前北京城市街道空间多数不够理想。在北京二环内旧城的一些区域，历史文化保护区政策使四合院建筑与胡同的组合呈片状存在，并基本保留了原先的尺度[①]，不过其间断续夹杂了一些新中国成立后建设的多层甚至高层建筑。在一些建设年代较早、尺度相对小，且近些年没有大规模拓宽的街道如新街口南大街、东四北大街等街道上，建筑物的高度保持了某种一致性，街道空间形态也相对完整，而且街道边的行道树高大成荫，对街道空间也起到了积极的完形作用。而老城区一些被拓宽过（路宽六车道及以上）的街道的空间则大多限定感较差，如崇文门内大街、宣武门内大街和平安大道等，街边保留了大片的一层高四合院建筑，因此建筑高度与街道宽度的比例明显失调，街道空间尺度严重失调，而且道路拓宽后街边行道树为新植树木，无法为街道做出积极的二次空间限定作用。在旧城外城市其他区域的多数街道两边，由于现代北京的建筑趋向于高层化[②]，因此建筑之间的距离也日趋扩大。建筑物不但高低不一、相互疏松排列，而且"大院"现象、楼前停车空间、人行道两边设置大面积绿化等，都致使建筑与街道关系消极，街道空间的完形感较弱。

① 为保护历史文化，北京市政府先后制定了《北京历史文化名城保护条例》、《北京旧城历史文化保护区保护和控制范围规划》、《北京皇城保护规划》、《北京历史文化保护区保护规划》等文件。1990年11月北京市政府批准确定的第一批历史文化保护区25片，2002年，又确定了第二批15片历史文化保护区，到目前为止，北京的历史文化保护区合计有40片，其中，旧城内有30片，总占地面积约1278公顷，占旧城总面积的21%。
② 据张开济《高层化是我国住宅的建设的发展方向吗？》一文，1984～1986年，北京建设住宅总量中高层住宅占45%，其中塔式高层占到75%，这一比例在此后的城市发展中有增无减。

此外，现代建筑师们常犯的典型错误在北京也处处可见，那就是单纯为形式而形式，片面追求建筑自身美学价值而不考虑它对城市空间的影响，忽视了建筑与其近邻以及与街道空间在形式方面的联系，最终导致建筑都以自我为中心，挑战似的孤独屹立于城市的社会和物质结构之外，由此造成城市空间的无序与失衡，使城市空间呈现为破碎的状态（图 4-19、图 4-20）。这类建筑实例比比皆是，如前述长安街、王府井大街很多建筑的情况，而国家大剧院、中央电视台新楼等则是最新案例，它们不考虑城市环境的文脉，以一种"不合作"或"傲视群雄"的姿态对城市空间造成较大的消极影响。

图 4-19　东三环北路景观　　　　　　图 4-20　金融街景观

因此，纵观整个城市，像南礼士路那样，街边建筑与街道关系良好，使整条街道形成了积极的"图形"空间的街道极少，北京城市街道空间多缺乏合理限定、不适宜使用，总体趋于消极。

4.1.4　不合理的街道尺度

当代北京城市建设的特点其实是与"柯布西耶式"的现代主义建筑理论相符合的，城市街道空间的连续性及尺度的适宜问题一直以来没有得到重视，沿街建筑物大多缺乏作为街道连续立面一分子的清醒意识，因此街道空间的围合感较差。北京城市街道空间限定非常弱，首先是由于街道过宽，且街道的宽度与街边建筑高度的 D/H 比值不适当而造成的，其次还因为街道两边现代高层建筑退让街道红线过多，以及各类相邻建筑高度差异大等原因。

街道空间宽高比 D/H 值不合理的例子非常之多。第 3 章已经论述过，长安街规划道路红线为 120m，宽度远超世界一些大城市的著名街道，不但从街道基本功能来看这一宽度的合理性值得质疑，而且该街道空间宽高比 D/H 值按规划应该为 2.67~4，已属于围合感弱的、较空旷的街道，可在实际建设中，由于规划数据未得到严格执行，街道的宽度或者建筑的高度都时有明显超出的现象，导致街道空间整体感较差（参见图 3-4、图 3-5）。另外，改造后的平安大街也很典型。由于原平安大街所在地（官园至东四十条）道路狭窄，高峰时交通拥堵，北京市对其加以拓宽和打通的改造，建成后的平安大街东起东四十条立交桥东切点，西至北礼士路口，全长 7026m，宽 28~33m，双向 6 车道，途经平安里、北海北门、地安门、张自忠路，是横贯城区的一条重要交通干道[①]。在拓宽平安大街的同时，为了保持旧城的古都风貌，沿街建筑依然基本保持原有的形式，新建的建筑也依照明清老四合院形式建设，建筑以一层、灰色外墙为主，如果以四合院普遍高度约4m来计算的话，该街道的 $D/H \approx 7 \sim 8.25$，由该比值可见其空间的限定感非常之弱。类似情况的街道还有很多，如扩建后的崇文门内大街、宣武门内大街等都是如此（图4-21、图4-22、图4-23）。

图4-21　平安大街尺度感

图4-22　复兴门内大街尺度感

但是，北京城市建设长期以来一直趋向于"宽马路"的方针策略，如1958年城市总体规划将长安街、前门大街、鼓楼南大街3条主要干道的宽度调整为120～140m，并提出一般干道宽80～120m，次要干道宽60～80m，这一1950年代制定的道路红线规划一直被执行至今[②]。目前北京城市主干道的"红线"规划为70m宽，各条有严重拥堵问题的街道也一直不断被拓宽，希望以此来解决交通问题，所以各条街道的 D/H 比不理想的较多，理想的很少。同一条道路两侧，高层、多层、低层建筑夹杂着不规则的排列，使城市街道空间的限定进一步被弱化。由前面对于北京街道剖面式的图解可清晰看出北京街道尺度巨大、限定较弱，其中的20条道路，建筑红线宽30～60m的有11条，宽60～90m有8条，100～130m的为3条（表4-1）。与它们相比，前文第2章已指出，巴黎最宽的街道香榭丽舍大道只有约70m宽，而美国华盛顿国家礼仪大道宾夕法尼亚大道仅宽约40m。

令人担忧的是，近年来随着城市机动车的激

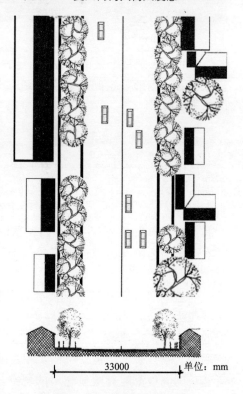

图4-23　平安大街平面及剖面

---

① 刘明主编：《迈向新世纪的首都城市建设》，北京，工商出版社，1990年版，第253页。
② 王军：《采访本上的城市》，第24-25页；《城记》，第293页。

增和城市交通的拥堵，城市所制定的相应的建设方针具体反映到街道上，不但新建城区的街道宽度有增无减，而且旧城的街道也不断被拓宽，如打开《北京旧城二十五片历史文化保护区保护规划》，道路扩建工程随处可见：

"皇城东北部的东板桥、嵩祝院北巷，将开出一条 20m 宽的城市道路；

国子监、雍和宫地区，将把安定门内大街、雍和宫大街各拆至 60m 宽、70m 宽，并东西横贯一条 25m 宽的城市道路；

雍和宫保护区要开出一条柏林寺东街，南北向打通一条北接二环路的道路；

南锣鼓巷保护区要拆出一条 30 至 35m 宽的南北向城市次干道；

什刹海保护区，将拓宽德胜门内大街，在钟鼓楼以北拆出一条东西向城市次干道，开出一条大道从鼓楼东侧钻入地下，过什刹海，再从柳荫街以西钻出来……"[①]。

这样的举措，无疑会使北京旧城城市肌理被进一步破坏，并导致北京整体街道空间尺度愈加趋向于不合理，同时也会引发大量的新建项目，从而更多地改变历史古都文化遗存景观。

4.1.5　行道树的积极作用

虽然北京的很多街道过于宽阔，街边建筑高度总体又呈现参差不齐状，导致北京城市街道 D/H 比多不理想，但在很多街道上，大量种植的行道树及其他配置植物，对街道空间尤其是人行道空间提供了积极的限定作用，使沿街建筑物空间限定差的缺点得到了一定程度的弥补，在局部的街段形成了舒适空间和良好景观。北京一些街道的这种明显特点，使阿兰·B·雅各布斯在其出版于 1993 年、专门论述世界优秀城市景观街道的著作中曾特别写道："中国北京有很多优良景观街道，而且是只由树木构成的……当你在北京沿街或沿路旅行时，无论在郊区或市内，一路上都有绿树伴行"[②]。

雅各布斯的观察和描述很恰当，这样的街道在北京确实为数众多，它们多为新中国成立后的建设成果，新中国成立以后政府很重视城市绿化，行道树的种植与道路建设基本同步进行。雅各布斯的书出版距今已 10 多年，在此期间虽然北京城市建设以极快速度发展着，城市面貌日新月异，许多道路已被改造过而变化巨大，但在今日的北京漫步，还是能发现许多绿荫美好的街道，它们多为具有一定历史且近年未经大规模改扩建的街道，各种宽度的都有，例如东直门外大街、新街口南大街、知春路、南礼士路、科学院南路、石景山路、东交民巷、大慧寺路、东交民巷等许多街道，行道树的种植情况都很好，对街道景观产生了积极的作用（图 4-24、图 4-25）。

图 4-24　绿树成盖的东交民巷

① 王军：《采访本上的城市》，第 31 页。
② ［美］阿兰·B·雅各布斯：《城市大街——景观街道设计模式与原则》，黄文册，王绚鹏，廖慧怡译，中国台湾，地景企业股份有限公司，2006 年版，第 105 页。

　　例如，作为二、三环之间联络干道的东西向的东直门外大街最初修建于20世纪70年代，为六车道，道路红线为70m，路南边多为14~16层住宅，北边多为3~6层公共建筑，建筑物对于街道空间的限定并不均衡，但由于街边宽约4.8m的人行道各由两行槐树围绕，形成了较好的筒形绿荫空间，沿街局部还设置有绿地，因此绿色空间主导了人行道上行人的视觉，使人们心里感觉舒适，弱化了道路过宽和街边建筑过高（约45m）的不适宜尺度感（图4-26）。而在一些宽度稍窄的街道上，行道树的这种景观主导性更强一些，景观效果也更为明显。

图4-25　石景山路行道树种植良好

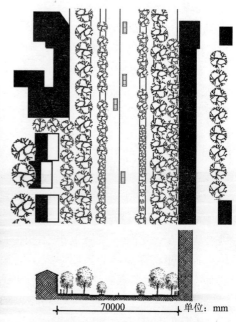

70000　　　　　单位：mm

图4-26　东直门外大街平面及剖面

4.2　意象模糊——北京街道景观中观体验

4.2.1　趋于模糊的城市意象

　　凯文·林奇的城市意象理论已经成为现代城市景观研究的重要指导内容，该理论讨论了城市物质空间对普通人在空间辨析和定位上的意义，并提出了"点—线—面"模式，强调一个景观的可意象性与景观的健康、安全和美好等性质密切相关。所谓可意象性即物体所具有的、能在观察者脑海中唤起强烈印象的特质，景观的可意象性一般会增加环境的可识别性。

　　由于对整体规划思想的合理运用，明清北京城形成了一种格局清晰的城市景观特征，城市总体街道景观可识别性较强，与之相比，今日北京城市景观意象明显趋向于模糊。

　　首先，明清北京的方城格局有限定明确的城市范围，由城墙的围合与城市中轴线一起形成的城市区域非常清楚，如北京民间曾流传过"东城富、西城贵、崇文穷、宣武破"的说法，即是区域识别清晰的一个侧面表现。而由于古城墙的拆除以及城市的不断外扩，今日北京的城市面积扩大了许多倍，城市结构由中心向四周的发展是由密而疏，城市随着环路的不断外扩而失去明确边界，这与明清北京城拥有清晰的城市边界差异显著，极度扩大的城市尺度和趋于模糊的城市边界使人们对城市区域的认知能力自然下降。因此，在北京老城区，主要城市区域的可识别性延续至今，而城市二环路之外的区域可识别性则非常模糊。

其次，今日北京的"方格—环行—放射式"路网格式在道路形式和道路等级分类上看似可识别性较好，但实际使用中却远非如此。一个重要的原因是北京城市街道的过大尺度和消极空间使人们的环境识别能力自然削弱，而且，由于路宽网稀，为了提高车辆通过速度，很多道路的交叉口建成了立交桥的形式，如截止到 20 世纪 90 年代中期北京立交桥的数量就超过了 100 座。现在二环路上，就有西直门桥、积水潭桥、德胜门桥、鼓楼大街桥、安定门桥、雍和宫桥、东直门桥、东四十条桥、朝阳门桥、东便门桥等 10 多座立交桥，在三环路、四环路上也同样有很多立交桥。这些环路上的立交桥通常体量特别巨大、路线非常复杂，从某个角度看，它们在空间和视觉上切断了城市街道的有机联系，对城市中的步行者和骑车人而言是庞然大物和通行困难区域，在人们的视觉和心理上都产生了障碍倾向，使街道可识别度大为下降（图 4-27）。例如，"由于东直门外地区会集了 20 多条公交线路，与城铁、地铁、机场高速等形成了复杂的交通网络，在交通枢纽的

图 4-27　大尺度交通设施使环境可识别性弱化（西三环立交高架路）

建设过程中，造成广大群众经常出现找不到车站的情况"[1]。而即使对驾驶者来说，这些立交桥也由于太过复杂的多层交叉和不够清晰的指向牌而难以辨识方向[2]。

其三，相对于明清北京城街道两侧相对简单整齐的建筑形式来说，现代北京建筑形式纷繁复杂，沿街建筑高低不一，建筑与建筑之间通常缺乏位置和形式上应有的呼应和协调，而且建筑与街道的关系也一改明清时的与街道直接紧密相交为主而变得复杂多样，如各种"大院"的存在带来了众多沿街不可进入的围墙，各种大楼的四周也留出了巨大的空隙，所以沿街的建筑入口对于路上行人而言趋向于远离、不可进入，沿街建筑也很难连续地以门牌号码标示出来，这些建筑总体上形成了一种混乱不清的图底关系，使路人视觉容易疲劳，也不便于寻觅目的地。同时，不清晰的图底关系也使沿街建筑物的地标作用不能良好发挥，虽然单独看也许很多建筑物都具有自身的特色，但它们相互组合在一起却形成混乱图像，使地标建筑缺失，街道景观意象因而趋弱。

因此，在北京城市二环路内的旧城区，特别是东、西城区，由于在一些区段依然大致保留了明清北京城的细密城市肌理，又有紫禁城为城市景观意象中心，且各条棋盘式街道东西南北方向清晰，又基本无立交桥形式，胡同细密且多东西向平行，街道尺度多较为舒

---

① 王薇、江山、张雷鸣：《指路牌为"指路大王"减负》，北京青年报，2005 年 3 月 17 日。

② 据 2007 年 6 月 28 日《法制晚报》记载，交管部门首次在其官方网站上对最容易让司机"犯憷"的西直门桥行车路线进行了支招。有司机反映，"我每次开车走西直门桥都晕。尤其是从西直门外大街方向过来，不知道如何上西二环。能不能帮我支支招？"答曰，"从西直门外大街需要盘三次桥才能上西二环。机动车从西直门外大街过来在北展桥进入辅路，沿辅路过西直门桥后向右转，经过三次盘桥后，可以进入西二环辅路。此外，司机还可以走车公庄大街再到南、北礼士路后，进入西二环。"立交桥线之复杂由此可见一斑。

适，沿街建筑也尺度较小并具有连续性，这些因素综合导致了区域内街道环境意象较清晰、可识别性较高，例如东四、西四南北大街及琉璃厂东西街等地段的情况（图4-28）。而在二环之外的城市地区，区域的边界模糊，建筑尺度逐渐扩大，"大院"增多，同时街道的尺度也相对扩大，所以街道景观可识别性趋弱。而在各条环路上，由于道路极宽、建筑稀疏远离、立交桥巨大复杂，道路的环境意象因而非常模糊，可识别性很差。

图4-28　小尺度街道可识别性好
（琉璃厂西街）

　　当代北京城市街道环境意象模糊与街道景观序列感的缺失也有很大关系，明清北京城市街道由城楼、城门、牌楼等形成了秩序井然、节奏感强烈的街景序列，这一形式与欧洲巴洛克风格的城市如巴黎、罗马等在城市空间设计结构的关键点上树立重要建筑物作为地标，从而建立了城市中各个地标之间的张力线，形成了城市公共空间序列的设计可谓异曲同工，对于街道景观整体感的形成非常重要。可惜新中国成立后，不但城门与城墙一起被拆除，而且出于妨碍交通的理由，各种位于街道上的城楼、门楼和牌楼大多相继被拆除①，城市街道景观的坐标式控制点就此消失，而新的控制点又一直未能建立。

　　对街道空间具有各种限定作用的地标消失之后，街道空间富有节奏感的变化也消失了。比如从朝阳门至阜成门的朝阜大街由朝阳门内大街、东四西大街、五四大街、西四东大街、西安门大街、阜成门内大街等街道共同组成，历史上的这条街段曾经拥有多项历史景观要素，包括作为地标而有对景作用的朝阳门、景山、阜成门，起到对景及景框作用的东四牌楼、西安门、西四牌楼、历代帝王庙牌楼等，以及起到借景作用的隆福寺、东皇城根河道、白塔寺等，其历史街道景观因此具有舒适合理的节奏和秩序感，也自然具有了相应的清晰景观意象。但历经改造之后，目前这些景观要素中的多数如城门、牌楼等都因拆除而消失，留下的极少数如白塔寺等也多受周围新建筑的视觉干扰，街道的历史景观秩序无存，新的秩序又未产生。于是，"由于这些超长的街道上没有明显的空间变化，所以在人们的记忆里不会留下辨别环境的标记，从而降低了地区的可辨认性"②。景观空间控制点的缺失使今日北京的多数街道缺乏景观序列感，可识别性相应较低。

4.2.2　缺乏谐调的相邻建筑

　　在城市街道景观建设中，各类建筑物由于体量与尺度的原因而具有较强的环境张力，对街景的影响远大于环境中的其他物象。沿街的各色建筑物是街道景观的最重要内容，在人们的视域中，它们就仿佛是一张图画上的主要元素，又仿如同一个舞台上的各个角色。由于是出现在同一个舞台之上、同一幅画中，那么它们之间就必然具有相互关系，就视觉

① 梁思成非常了解牌楼和城楼对于城市景观的重要性，在新中国成立初期，为了保护城楼和一些街道牌楼，他曾多次提出环岛绕行方案，可惜未获批准。

② 缪朴：《高密度城市设计：中国视角》，缪朴编著：《亚太城市的公共空间：当前的问题与对策》，司玲，司然译，北京，中国建筑工业出版社，2007年版，第272页。

美学而言，这种相互关系的最高境界就是视觉和谐。因为和谐一向被认为是美的基本特征，也是构成的最高形式，和谐则与构成形式的对称和均衡、比例和尺度、节奏和韵律、色彩和质地都是相关的，其要旨则可以总结为多样性的统一以及统一的多样性[①]。为了追求视觉和谐的街道景观，在现代城市建设工作中通常应该避免单体建筑"独语"的现象，而以建筑群体组合形成的城市功能性空间结构及相应的景观特色为关注重点。

考察世界各地景观美好的城市街道可发现，这些街道两边的建筑形式基本具有多样统一、和谐悦目的特性。随着城市的发展每一条城市街道都必然有一个历史演变的过程，因此沿街的建筑物不一定是同一历史时期的，不同的建筑风格可能导致不同的装饰和色彩，使建筑物表现出多样性，但与此同时，它们又会具有某种可贵的统一性，这种统一性首先表现在建筑外部空间的相互呼应上，其中平整的街墙是常见的形式；其次，各色建筑的统一性还表现为相似的楼高、层高，以及外墙材质和色彩的调和性。世界著名旅游城市如巴黎、威尼斯、斯特拉斯堡等的美丽街景都具有这样的和谐统一特性（图4-29）。

图 4-29　巴黎街道多具整齐美观的街墙

北京的街道景观在这方面的表现总的说来很不理想，同一条街道上总体建筑形式和谐的较少。关于这一点，本书第 3 章中对长安街及王府井大街的实例分析已经证明，试想，连这两条重要街道都在建筑设计上存在较为严重的缺陷，那么城市中的其他街道的类似问题就可想而知了。正因为如此，各方对于北京城市景观的负面评价较多。如一些专业人士一致批评认为北京整体景观非常混乱[②]，也有外国友人指出，与世界一些别的大城市相比，北京显得有些丑陋，因为它建得太快，而且很粗糙[③]。

北京一些街道景观的"混乱"和"丑陋"现象主要是由于城市整体建筑设计水平较低，且建筑物之间缺乏应有的呼应和协调而导致的。

这首先是因为，由于历史发展的特殊原因，中国的总体建筑设计水平一直处于较低的层次，在建筑风格上没有找到属于自己的正确道路。改革开放后的 30 多年以来，虽然城市化飞速发展，各个城市工程建设量巨大，但时至今日，中国建筑现代化的过程依然没有根本完成，现阶段的建筑设计基本还是处于"引进"或者说"拿来主义"的阶段，钢筋、混凝土构成的建筑未能表达出中国特殊的文化美感，在此背景之下，北京的整体建筑水平也同样较低。

建筑大师张开济先生曾说，建筑在中国有四种形式，即"中而新，中而古，洋而新，洋而古"，其境界依次由高而低。以这一标准观察北京城市沿街建筑的话，则能够列入最高境界"中而新"的很少，而"洋而新"的则占据了较大比例。在这方面，建筑师肩负着探讨建筑文化地域化的责任，期望建筑设计者在未来能不断加强新技术、新材料、新形式等各方面的探索，早日走出基于民族文化根基、具有民族文化特征的我国现代化建筑道

① 参见诸葛铠：《设计艺术学十讲》，济南，山东画报出版社，2006 年版，第 136-139 页。
② 苏滨主持：《北京城市景观：怎一个"乱"字了得？》，《雕塑》，2005 年第 1 期，第 12-15 页。
③ 《北京和北京：两难中的对话》，（出版者不详）2005 年版，第 90 页。

路，因为只有民族的才是世界的，否则全部拿来就失去了民族的自信、失去了自我。

相关的原因还有，这些年来中国建筑设计人才培养的速度跟不上城市建设的脚步，很多刚刚从学校毕业的年轻人还没有经过必要的历练就匆忙被委以大任，着手设计各种大型的综合性建筑物，这在欧美发达国家是根本不能想象的。而且，飞速发展的城市建设也逼迫设计人员加倍提高工作效率，留给他们仔细推敲思考方案的时间也大为压缩，这些必然对建筑设计的整体水平有负面影响。

其次，在景观良好的城市中，单体建筑的空间与形体都很自律，突出和退让恰到好处，尺度、空间、样式、坡度都具有有机的秩序感。而北京的情况则是各种建筑姿态各异，相互之间缺乏秩序和统一感。这主要是因为建筑的设计者、城市的管理者及开发者等都追求标新立异、与众不同，只希望单体建筑突出于环境，而不太顾及城市景观的整体感。由于建筑与建筑之间没有有机秩序，各色建筑凌乱排列，体量、形态、色彩等都缺乏呼应和协调，最终导致了城市街道空间的无序和街道景观的混乱（图4-30）。

图4-30　北京街道建筑缺乏空间秩序

英国建筑师泰瑞·法雷尔（Terry Farrell）2008年在清华大学建筑学院举行的演讲中指出，柯布西耶所设想的城市模式没有在欧洲被采纳，却在中国的北京得到全面的实现，北京目前的城市空间形态给人的印象就是一幢幢距离遥远的大楼仿佛高山一样各自耸立着，建筑之间缺乏必需的呼应关系，没有构成尺度宜人、适合日常使用的城市空间，所以城市的可达性非常差。法国学者西尔维亚·格拉诺则评论道："北京是一个每日都会有新建筑开工的城市。而大量的建筑物看上去却是简易的和临时的……总体结构的严谨与呆板，空间分配的混乱无序，无论是建筑物还是行人的交通往来莫不如此"①。确实，观察北京的许多街道，人们常常会产生一种"只见建筑，不见城市"的感觉，因为很多建筑物都从城市空间中跳出来呈现为"图"的形式，与周围建筑缺乏空间和形式上的协调关系，如王府井金鱼胡同建筑群、北京站口建筑群、金融街建筑群、东方广场、北京西客站等许多建筑都曾广受批评，建筑个体的喧嚣导致了北京城市整体街景的混乱。

例如近年来逐渐建成的金融街建筑群位于城市西二环阜成门至复兴门一带，是一个大规模整体定向开发、集中安排银行总行和非银行机构总部的国家级金融管理中心，自1993年国务院批复的《北京城市总体规划》中提出该项建设计划以来至今历时10余年的建设，已建成大量的高层建筑群，但这些建筑群的景观效果却并不理想，有学者评论认为，金融街C区的建筑群"每栋单体建筑各唱各的调，你喊我叫，互不相让，互不关照，以至于落得杂乱相处的结局"②。另外，"金融街像一面镜子，它无情地反映出建筑设计状况紊乱、匆忙、唯我的现状。这里设计思想的多样性也正好是中国建筑界设计思想紊乱的真实写照"③。

---

① ［法］西尔维亚·格拉诺：《现代化北京的城市设计特征——一个西方人眼里的北京城》，韦遨宇译，建筑学报1999年第4期，第6页。

② 何重义：《从金融街在北京城区的定位谈起》，《建筑师》，总第83期，第15页。

③ 徐卫国：《金融街的建筑怎么了》，《建筑师》，总第83期，第17页。

最新的著名例子是新建成的国家大剧院和央视大楼，它们也基本上属于这种情况，即注重以特立独行的造型引人瞩目，缺乏了对于城市文脉的尊重和对周围城市环境的有机联系，因而招致了很多专家的强烈质疑。其实这种问题不仅在北京存在，中国的很多城市都有类似情况。总之纵观整个北京城，沿街建筑关系处理较好的局部地段当然也有，但如南礼士路的景观质量优秀的街道案例非常之少。

"五四时期著名诗人闻一多先生说过，他作诗时有如'带着镣铐跳舞'，带着镣铐跳舞，是最能体现舞技高低的，当然他说的是诗歌节奏或韵律及规则的构思，歌德也说过'在限制中才显出身手，只有法则能给我自由'。当我们的建筑师在谱写人们诗意栖居的篇章时，又何曾不是如此呢？[1]"未来建筑师应该更为关注建筑与城市空间的有机关系，在思考城市景观责任的基础上展开建筑创作，这一要求既对中国建筑师提出，对为中国做设计的外籍建筑师也同样要提出。

4.2.3　处于弱势的步行系统

城市的大部分街道为机动车和行人共同使用着，不过，由于汽车越来越多地占领了街道空间，所以现代城市建设需要强调步行者的权利，国外一些发达国家的城市已开始倡导建立一个具有吸引力的步道连接系统并贯彻步行优先的原则。而目前北京的街道则存在着较为严重的步行系统设计不合理的问题，街道的绝大部分面积被机动车所占领，行人对于街道的权利相对处于弱势甚至在有些街道基本被忽略。

建筑师哈迪德曾指出，北京虽然城市历史悠久，但是并没有流露出一个古都的风貌，而更像一个美国城市。因为欧洲的城市大多年代久远，保护得也比较完整，街道相当窄，建筑之间紧密、拥挤。而北京却缺少这样的"街道生活"，宽阔的马路隔绝了城市之间的联系。而且北京的城市空间似乎主要是为机动车交通设计的，存在着严重的交通问题。所以她建议，北京目前这种大街区和高楼结合的发展模式应该改变，在她看来好的城市肌理应该是小街区、中等高度的房屋和更多的街道，既照顾交通又照顾行人。欧洲许多城市都拥有较为畅通的步行系统，有些街道即使很窄也设置有人行道，一些街道的人行道甚至比车行道还宽，而且各条街道上过街天桥设置极少，行人过街都较为方便。这些完善的步行道系统使人们可以自由舒适地漫步在城市中，享受不同场所和各种公共生活的乐趣。

北京城市街道步行系统处于弱势主要体现在以下几个方面：首先，许多街道的人行道宽度设置不够、空间也不贯通，行人因此没有足够的行走空间，于是人们常常只能走到马路上挤占车行道，例如在第 3 章中所论及的南礼士路北段和南段的明显差异情况。在成府路五道口城铁站东西地段这一现象也非常明显，由于没有设计合理的人行道空间，由城铁导致的大量人流难以产生明确的流线，在整条街道呈现为弥漫状，严重影响了车行道的使用，使该路段的交通状况常常极度混乱。具体实例如道路北侧的五道口公交候车亭附近人行道宽度由西向东变化剧烈，从 8.8m、6.6m 至 1.2m 不等。又如与该路较近的双清路，是一条双车道的城市支路，其街道两侧虽然设有贯通的人行道，但原先的宽度仅为 1.6m，去除树池的宽度后，剩下的空间仅够一个人通过，很是狭窄，而该条道路上有多条公交路线，所以当公交车到站下车人较多时，许多人被逼走下了人行道而挤占了车行道。不过目

---

[1]　王扶雨：《王兴田"问责"建筑师》，《中外建筑》，2005 年第 3 期，第 13-16 页。

前这里的人行道已然大为拓宽，步行空间因此舒适了许多。

其次，有些街道的人行道宽度较宽，但却被绿地、停车、公共设施等占领和分割，整个空间显得零碎而不畅通，不方便行人使用，这种现象在北京城市街道中较为普遍。例如复兴门外大街的东端，街边建筑远离街道，但由于留出建筑前停车空间，又配置多种形式的绿化，所以主要人行道的宽度仅有约2m，较为狭窄且不通畅。另外，长安街也是典型例子，长安街较为宽阔，街道边至建筑也留有足够空间，但由于在行道树之外还设计了大量绿地，这些绿地分割了空间，使剩下的步行空间显得较破碎，这一缺点在靠近天安门的地段尤为明显，主要原因是这里的游人常年都非常多，没有充足、贯通的步行道必然会影响到一些重要节假日里大量人流的疏散。现以对成府路某段及北三环西路人民大学附近的两段人行道进行图解举例说明，可以清晰地看出具体问题所在。这两条宽度分别约4m的人行道，被过街天桥、书报亭、自行车、电话亭及行道树等内容占据了很多的空间，留给行人能够使用的就仅剩1.2~1.4m的宽度了，由照片可见人们使用起来很是局促。因此这些街道的步行微环境大有改善的必要，而由于人行道边都设有较宽的绿化带（2.5m、3.6m），所以是具有改善的可能性的（图4-31、图4-32）。

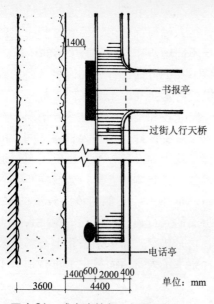
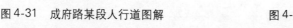

图4-31　成府路某段人行道图解

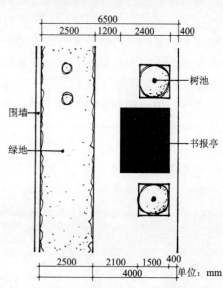

图4-32　北三环西路人行道图解

其三，由于北京很多街道太过宽阔，行人过街自然就会需要更多时间，显得不便，而为了保证车行的畅通，行人过街的路口就被设置得距离较远，还有许多街道是以设置人行天桥来满足人们过街要求的。其实，虽然设置人行天桥实现人车分流是解决问题的一个方法，但它并非一个宜人的方法，因为人行天桥使行人过街路线几乎被延长三倍，上下天桥之间要付出的体力也远多于简洁的平面交通，对于老人、孩子、残疾人、负重的人等都有心理和体力上的障碍，何况城市中依然有大量骑自行车的市民，他们将自行车推过人行天桥更为艰难，对实现城市无障碍交通而言，这种过街方式无疑是一个严重缺陷。

北京的很多街道上全程都设置有围栏，它们通常高于 1m、格栅较密，其主要作用就是为了阻挡行人穿越马路。在一条宽阔的街道上，从一边人行道至另一边人行道之间常常设置有五道围栏，严格隔离了人行道、非机动车道及机动车道。另外，有时候人行道一边绿地还有两道防止行人进入的围栏。这些北京街头随处可见的多重围栏，削弱了街道景观的通透感，影响了街景美观，而且它们也是行人通行非常不便、无法轻松使用空间的一个明证，因为如果街道流线设计合理、人们过街方便舒适的话，就不会无规则胡乱穿行，这一强制性阻挡人流方式也就完全没有必要了（参见图 3-21，图 4-45）。与之相比较，欧洲的街道上围栏设置得较少，多数街道没有，少数街道仅在人行道边设置有两道，且这些围栏形式简洁、透明，强制性很弱，基本不影响街景美观，街边绿地则一般是可以进入的场所，没有围栏。

街道环境不便利，人们外出活动的积极性自然就减弱了。在国外一些城市中常见残疾人自由活动，而在北京的街头则很少看到外出活动的残疾人，这主要是由于国外城市的街道环境为残疾人提供了各种便利的设施条件，使他们的活动较为自如，可以安全地出门参加多种社会生活，而我国多数城市的外部环境设计还没有达到这样的水平[1]。虽然北京的很多街道上铺设有盲道，但仅凭这一简单的设置并不足以支撑起城市无障碍活动系统。步行环境差会相对削弱城市的文化及商业活力，目前的北京步行环境对于正常人都显得曲折艰难，对于残疾人就更是如此了。

由本书附录《北京街道步行人数统计表》可见，北京多数街道上日常步行人流量较小，19 条街道中有 15 条的五分钟步行人流量少于 100 人（且这 15 条中有 8 条流量少于 50 人），即使是长安街、王府井大街这样的著名旅游或商业街道五分钟步行人流量也仅有 150 人左右。与之相比较，阿兰·B·雅各布斯所做的世界一些景观良好的街道的步行人数统计显示，这些街道的五分钟步行人流量绝大多数超过 100 人，37 个统计数据中，100～200 人的为 8 个，200～400 的为 16 个，400 人以上的为 9 个，少于 100 人的只有 4 个[2]。由此可见，北京较差的步行环境使街道人流量很少，这无疑大大削弱了城市的活力，因此，对其加以改善既是广大市民迫切的生活要求，也是发展城市旅游、商业、文化等的迫切要求。

4.2.4　缺失的场所及场所感

挪威现代建筑理论家诺伯格·舒尔茨提出了场所理论，强调给予空间以一定的意义，使其成为有意味的场所而具有帮助人们栖居的重要性。从现代城市景观设计的场所理论出

---

① 吕正华、马青编：《街道环境景观设计》，沈阳，辽宁科学技术出版社，2000 年版，第 52 页。

② 参见［美］阿兰·B·雅各布斯：《伟大的街道》，王又佳、金秋野译，北京，中国建筑工业出版社，2009 年版，第 310-311 页。

发，作为城市公共空间重要部分的城市街道，在交通运输之外通常还应该具有很多其他的功能，比如作为商业空间、作为人们交流甚至休憩的地点等。一些城市活动的生发，以及由此累积的文化记忆，会使很多城市街道成为一种特殊的场所，产生各自独特的场所感。

明清北京城的众多特色市场通常由街边商铺和街道上的集市贸易共同组成，当时以市场命名的街巷很多，有些街名还沿用至今，对这些街名加以考察就可以了解在明清北京城街道作为场所被使用的情况。例如当时以东四牌楼为中心，形成了一个市场网络，牌楼西称猪市大街（今东四西大街），街西北有马市大街（今美术馆东街），从东四十字路口向南，有灯市口、米市大街等，都是繁华的市场；崇文门外则有蒜市、晓市、橄榄市、糖市、磁器市、花市等；宣武门外有菜市、米市（米市胡同）、骡马市、牛街等；而前门外正阳门大街两侧及南部，以市场命名的街巷最多，如果子市、肉市、布市（今称布巷子）、珠宝市、鱼市（今称鲜鱼口胡同）、猪市（今称珠市口）等。最著名的则是天桥，这一明清皇帝祭祀的通道，在城市的日常生活中逐渐演变为人群云集的嘈杂市场，常有各类杂耍表演，富有生活乐趣，被视作旧北京城的缩影。这种繁华市场与街巷的共生关系，历经时间和人们活动的积累，使街道成为了具有特殊"场所感"的场所。

另外，遍布北京旧城的胡同是城市的特殊公共空间，它们也具有一定的场所性。这是因为胡同具有较为封闭的、适合步行的细长空间形态，这里车马很少，居民们也都彼此熟识，由于安静、人员简洁而显得安全和舒适，在这种空间中人与人易于打招呼和相互认识，胡同里日常都有晒太阳、谈天、遛狗的三五人群，各家的儿童也可在大人的视线之下自由玩耍，和谐融洽的邻里关系自然产生，舒适的日常生活在此更添乐趣。

在欧洲一些国家，街道具有场所功能的现象较为普遍，因为欧洲城市的多数街道相当窄，建筑之间紧密、拥挤，由小街区、中等高度的房屋和很多的街道组成的城市肌理非常细密，而且这些街道既可通行机动车又照顾行人。街道上的生活通常很丰富，有各种与市民生活配套的小店，人们在很多街边都可以安坐着喝咖啡、看街景，住在一条街上的人们经常照面、相互熟识，儿童们也常在街上玩耍。另外，一些街道定期作为集市的功能还被刻意长期保留，也不失为一种城市传统文化的延承，这些具有特殊"场所"感的街道使城市生活既舒适又丰富多彩（图4-33、图4-34）。

图4-33　巴黎街边常见的咖啡座

图4-34　具有场所感的巴黎街道

而北京目前的很多街道却非常缺少类似的"街道生活"和舒适的场所感，这是因为北京近几十年来一直秉持大街区和高楼的发展模式，导致多数街道倾向于为机动车交通而设计，尺度巨大又存在严重交通问题的同时，宽阔的马路隔绝了城市空间的联系，使人们的街道活动内容衰减，街道在作为交通通道之外也就难以生发其他丰富的生活内容。有诸多因素不利于北京城市街道场所感的建立，如过于宽阔、缺乏有效限定而且难以穿越的街道空间，过于狭窄、连基本通行功能都不能很好满足的人行道，以及路面上大量行驶不畅的机动车所散发的噪声和烟尘等，这些消极因素一起导致了恶劣的街道环境质量。在北京大多数的街道边，想要支起像巴黎街边常见的安静舒适的咖啡桌是一件不可想象的事。

此外，缺乏与街道相连接的、设计合理的公共空间也是北京城市街道场所感缺失的一个重要原因。在欧洲城市，街道往往与许多精心设计的城市广场、街角花园相串联，它们与街道空间一起组成了相互联系和贯通的城市公共空间系统，为人们提供舒适的日常休憩场所，这些或小或大的公共空间是现代城市生活所需要的，如巴黎、巴塞罗那等都是如此。

北京城市环境在总体上较为缺乏这类空间，偶尔有极少数却又设计不够合理，存在易达性差、使用效率较低等问题。如第 3 章中论及的西单文化广场，它位于城市中心商业地段，占地面积较大（1.5 公顷），本应成为内容丰富的良好场所，但设计者却只考虑了人流通行的单一功能，整个广场以平面的地毯式草坪（面积达 1.05 万 m^2）主导了空间视觉，草坪间铺设的棋格般的甬道流线较不合理，空间导向系统严重缺失，因此在这里常见显得局促和混乱的大量人流。不合理的设计导致该广场景观视觉单调、功能不良，未能产生城市原本非常需要的良好场所感（图 4-35）。

与之相对照，纽约的区划法规规定每 $10m^2$ 的广场必须配备一个座椅，每 $15m^2$ 的广场需要种植一棵乔木，于细微处体现出了对人的关怀。如以这一标准来考察北京的城市广场设计，即可明了问题所在：对于一个舒适场所的建立，设置合理的环境设施确实是必要条件。曾有研究者明确指出北京旧城公共开放空间存在公共设施缺乏系统设计、总量不足、功能单一、文化内涵不足等主要问题，并建议北京应该优先规划公共开放空间[1]。关于公共开放空间的以上这些问题在整个北京市范围都存在，不过近来已有改善的迹象，如一些小型街区公园正在建设之中，少数新建成的公园环境质量较好（图 4-36）。

图 4-35　西单广场缺乏场所感

图 4-36　清华东路带状公园景观

由于没有合适的使用空间，人们自然就不能在街道上进行各种丰富的活动。另外，城

---

① 郑宏：《城市形象艺术设计》，北京，中国建筑工业出版社，2006 年版，第 91-95 页。

市的快速发展变化也使一些旧的场所趋向于消失，大片地拆旧建新使城市的记忆逐渐模糊，因为正是在各种"旧"之中，隐含了赋予城市空间以丰富意义的城市历史和文化，并使空间成为市民们喜爱的"场所"。北京近年来大拆大建的城市建设模式，使许多街道一经拓建就面目全非，失去了经由时间积累而成的可贵的"场所感"，如前门大街、平安大街、王府井大街南段等都是这种情况，而新的场所感的产生还缺乏所需的"定形"时间。以上这些因素共同作用，使当代北京多数街道呈场所感缺失状态。

4.3 细节混乱——北京街道景观微观要素

4.3.1 不和谐的建筑立面

为了达到街道景观的空间完整及视觉和谐，沿着一条街道两边伸展的建筑物立面应该符合以下一些要求。

首先，沿街建筑高度应该具有一定的相似性，阿兰·B·雅各布斯指出："在我们所提过较好的景观街道案例中，多数的景观街道上所建的房子，都是普遍地维持在一个相似的高度，很少有大变化或落差"[①]；其次，相邻建筑物立面形式应该具有一定的秩序感和统一性，如具有相互协调的尺度、线形、色彩、材质等，而且临近步行道的建筑立面尺度应该符合人体的尺度，这样才能形成和谐的"画面"，为现代城市生活各种复杂活动提供较为宁静的环境背景；再次，沿街建筑的门、窗、商业橱窗以及路边隔墙可见的绿色应该较多，以便为街道立面创造出一定的透明感，建立街道与建筑内部空间适当的融合关系，同时建筑立面上也应该具有一些装饰细节，以满足人们视觉审美的需要。

北京城市街道能大致满足以上条件的较少，因为正如前文所述，北京的多数街道上，沿街立面是由高层建筑与多层、低层建筑和大院围墙相互混杂，缺乏相似高度的协调感，而且沿街的相邻建筑物一般在设计上都缺乏良好的呼应，它们看起来仿佛是以不同姿势随意站立、毫无联系的人群一样，未形成整齐排列或对话式空间关系，所以街道整体立面形式缺乏秩序感及统一性，市区及郊区的各条街道上情况都大致如此（图4-37）。

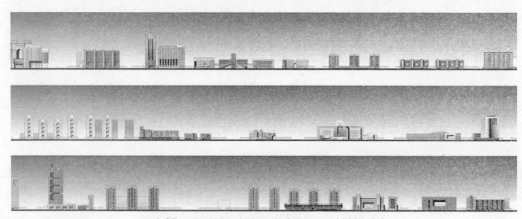

图4-37 通州新华大街沿街建筑立面（2001年）

---

① ［美］阿兰·B·雅各布斯：《城市大街》，第276页。

此外，在不同尺度感的建筑物前，人的状态有明显的差别。比如北京传统的四合院灰砖建筑尺度本来就不大，而砌墙的灰砖这一小尺寸材料的运用进一步使建筑尺度宜人，加上材料特殊的灰调子，使这种建筑墙面为人们在环境中的活动提供了一个尺度宜人又舒适宁静的背景。与之相比，现代高层建筑的墙面如果尺度设计不当常会使人们产生心理压抑感，因为高层建筑尺度较大，与人的关系本来不及低层建筑显得亲切舒适，而当高层建筑的巨大尺度与现代建筑的简洁造型相结合时，建筑表面饰材趋于简洁、洞口数量剧减，建筑尺度更为扩大，这些特点在商业及办公性质的建筑上反映尤为明显。因此高层建筑的细部尺度，尤其是靠近人的建筑底部的尺度，需要设计师们加倍注意。著名现代建筑师雅马萨奇对此就非常关注，他认为高层建筑的细部尺度应该与人体和人的视觉经验有所联系，这样才不至于使人感到自己如同蝼蚁。

关于建筑物立面的色彩、材质及装饰细节这一点，在第 2 章中曾论述明清北京的街道立面具有色彩协调、装饰精致以及模数统一等特点。在大面积灰色砖墙的底色之上，局部院落宅门或商店门扇等色彩丰富而多装饰细节，产生鲜明的底与图的关系，具有一种简与繁的对比之美，而且这种图底关系及繁简对比在整个城市范围内广泛存在。走在街道上，各处宅门的特殊装饰以及灰墙背景之上的人的活动、树的光影为人的视觉带来了丰富内容。与之相比，当代北京建筑不但缺乏统一模数，而且又由于大工业生产的技术特点而鲜有装饰细节，建筑立面上就相对缺失能吸引人们视线逗留的因素，因此北京的很多现代建筑以简洁、光亮的外观冷漠矗立，不能为路人提供可欣赏的美观细节（图 4-38）。

而在欧洲的多数城市里，保护较好的古老建筑的各种装饰件固然引人注目，新的现代建筑也往往通过构图和材料的细致设计来照顾路人的视觉需要，如通过立面划分缩小尺度感、底层以透明设计减少建筑的冷漠感，以及运用精细构件创造美感等（图 4-39），一些造型较简洁的现代高层住宅也常通过设置可摆放盆花的铸铁窗台及色彩醒目的遮阳帘等手段来改善建筑的立面效果。

图 4-38　缺乏细节的大体量建筑物
（北京西单时代广场）

图 4-39　立面被细分的公共建筑
具透明感及细节（巴黎）

其实，新中国成立初期在北京设计建造的一些建筑物上，设计师们对建筑的装饰效果曾予以认真思考。20 世纪 50 年代建设的"新中国十大建筑"，在建筑立面上有很多带有民族风格的装饰构件，产生了丰富的装饰效果，如人民大会堂外立面上就有黄绿相间的琉璃瓦屋檐、檐下雕花石板、纹饰美观的门柱以及金黄色大铜门等装饰内容。类似的装饰手法在同时期的许多公共建筑上都出现过。这些装饰细节不但为人们增添了视觉信息，同时也拉近了建筑与人的距离，缩小了建筑近人处的尺度感。可惜由于某些历史原因，这些建筑设计上对传统装饰形式的探索后来被打断，目前大量新建筑物基本不再运用传统装饰元素，失去了一种对于延续城市文脉的积极思索。

为了街道空间与建筑内部空间产生融合关系，街道立面应该具有一定的"透明感"，这种透明感一般通过沿街建筑洞口及隔墙透出的绿色植物等因素建立。因此对于建筑尺度的把握也很关键，因为小尺度的建筑物使沿街洞口增加，相应地也就增加了透明感。在明清北京城，街道的这种透明感在一些热闹的商业街道上较为明显，因为中国传统建筑梁柱结构加木格栅门窗的形式，使沿街建筑物的洞口较多且尺度宜人，由今日北京的琉璃厂东西街景观可以推想明清北京商业街的沿街建筑立面模式（图4-40）。

如今的北京，在一些建筑尺度舒适的街道上，如新街口南大街、南礼士路、东四北大街、琉璃厂东西街等，沿街建筑物以一至两开间的小型店面为主，洞口很多，商店橱窗吸引行人注目，因此透明感较好。但更多的街道，由于建筑物的大体量现代造型而洞口大为减少，透明感也相应减弱，如长安街及王府井大街的情况（图4-41）。

图4-40 琉璃厂东街入口处景观美好　　　　图4-41 王府井好友世界商场入口不透明

建筑立面被大幅的各色广告牌占据的情况在北京的一些街道上也很普遍，这主要是由于城市管理上对于广告牌控制乏力，致使它们随意泛滥，由杂乱喧嚣的广告牌所组成的沿街立面无法形成较为美好的景观。改造前的前门大街以及目前的王府井大街、新街口大街等许多街道的局部情况都是如此（图4-42）。

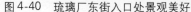

廊房三条

图4-42 前门大街局部立面（廊房三条口，2003年）

4.3.2　缺乏特色的铺地

对于步行者来说，地面的质量非常重要，因为地面与人体最为接近，人行道的铺地设计有质感舒适和视觉美观的双重要求。芦原义信曾指出，意大利的广场铺地都有美丽的图案，它对于城市空间的重要性就仿佛家中的精心设计的地面一样。在世界一些著名的城市街道，我们常可以发现具有特色的铺地设计，比如巴塞罗那街头的一些人行道铺设着由著名建筑师高迪设计的富有地区特色的灰色花砖；中国澳门历史保护街区的步行道铺装，采用小型白色方石镶嵌黑色装饰图案，内容以海洋生物为主，具有较强的地域特色，视觉独特而又美好（图4-43）；一些欧洲城市在局部街区的人行道采用小块粗糙方形石材铺地的做法，则是一种延续城市文脉的做法。这些具有艺术性或者历史感的设计，都增加了环境的美观，给行人以特别感受并留下别致印象。

而纵观北京城市街道的铺地，设计美观的却较少，多数街道的人行道只是用几种常见规格的普通道板砖满铺，仅达到满足基本功能的要求。不过前文已论述过，南礼士路北段的人行道铺设是极少数经过系统模数设计的佳作，其地砖尺寸与人行道宽度、树池间距、环境设施布置等都相适，所以整体环境显得舒适又美观；另外王府井大街北段的人行道铺地的灰黑色石材与树池、自行车架等相配合，整体也具有合理的模数，景观效果优于该街南段步行道；东单北大街则是使用300mm×300mm的黄红两色具有图案的道板砖，拼接后也产生了较为美观的图案。但具有类似优点的人行道铺设在整个城市看来太少了，北京城市街道的多数人行道设计缺乏系统性思考，城市总体地面铺装处于较低水平，缺乏色彩及个性的方块砖最为常见，它们只满足了基本的交通需要，基本忽视了环境美观的要求（图4-44），即使是一些新近改扩建的街道如崇文门内大街、宣武门内大街等，其人行道铺地设计也多极为普通，不够美观。

图4-43　富于特色的步行道铺装	图4-44　北京步行道铺装多乏特色
（中国澳门中心历史街区）	（北京站西街人行道）

另外，同一条街道在不同区段的铺地不统一的情况较为明显，如长安街是一个典型例子，不但街道整体上未能统一铺设，即使是从西单到王府井包括天安门东西两边最重要的街道部分，人行道铺地也反复变化、极不统一，这些无特色、不统一的步行道铺地形式无疑削弱了街道微观环境的整体美感。

4.3.3 设置混乱的环境设施

由于功能性的需要,街道上有许多公共设施,它们的设置首先需注意与街道空间的协调,即需要从整个街道线性空间的角度出发,因地制宜地进行系统性设计,以使它们既便于人们使用,又不影响人流通行;其次,这些环境设施应该功能良好,例如公交候车亭在城市生活中较为重要,需要很好地进行设计才可满足多种复杂要求。如果比较北京与巴黎的公交候车亭设计,可以发现两者在功能及景观效果上的差异较为显著,巴黎的候车厅采用透明简洁的轻盈形式,对街道景观的视觉影响很小,而且遮蔽性能较好、导向设计合理、座位舒适;与之相比,北京的候车亭设计较为粗糙,它尺度过大又不透明,体量感较重,对环境影响较大,而且还有遮蔽性能差、导向设计差、座位不舒服等多种缺点①(图4-45、图4-46);最后,环境设施在环境中的景观视觉效果也很重要,欧洲一些城市常通过增加透明性来协调设施与环境的关系,因为通透的视觉使人们对于环境的识别和掌控能力增强,相应地提高了街道环境的安全性,视线的流畅也有利于提高人们的心理舒适度②。因此欧洲不少城市的公共设施都设计成尽量透明的形式,最大限度地减少它们对于人们视线的阻挡,从而也削弱对街道景观连续感造成的负面影响。

图4-45 北京公交候车亭设计不合理　　　　　图4-46 巴黎公交候车亭设计优良

北京城市整体街道环境中,各类环境设施的设立位置缺乏系统性思考,走在人行道上,常有书报亭、信息亭等阻断行人路线,本来就不够宽的人行道在增设这些障碍物之后,留下的可通行空间常显局促。街边的人行天桥体量很大,其上下阶梯口也常占用很多人行道面积。其实这些设施在设置时可多与街边绿地相结合,以节约人行道宝贵空间。此外,自行车停放的问题也较为突出,有自行车停放设施的街道很少,一些停放设施还由于位置不恰当影响行人通行。南礼士路自行车停放设施设计合理,又设置于行道树的树池之间,对步行空间影响较小,设计形式值得推广。

人行道上环境设施的设置应该具有较好的系统性,如公交候车亭在城市中基本呈现均衡的网络状分布,因此其他一些环境设施如公共电话、垃圾桶、道路导向牌等,可考虑与之综合成一体化设计,不但为行人提供日常使用的便利,而且也利于节省步行空间。另

---

① 详见朱丽敏:《城市公交候车亭比较研究》,《装饰》,2006年清华大学美术学院院庆50周年特刊,第103~105页。

② 参见魏东,朱丽敏:《透明性城市公共设施的优点》,《装饰》,2009年第4期,第22~25页。

外，北京有些街道上还严重缺乏必要的环境设施，如在城铁的五道口站，下车后沿街很难找到垃圾桶，不过在近年的城市形象建设中，这一情况有好转迹象。

　　环境设施基本功能的满足非常重要，例如公交候车亭应该具有导向这一主要功能，同时还可以兼具遮蔽、坐息、广告等附属功能。北京的公交汽车线路极多、系统复杂，因此更需要特别的设计形式。在北京街头一些公交候车亭处常出现志愿者临时设立的、用于指引乘车者排队的垂直排列的公交线路号牌，这就是由实际需求引发的一种合理形式，同时也说明了目前的公交候车亭整体设计很不到位。其他一些环境设施如垃圾桶等在设计方面也都需要精心的思考以取得良好功能和形式美感。

　　环境设施对于街道景观效果有相当的影响，采取透明性设计是一个较好的方法，但北京街道环境设施的透明性严重不足。例如，公交候车亭有一块由广告覆盖的大背板，尺寸通常达到 $3.78m \times 1.55m$，其太过近人的巨大尺度对人们会产生视觉及心理的不适感，同时作为视线的较大障碍，不利于人们对周围环境的掌控。另外，在北京城市街道已形成网络状分布的电子信息亭，也是一个视觉上非常封闭的设计形式，它们不但对于街道景观有一定的负面影响，而且在某些时段很不安全，将其与欧洲一些城市的透明的电话亭相比较，可发现后者所产生的街景效果较好（图 4-47、图 4-48）。在法国的一些城市，还有一种透明的垃圾桶，是将塑料袋简单地用胶圈与立杆连接，有时以不同色的塑料袋实现垃圾分类，行人对其中的物件一望可知，清洁工清理起来也很便利，也是一个功能和视觉都很好的设计。

图 4-47　北京信息亭设计不合理

图 4-48　巴黎电话亭采用透明式设计

　　在公共设施之外，公共艺术应该是城市街道环境的重要装饰因素，但北京城市街道上优秀的公共艺术作品较少，人们在街头很难发现此类出色作品并留下深刻印象。有研究者总结认为北京的城市公共艺术存在的问题较多，主要是由于作品来源和选择层次混乱导致了作品数量大但质量低，因而整体建设理念与首都城市性质、定位存在差距，能体现国家首都地位的城市公共艺术很少，许多作品在一般城市也随处可见[①]。

4.3.4　广泛种植的绿化

　　行道树的种植对于人行道空间的舒适度而言非常重要，因为行道树是城市景观中重要

①　郑宏：《城市形象艺术设计》，北京，中国建筑工业出版社，2006 年版，第 84 页。

的自然元素，它为城市提供与人工构筑物全然不同的自然形态，柔化人工构筑物过于生硬的线条，满足人们与自然接触的视觉及心理需要，同时也为人们提供绿荫和新鲜空气。

　　总的看来，北京很多街道行道树种植情况较好，成为街道景观的主导元素。老城区的很多胡同里都保留着不少年代久远的大树，步行其间常见到成排高大的槐树及白蜡树等，春夏日绿荫美好。作家刘心武就曾著文《人在胡同第几槐》，描述了他作为一个北京老居民对胡同内老树的深厚感情。

　　胡同区之外也有非常多的街道绿树成荫，对街道景观产生了积极的主导作用（图4-49）。这些街道的行道树多以槐树为主，偶尔与其他树种如杨树等组合，它们的竖向间距一般6m左右，树龄则常有30~40年，有相当的高度和枝叶伸展度，为人行道（有时包括车行道）提供了良好的围合感，在一年中的大部分时间表现为充足绿荫和细碎光影，使身处其中的人们感到舒适、悦目。冬季落叶后，树木裸露的枝丫也依然能起到积极的空间限定作用，温暖的阳光又能够直接投射至人行道，在地面表现为一种特殊的装饰效果（图4-50）。有些街道在一侧人行道上设置有两排树木，景观效果更好。

图4-49　大慧寺路绿树成荫　　　　　　　图4-50　长安街红墙处树影美好

　　不过在很多街道，一些人行道上的设施也常常造成行道树带的断裂，特别是体量较大的公交候车亭、过街天桥等，这种断裂削弱了街景的视觉美感。此外，由于近年来北京道路大量改造，许多拓宽后的街道上种上了幼小的树苗而失去了往日的大树和绿荫，步行道的空间感以及街道环境也就自然变差了（图4-51）。

　　关于行道树树种的选择，北京的行道树现有国槐、银杏、法国梧桐、毛白杨、白蜡、油松等树种。一般认为国槐是最适合北京城的行道树种，因为国槐耐旱，抗污染能力也比较强，而且成形时间短，3至5年就可以形成较大的树冠，相比之下，银杏和法国梧桐的适应能力就差一些。北京很多古老的街道和胡同的行道树采用国槐，白蜡树也较常见，这两种树都是落叶树，枝叶伸展得较开，且叶形较为细密，遮阳效果良好。而杨树并不适合单独作为行道树，因为杨树枝干倾向于高直生长，伸展度不够，叶片稀疏，树下空间领域感较小，遮阳性能较差。例如，双清路为双车道，路宽有限，两侧杨树非常高大，树龄应近40年了，但该路段上的行道树在夏天的遮阳效果依然很差。与之相比，10年以上树龄的槐树树冠伸展、枝叶细密，树荫已非常良好。另外，银杏树虽然形态美好，但生长非常缓慢且不具有良好遮阳功能，在步行人流较多的街道上不宜作为主要行道树种植，如王府井步行街改造后以银杏树作为主要行道树是很不恰当的。

　　至于常用行道树种悬铃木，在北京的街道较少使用，但它是世界著名的优良行道树种，适应性强又耐修剪，在各国被广泛应用于城市绿化。在清华大学校园里，清华西路两边种植有高大整齐的悬铃木，景观非常美好，可见这一树种在良好养护下适应北京气候，在某些街道可考虑使用它来产生特色街景。

除了行道树以外，还有许多复合型绿色栽植也同样为北京城市街景作出了重要贡献，很多街道两边常常有大片的植坛，内有各种品种丰富的花草树木，如玉兰、白皮松、冬青、金叶女贞、月季等都很常见，它们在四季具有不同的色相变化，为街道的微观环境提供了美好的视觉欣赏元素。

不过，人行道的设计需要考虑功能的主次之分，即人的通行是主要功能，美化环境则相对次要，而现在北京不少街道上绿色种植占据了步行道边的较大面积，人行空间却相对较窄，行人通行不畅。另外，很多路边绿色栽植的设计只具有单纯的观赏功能，忽略了人们进入并使用该空间的需求，因此削弱了街道的场所性（图4-52）。欧洲城市街道在行道树之外，大面积种植绿色植坛的较少，人行道空间则一般比较充足，沿街还常另设一些小型、安静的街区花园供人们休憩、交流，这些举措自然增强了街道的场所感。

图4-51　改造后的街道树苗幼弱
（宣武门内大街）

图4-52　步行道边绿地应提高使用率
（德胜门外大街）

在街道拓展过程中，需注意尽量对沿街老树予以珍惜，因为如果原来生长了一定年限的行道树全部被更换，新的宽阔大街配以新植的幼小树苗无疑降低了街道的景观质量。像王府井大街南段及前门大街的改建，都是原本较古老的街道一经拓建，旧的建筑多被拆除，旧的树木也全部消失，走在新建街道上的人们很难看出街道的历史，而倘若在街道的改建过程中能够多留下一些老树情况就会好些，因为老树也是一种城市历史及街道历史的明证，另外在炎夏烈日之下，人们很渴望高大浓密的树荫。因此改造街道即使使用新植树木，也应尽量全冠移植，以使街道的景观趋于美观，人们也能够享受到更多绿色。对树木的维护保养也很重要，北京有些街道虽然行道树年代久远，但对于局部损失的树木未及时补种，就使街道绿色景观留下了不美观的豁口，比如在长安街和新街口大街局部都有这样的情况。

此外，树池盖是行道树的重要保护措施，形式美观、整齐排列的树池盖不但能保护树木，也提高了人行道的步行环境质量。发达国家街道设施完整，树池盖也大多设置完备。北京完整设置有树池盖的街道极少，包括新改造的大街，如宣武门内大街上有一些放射形图案的水泥树池盖，但却未配置完整，而长安街只在局部（北新华街街口向东一带）有一些纹饰美观、具有一定历史感的铸铁树池盖，整条街道上则显得数量极为不足。

第 5 章　北京城市街道景观人文特征

街道景观形态是城市文化的表征，因为正如梁思成先生所言："建筑之规模、形体，工程、艺术之嬗递演变，乃其民族特殊文化兴衰潮汐之映影；……盖建筑活动与民族文化之动向实相牵连，互为因果者也"①，以各色建筑为主体所形成的城市街道景观，必然是历史发展过程中城市的政治、经济、价值观和审美观念等各项文化内容的综合体现。对北京城市街道景观的人文特征的探讨，内容大致可包括特殊的城市定位、变化的生活及聚居方式、时代审美观及城市建设制度等方面。

5.1　特殊的城市定位

5.1.1　"以大为美"的象征意义

在人类历史上，"大"常常与"雄伟"、"壮丽"等词汇相联系，而当它在城市建设中与政治象征意义相结合时，城市形态的大尺度就自然出现了。在中国，这种大尺度成为人们理想的城市标志由来已久。最突出的反映当然首先是那些高大辉煌的帝王宫殿，其次，则反映在城市的宽阔道路上，"大马路文化在中国源远流长。唐长安城'街衢绳直，自古帝京未之有也'，通城门的大街多宽 100m 以上，最窄的顺城街也宽 20 至 30m。由城南的明德门往北，是一条长近 5000m、宽 155m 的朱雀大街。唐末国力衰败之时，朱雀大街因其巨大尺度，老百姓居然能够偷偷摸摸地在里面种庄稼"②。从公元 1271 年元朝建立开始，北京作为国家首都的独特城市功能对于其城市形态尺度有决定性影响。

作为古代都城的北京，继承和发展了我国古代城市规划的优秀传统，在最初营建时即按照整体规划的思想，仿《周礼·考工记》中所记载的"方九里，旁三门，国中九经九纬，经涂九轨，左祖右社，前朝后市"之制整齐修建，城市有一条明显的贯穿全城的南北中轴线，皇城居于其上面南而坐，城市的主干道纵横相交通向城门，由大街、小街、胡同组成的全城道路网分级清晰。在后来明清数百年的朝代更迭中，北京城虽然历经一些改建，但元大都的城市总体格局和整体道路系统都基本被沿用。其实，《考工记》的说法不仅具有形式上的意义，更是中国封建社会最高统治者的美学理想在城市艺术上的反映——方正的城市外廓、以贯穿全城南北的中轴线为对称轴的东西对称格局、皇城位于全城中轴线上的显赫地位、严格的纵横正交的街道网格，以及左"祖"、右"社"作为宫殿的陪衬，这些都浸透了皇权至上、等级严格的宗法伦理政治观念，是以城市形态表现统治者追求的理性秩序、理想社会模式，而高大坚固的城墙城楼、金碧辉煌的宫殿建筑群、宽阔的城市主干道等，无疑都以它们

---

① 梁思成：《中国建筑史》，天津，百花文艺出版社，1998 年版，第 11 页。
② 王军：《采访本上的城市》，第 26 页。

的大尺度彰显着封建王朝对于天子居所和国家都城"非壮丽无以壮威"的心理诉求。因此，由国家都城定位导致的大尺度城市空间特征在北京历史上就早已存在。

当时代发展至 1949 年，北京再次被选定为新中国首都，城市又面临着重大转折。新中国成立之初是一个历经长期战乱、积弱积贫、国力空虚的国家，人们迫切地渴望着改变，渴望国家以最快的速度强盛起来，因此也渴望"破旧立新"的新生活，这些心理诉求很快反映到北京这一国家新首都的城市建设形式上，使"大广场、宽马路、高楼大厦"的建设，以及与之对应的对于旧城墙、旧建筑的拆除成为历史必然。比如作为开国大典举办之所的天安门广场和长安街，自然地成为了新的国家政权的象征之所，因此它们不但必须能够容纳巨大的人群，以满足一些特定时段的大型集会游行和阅兵仪式的需要，而且由于它们的形象与国家强大这一特殊的象征意义紧密相连了，所以巨大的尺度就不可避免。"世界上最大的广场"、"世界最宽、最长的街道"成为当时领导决策者对于它们的期许，同时也符合那个时代多数人的心理需求。20 世纪 50 ~ 70 年代北京的建设思想是强调大破大立的，伴随着新建筑、新街道的出现，包括城墙城楼在内的大批具有标志性意义的古建筑被拆除①，一些古老的城市街坊也迅速消失。

由那时候开始，北京城市建设中这种"以大为美"的心理需求从未中止过，随着时代发展的脚步，城市街道空间的大尺度特征不但有增无减，而且还逐步拓展到了整个城市格局上。从早期拆除明清城墙后建设城市二环路，到后来迫于城市扩张、交通拥堵等问题开始建设的城市三环、四环、五环路等，城市新建道路都倾向于非常宽阔，与此同时城市建设者们还致力于不断拓宽城市各条旧街道，如平安大街、广安大街、前门大街等，"宽马路"的身影在北京城市建设史上纵横驰骋。一些学者指出，不停地建设宽阔街道对于北京城市交通发展而言是一种错误决策，其实更需要做的工作是加密城市路网②。

广场大了、街道宽了，相应的与之相邻的建筑物也就必须达到一定的尺度与之相匹配，而改革开放 30 多年来北京努力将自身建设成"现代化国际大都市"的理想，也似乎必须通过群起的高楼大厦来体现。因此，在城市中，不但重要的国家公共建筑物多数由于政治象征意义的需要而体量巨大，而且其他的一些商业、办公建筑物如银行、高级写字楼、商厦等，也都因为种种原因而一致趋向于巨大尺度。

英国建筑师泰瑞·法瑞（Terry Farrell）主持设计了北京火车南站新建筑，这是一个巨大的公共建筑物，他在接受记者采访时指出"大"是北京的文化，是北京城市建筑的最大特色，而且北京的这一特点并非偶然，它与政府机制及人们的心理诉求有关，因为"这座城市原本的概念就是要大气雄壮，要让人感受它的显赫……北京的比例是照着紫禁城的巨大尺度，从二环到三环再到四环等，构成了城市布局的巨人症"③。

5.1.2 空间分散的历史原因

北京城市空间呈现分散的特征，这与其城市定位的历史发展有关。半个多世纪以来，北京的城市定位一直在摸索中。20 世纪 50 年代，在苏联专家的影响下，北京首先对城市

---

① 从 1950 年至 1969 年近 20 年间，北京的城墙及城楼几乎全部被拆除，仅余下正阳门城楼和德胜门箭楼、内城东南角楼等四座城楼以及西便门、北京站东街两段残墙。

② 王军：《采访本上的城市》，第 24-25 页。

③ 泰瑞·法瑞：《其大无比，非常北京——专访北京南站设计师》，《环球时报》，2008 年 6 月 25。

性质进行了彻底的革命，把一个工人阶级仅占4%的消费城市改造成为类似工人阶级占1/4以上的莫斯科型大工业城市。如早在新中国成立之初的1954年，中共北京市委上报中共中央的《关于早日审批改建与扩建北京市规划草案的请示》中认为："首都是我国的政治中心、文化中心、科学艺术的中心。同时还应当是也必须是一个大工业城市。""我们在进行首都的规划时，首先就是从把北京建设成为一个大工业城市的前提出发的[①]。"根据这样的认识，北京市的各项工业都有很大的发展，建成了许多市郊的工业区，形成了门类比较齐全的工业生产体系。但工业发展在取得巨大成就的同时，也给城市带来了许多问题，如城市用地、用水日益紧张，环境污染严重，职工上下班通勤距离过长，城市交通拥挤等，这些问题在1960年代初已经暴露得十分明显。1964年，中共中央在转批国务院副总理李富春的《关于北京城市建设的报告》的批示中指出："必须下决心改变北京市现在这种分散建设、毫无限制、各自为政和大量占用农田的不合理现象。凡是不应该在北京建设的单位，不要挤在北京进行建设。凡是不应该扩大建设的单位，不许进行扩大建设"[②]。但是，由于随后的"文化大革命"，这一指示未得到贯彻执行。

在建设大工业城市的设想之下，新中国成立初期的北京确定的是一种"分散集团"的城市发展模式，但却由于种种原因未能落实，此后城市规划一直处于失控状态，以旧城为中心的城市政治、文化、经济等多功能的聚焦导致外围集团的吸引力既弱小又分散，导致城市建成区以旧城为中心向外"摊大饼式"地低效蔓延。北京目前的城市建设，实际上是在20世纪80年代的基础上"摊大饼"——20多年来"面多加水、水多加面"，由二环摊到三环、四环、五环，不仅越来越不适宜居住，而且已经非常不利于城市的经济运行和行政运作。而与此同时，北京市政府斥巨资建设的14个卫星城的人口增长非常缓慢，北京城区功能聚集已相当严重，城区人口密度已远远超过伦敦等大都市，穿越城市的时间成本和交通成本也日益高昂。

随着历史的发展，人们对于北京的城市定位有了新的认识，1980年4月，中共中央书记处在关于首都建设的建议中明确指出："北京是全国的政治中心，是中国进行国际交往的中心。经济建设要适合首都的特点，重工业基本上不再发展。"1983年7月中共中央、国务院又在关于对《北京城市建设总体规划方案》的批复中指出："北京是我们伟大的社会主义祖国的首都，是全国的政治中心和文化中心"，"北京城乡经济的繁荣和发展，要服从和服务于北京作为全国的政治中心和文化中心的要求"，"今后北京不要再发展重工业，特别是不能再发展那些耗能多、用水多、运输量大、占地大、污染扰民的工业，而应着重发展高精尖的、技术密集型的工业"[③]，至此，首都建设和经济发展之间的关系开始有了一个明确的方针。

但是，直到1993年，北京的城市性质才被明确为"全国的政治中心和文化中心，是世界著名古都和现代国际城市"。"著名古都"的提法显示，北京城市的历史人文特征是在此时才被重新被意识到和开始引起重视的，但此时的北京却已是面目模糊。在不经意的膨胀中，在计划经济时期和市场经济时期一轮又一轮的扩张中，北京的城市病已近乎积重难返。《北京城市总体规划》经过1993年和2004年两次重大的调整修编，最终从"国家政治、经济、文化中心"的定位改变为"国家首都、世界城市、文化名城、宜居城市"[④]

① 曹洪涛、储传亨主编：《当代中国的城市建设》，北京，中国社会科学出版社，1991年版，第409页。
② 同上书，第409-410页。
③ 曹洪涛、储传亨主编：《当代中国的城市建设》，第410页。
④ 北京市规划委员会：《北京城市总体规划（2004-2020年）》，2005年4月15日。

的目标追求。虽然城市的定位日渐清晰和明确，但历史造成的现状却不可能那么快地抹去。拆除了城墙的城市早就没有了可限定的边界，随着近 30 年来北京城市化的快速发展，城市人口剧增，巨大的建设量就持续地从城市中心向四周蔓延开去，而原先的工业区也依然不可避免地处在发展建设之中。与城市无序发展相对应的，必然就是城市很多地段沿着街道各色建筑物高低杂乱、进退不一地无序排列，街道空间因此难以完整。

时至今日，虽然关于北京的城市定位已暂时达成共识，但一些困惑却依然存在，比如高楼林立的金融街的建设是否有必要，这一街区的位置在城市中又是否合适等。很多问题也许只有随着历史的发展才能最终寻找到答案，而在目下阶段不可避免的则是，城市中的大量新建设与作为文化名城需要全面保护历史遗存之间的尖锐矛盾。

城市以少量的土地负担很大比例的人口，从长远看，城市低密度所带来的资源、环境及经济等各方面的成本都要高于适度的高密度。高密度的一个重大的优势就是规模效应，如在市政设施、公共交通、商业发展等方面，提高密度能够相对减少成本，提高资源利用率。上海、广州、香港等城市商铺林立、商业高度发达，就与它们的城市高密度密切相关。在高密度的香港，各种人行天桥与通道将城市空间紧密联系，各种公共设施的使用效率都较高。

而与很多城市相比，北京城市密度较低，自然就需要更多的土地，城市因此不断拓展，造成所谓的"城市蔓延"。城市的低密度又使得规模效应不能被合理应用，在生活中的重要反映就是公共设施使用不便、小商铺数量较少等。这是由于城市建筑密度低导致人口密集程度不高，所以在同一地段内，公共设施和商业所能覆盖的人口很少，致使有关部门（政府或市场）缺乏足够动力发展相关公共设施，包括交通工具（公交车、地铁、城轨等）以及基础设施（天桥、人行道、地下通道等），同样，在建筑物一层开设便利商店由于覆盖的范围内人口太少而不可能带来太多盈利，于是小商店数量自然减少了。

对于我国未来城市空间建设方向，住房和城乡建设部副部长仇保兴曾发文提倡较高密度的紧凑城市发展观点，指出"我国现正处在城镇化与机动化同步发展时期，必须在城镇体系规划和城市规划的调控下做到较密集的城市开发布局，城市必须要成为紧凑的城市（Compact City），与开放的生态空间相结合。我们坚持每平方公里一万人的城市人口用地标准，尽可能地节约利用各种自然资源"[①]。

5.1.3　新旧杂陈的矛盾现状

历史遗迹是人类生活环境的一部分，它们能将传统文化的丰富性与多样性准确如实地传给后人，给人们的生活带来深厚内涵，所以保护历史遗迹并使它们与现代生活和谐共存，是城市规划建设中的基本任务之一。现代欧美发达国家已经普遍认同城市中的历史文化遗存具有历史、美学、情感、教育等多重价值，是人类社会生活的重要组成内容[②]，对于它们的保护在这些国家早已达成共识并全面展开。不过，人们对于历史文化遗存的认识和界定有一个发展的过程，很遗憾的是，由于特殊的历史情况，我国在这方面远滞后于发达国家。

作为悠久古都，北京曾经拥有辉煌的历史和丰富可观的文化遗存，规划良好、得到专家广泛认可的明清古城的总体格局，至 1949 年新中国成立时依然基本完好保留，不论是

① 仇保兴：《为什么要走资源节约型的城镇化发展道路》，《中国建设信息》，2005 年第 7 期。
② ［俄］普鲁金著：《建筑与历史环境》，韩林飞译，陈志华序，北京，社会科学文献出版社，1997 年版，序言。

其城市整体规划，还是各类城市建筑物，都具有巨大的文化和景观价值。但任何城市都需要不断进行改造和更新以适应生产和生活发展的需要，北京也必然有更新问题。在城市建设史上，新与旧的矛盾以及如何处理新与旧的关系常常引起多方的争论，近几十年"大破大立"的发展过程中，这种矛盾和争论更是尖锐凸现。

新中国定都北京之初，围绕城市建设的各种争论就开始了，将国家行政中心容纳于旧城内还是另建新城集中处置？城市的古老城墙应该不应该拆除？这最初的两个重大议题最终以另建新城的"梁陈方案"被否定、高大坚固的城墙被拆除而告终，而古老北京城的新生之路似乎也由此开始卷入了一个复杂的漩涡。这是因为，为了适应城市各项新的功能，各种新建和改建不可避免，而这就必然与保护历史文化名城的各类遗存相互矛盾。矛盾尤其突出的是，由于是从封建王朝飞跃到社会主义新中国，生产力、生产技术的巨大变化加上时代的审美差异，使城市建设产生了时代断裂层，新的建设形式与旧的形式之间存在极大的差异，非常难以调和。由此建设与破坏、拆除与保留等复杂的矛盾冲突不断在城市建设中涌现出来，城市整体面貌也呈现为新旧杂陈的混乱状态，并明显反映在城市街道景观上。

例如，为了通行顺畅，老城区的许多街道如崇文门内大街、平安大街等均被大大拓宽，但位于历史文化保护区的建筑物却必须保留原状，不能相应重建，于是就出现了过于宽阔的街道与两边低矮的建筑物并存的状况，街道空间比例因此严重失调。又如，老城区的一些街道沿街道边都是低矮的四合院建筑群，但在十字路口的街角，却突然拔高出现多层办公楼，对比非常突兀，如张自忠路与东四十条相交处路口北面的情况。类似现象在北京老城区非常之多，而且不但是新中国成立前后的建筑物之间对比明显，新中国成立 60多年来的各种建筑相互之间也常有新旧对比强烈、形式不调和的问题。

不过，经过近 60 年的大范围拆迁与新建后，北京旧城的绝大多数街道都经过了扩建和改建而以新貌示人，如长安街、王府井大街、西单北大街等一些重要街道都已是新中国成立后的"新街道"，在这些街道上历史遗存非常罕见。少数街道如平安大街、南池子大街等经过改扩建之后，沿街建筑虽是四合院形式，却属于全部新建的"布景式"仿旧建筑，也不具有"旧"的切实意义。而有些街道上虽然有少量一些明清历史遗存建筑物，但它们的数量和体量在沿街建筑总量上显得非常微弱，对街道景观已难以产生重要影响。

例如，有研究者在 20 世纪末曾经针对北京城市景观中的"点状"要素——各色重要建筑物展开较大范围的调查工作，并由统计结果总结道："北京大规模建设发生在改革开放以后，20 年间涌现的建筑在我们的统计范围内占到72.7%之多。20 世纪之前及 20 世纪初的建筑基本属于文物建筑的范畴，它们虽然在数量上占有一定的比例，但在体量上对城市景观的控制能力较弱"（图 5-1）[1]。而 21 世纪以来，城市的建设量更是飞速增加，所以历史遗存对于街道景观的影响必然进一步被削弱。

图 5-1　全为现代建筑的西单北大街景观

---

① 马元：《北京城市景观特征及形成机制研究》，清华大学建筑学院硕士论文，2002 年 5 月，第 35-36 页。

此外，近年来北京城市建设中还有一味求新求异的思维存在，很多标新立异、甚至极尽夸张的标志性建筑物如国家歌剧院、中央电视台新大楼等的建设说明了这一点，其实这种思维是肤浅和有害的。因为一方面，"新"并不等于是美，越是新潮、流行的东西有时候越容易陈旧过时，而另一方面，一味求新求异还会直接导致对真正有价值的城市历史文化的破坏，为了追求新异而对城市改天换地的大拆大建和破坏历史往往是同一个过程。

其实，城市环境中新旧矛盾也并非完全不可调和，欧洲很多城市在这方面就处理较好，常常在完整保留旧建筑的基础上，以富有意蕴的新建筑形式与之呼应和对话。既然今日的北京希望维护世界文化名城这一形象，对于城市各处的历史文化遗存就必须尽可能展开完整保护，应该杜绝永定门和前门牌坊这样的拆了真品再新建赝品的虚伪保护方式，也应该杜绝南池子街区保护改造那种全部拆旧建新的错误保护手段，而在未掌握切实可行的保护方法之前，也许应该放慢城市更新脚步，尽量减少对历史文化遗存的任何动作。

5.1.4　城市轴线的发展构想

明清北京城不但延承了元大都"棋盘式"的道路网络，而且还将原有的城市的中轴线加以延长和加重，一系列重要建筑物彼此呼应地位于其上，形成一条贯穿全城的空间上起承转合、节奏丰富的城市"脊椎"。

按照城市构图，北京的中轴线自南而北可分为三段，它们就仿佛交响乐的三个乐章一般，有序曲、高潮和尾声。其中第一段是从城市最南端的外城中门永定门向北至内城中门正阳门，长达 3000m，最长，而且节奏非常缓和，是乐章的起笔；第二段从正阳门向北至景山，贯穿宫前"T"形广场和整个宫城，长 2500m，稍短，是乐章的高潮所在；第三段从景山向北伸展至钟、鼓二楼，最短，只有 2000m，是高潮之后的收束。这三段之中，又以第二段的处理最为精彩，它本身可再分为三节：前节是承天门（后改为天安门）、端门和午门三个串联的宫前广场，中节即紫禁城，又可细分为前朝、后寝和御花园三部分，后节则是作为全段结束的景山。因此，整个中轴线的第二段，空间远近开合，建筑起伏跌宕，气势抑扬顿挫，丰富多变。而全段乐曲在以相距很近的钟楼和鼓楼作为两个有力的和弦结尾后，似乎仍意犹未尽，再向北通过德胜、安定二门的城楼，将气势发散到遥远的天际，那两座城楼就如同悠远的回声了（图 5-2）。而在这首乐曲的"主旋律"周围，高大的城墙、巍峨的城楼、严整的街道和城市周围的几个建筑重点，都是它的和声。整座北京城就是这样高度有机地结合起来，有着音乐般的和谐，史诗般的壮阔和数学般的严密，是可以与世界上任何名篇巨制媲美的艺术珍品[1]。

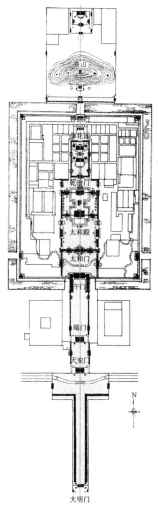

图 5-2　紫禁城中轴线

---

① 萧默编：《巍巍帝都：北京历代建筑》，北京，清华大学出版社，2006 年版，第 60-61 页。

　　这条著名的城市中轴线在城市建设新的历史时期，继续得到了重视，新中国成立初期以天安门城楼和长安街为坐标点，天安门广场成为国家的新中心，在此陆续修建的一系列重要的国家大型公共建筑物都依然强化了中轴线的景观意象。如今，在北京新的规划蓝图中，这一城市轴线再次向南北两侧延伸，连接北起奥林匹克公园，南至南五环外的广阔地区，成为集中体现古都保护和城市发展的一条新轴线。根据最新的城市规划，北京的中轴线将由北向南被划分为"时代轴线"、"历史轴线"和"未来轴线"三部分，其北端的"时代轴线"将以正在建设的奥林匹克公园为中心形成一个开放的运动休闲文化区，新颖现代的大型体育场馆"鸟巢"和"水立方"已经分别位于轴线南端的东西两侧，形成城市新的景观意象。中段以"历史轴线"为传统的约7.8km中轴线，包括钟鼓楼、什刹海、皇城、天安门广场以及复建后的永定门城楼。而南段的"未来轴线"将南中轴延长线延伸至南苑，更多地体现商业和田园气息，以突出城市南大门的传统格局。在永定门以南规划设施齐全的商业街区，凉水河地区则规划为博物馆、艺术馆、图书馆、音乐厅等文化建筑聚集地和文化园区。南苑地区规划为方格网结构，形成博览、科学、居住三大功能相互渗透的空间。五环路以南的中轴线延长线两侧还将建成宽约1000m的景观控制区，以绿化为主。

　　北京的城市中轴线无疑具有其鲜明的特点，不过从某种角度而言，它与现代城市的建设之间也存在一定的矛盾。这主要是因为原先长达7.8km的城市中轴线只是一条在城市图形意念上贯穿全城的轴线，中间存在着紫禁城这一无法日常通行的大体块皇家禁区，因此对于普通市民的城市活动而言，它不是可以通行的贯通空间，城市生活的动态景观营建在此呈现为断裂形式，意象无法完整。所以如果从城市空间连续性的角度出发，该中轴线对于现代城市建设有一定的消极作用，而出于保护历史遗迹的考虑，这一消极影响将无从改变。与之相比较，西方名城如巴黎、华盛顿等，它们的城市轴线一般会分为主、副多条，而且这些轴线基本都是可通行的街道，因此这些城市的整体景观意象也相对具有空间上切实的连续性和完整性。

　　此外，目前所规划的北京城市中轴线之大尺度延伸也并不一定是最合理的选择，因为现代北京的复杂功能和尺度都远超过古代北京，一条简单贯穿整个城市的轴线的合理性值得质疑，比如城市中轴线的延长理念与现今北京"摊大饼"式的不良发展方式是否有某种内在关联性？是否这条城市中轴线应维持在一定尺度之内，而在新的城区建设中另建一些副轴线与之呼应呢？有时候，"新"和"旧"以对比的形式出现，效果可能优于单纯融入的形式。而多条副轴线的出现，应该还能使面积已剧烈扩大的北京城更具有可意象性、可识别性。其实早在20世纪50年代关于新北京规划的"梁陈方案"中，就已提出了在古城之外建设具有新轴线的城区的构思（图5-3），不过很可惜该方案未能付诸实施，但由此可见，控制原有中轴线长度，同时为城市建设多条副轴线的设想也许是一种更为新颖的合理思路。

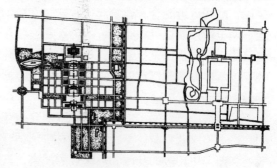

图5-3　"梁陈方案"的新城设计另有
轴线与旧城呼应

目前，虽然北京在城市南北历史中轴线之外已经有了长安街这一东西现代轴线与之相配合，是一个传统象征轴线与现代象征轴线的组合，但有研究者指出这一"十"字形轴线的延展是有限的，因为"南北轴线是历史上形成的，不易拓展，拓展具有破坏性，应以相对'静态'为宜"，而长安街这一东西现代轴线"经过 55 年的建设已经十分'丰满'，拓展容量有限，显得'单一'，如果将东西轴线作为唯一发展的现代轴线，向东'无限'扩展，会对北京城市空间形象的均衡发展造成破坏，极易造成内外交通不畅，潜力受限"[①]。所以，为了城市未来的均衡发展，北京应该重新由整体出发补充设计新的城市副轴线，而且，副轴线的建设主要应以连续的街道空间形式出现。

5.2　变化的生活风貌

5.2.1　由"小院"而"大院"

北京传统的建筑单体形式是四合院，明清时不但普通市民以家族为单位聚居其中，而且一般公共机构的建筑物也多表现为四合院的形式。四合院仿佛城市的细胞，由于受到礼教规制、建造技术及生活方式的限定和影响，城市中绝大部分四合院单体建筑都是规模有限并且形制相似的，它们可以有机生长、形成合院群落，但相互之间都是密集排列，单体建筑的开口直接面向街道，建筑与城市街道的关系因此非常紧密，这样的建筑群对于限定城市空间有积极作用，人们的家庭日常生活与城市公共空间生活也因此密切接壤。可以说，大部分市民当时过的是这样一种舒适便利的"小院"生活，他们的多数生活内容是在胡同和四合院中进行着。每一个这样的小院内都不但有幽静的居室，更有既便于人们交流，又可四季与自然亲近的一方独特天地。对于街道而言，各色装饰丰富的院落门楣又以独特的装饰语言无声阐释着生活之美，为城市街道景观提供了可供欣赏和回味的丰富信息。而当人们一脚步出院外时，城市生活就围绕在身边了。

时代的发展，不但导致了建筑技术、建筑形式的剧烈改变，而且人们工作和生活方式的改变也非常大，与以前的胡同加四合院的"小院"生活环境决然不同的是，"大院"成为很多现代北京人的生活空间和文化空间。北京的大院主要分为两类，一是国家和政府的各类机关大院；二是教育、科学、文化、卫生等各个机构和单位的大院，如大学、研究所、艺术团体、医院等。典型的北京大院是集工作场所与生活空间于一体的巨大院落，也是一个功能齐全的小社会，院内通常设有礼堂、操场、浴室、商店等，有的还设有幼儿园、小学、中学，以及医院、邮局、银行、书店、派出所等，总之，各项设施齐全，居住其间的人们的各种生活需要在院内基本都可得到解决。

这样的大院在北京数量非常之多，例如清华大学就是这样一个典型的功能完善的巨大院子，它占地超过 5000 亩，校园四周多为围墙，院内建筑与周边城市街道完全隔绝，北京的其他各所大学、中国科学院等各类研究所也都是类似这样的情况。在北京，众多的大院已连成大片区域，构成一种显著的、稳定的社区类型。

这种大院的出现有其特殊的历史背景，其中一个重要原因是新中国成立初期北京城市

---

① 郑宏：《城市形象艺术设计》，第 78 页。

新移民激增，而城市市政建设薄弱、社会化的公共服务系统不足，因此只能由各个部门在尚不具备城市功能的地区自建营地式的院落。由于各个院内的建筑物绝大多数是针对院内空间而设，大院通常是以长长的围墙的形式与城市外部街道相联系，院内交通也基本与城市交通隔绝，因此，这些围墙连着围墙的大院，对城市造成了大条块的分割，使城市路网趋于稀疏，并造成了缺乏市场、商店、饭店的外部街道和街区，使人们的生活在大院内自成一统，但却从城市公共生活中疏离出来。

随着时代的发展，不但大院文化在北京延续至今，而且近30年来城市大量封闭式住宅小区的建设也承继了这一独特居住文化，这些住宅小区占地面积较大，对城市公共空间封闭的现象与以往的大院模式很是类似，两者的身影一起叠加在北京的城市肌理上，使城市空间的割裂和不均衡在北京的许多地区强烈存在，对于北京建设现代城市非常不利，因为这些大院、小区之间的街道缺乏商业和文化活动，很少甚至没有建筑直接面对街道的出入口，难以聚集人气，也就无法形成社会化的城市系统和一体化的市民文化，街道上的生活消失了，街道空间缺乏有效限定，街道景观也因此必然单调乏味。

例如，望京地区的一新建小区就是典型案例，在该小区中，19幢高层住宅建筑散布于整个地块之上，全部建筑物在城市空间中都凸显出来呈现为"图"的形式，对于小区四周的道路空间完全缺乏有效限定，因此道路空间无奈地沦为了"底"，缺少了沿街建筑物的街道无法提供必需的商业内容，这样的街区也就无法形成舒适的城市生活（图5-4、图5-5）。

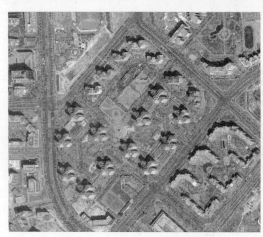 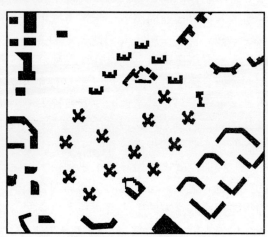

图5-4　望京地区某小区俯瞰图　　　　图5-5　望京某小区建筑空间图底关系

目前，一些专业人士已经认识到，我国这种新中国成立初期从苏联引进的住宅小区模式其实是不适合现代城市发展的，而西方城市另一种街坊式住宅区建设更宜于形成城市氛围，值得学习和借鉴[①]。街坊式住宅区的重要特征首先就是街道空间由沿街建筑合理限定，人们可以舒适地使用内容丰富的街道。大院现象是历史遗留给北京的城市难题，它的改变无疑较为困难，需要有相应的城市规划制度方面的变化。

5.2.2　交通方式的变迁

作为城市的公共空间，街道仿佛是一个容器，它容纳了人们的各种交通活动，在不同

---

① 王军：《采访本上的城市》，第19-20页。

的时代，人们在街道上表现出来的交通方式差异很大。

封建社会时的北京，行人是街道活动的主体，另外还有轿子、马车及单轮手推车等其他运输工具掺杂在街道上。其中轿子作为中国独有的交通工具，历史悠久，在民间使用得相当普遍，并且种类繁多、式样各异，有些装饰华丽，是街道上特殊的流动风景。而由于是使用人力，轿子的速度与行人的步速相似，相互之间的冲突不大。其他如马车等在数量上总的看来并不占据优势，所以在街道空间的使用上，基本是人车混杂，通常步行的人流占据了街道的主体，当有车、轿经过时，行人就临时避让。后来清朝末年人力车传入中国，在北京的街道上一度很是流行，成为市民的主要交通工具①。1924 年开始，北京的街道上又开始出现有轨电车的身影，并很快于 5 年后发展到 6 条线路、60 辆电车、日载 5 万人次的水平②。

新中国成立之后，北京市民的交通方式也发生很大变化，首先是自行车逐渐成为了城市的重要交通工具，在城市中日渐普及而数量巨大，以至于 20 世纪 70、80 年代，一般外国来访者对于北京的印象中，街道中上下班通勤时洪大的自行车流显得非常突出，常被作为中国城市街道的特色景观提及。由于自行车具有占用空间小、不产生噪声和空气污染等优点，所以与机动车流相比，它们对于街道环境的负面影响较小。

但近 20 年来，随着中国经济快速增长，北京城市化进程加速，城市面积也急速扩展，城市的交通方式又发生了很大的变化，那就是机动车数量猛增和自行车数量相应剧减。据调查统计，北京市 2006 年自行车出行占客运出行总量的 38%，较 1986 年的 58% 大幅度下降了 20%。而小汽车及出租车的比例由原来的 6% 增长为 32%③。这些年来，由于北京对私人小汽车的拥有不但不加以限制甚至在政策上趋于鼓励，因此在人们生活水平提高、城市公交远不够发达舒适的情况下，城市机动车的数量增长迅猛。2006 年年底，北京公交出行比例达到 30.2%，私人小汽车的出行比例达到 29.8%。2007 年 5 月底，京城机动车保有量就达到了 300 万辆，而且还在以每天超过 1000 辆的速度发展着④。而与此相对应的，一方面是城市道路的大量新建和拓宽，另一方面，则是北京城市道路的拥堵状况不断加剧。北京的拥堵由 20 世纪 80 年代的个别点堵，发展为 1990 年代的多点拥堵，然后是 21世纪初的多线形成的大面积拥堵⑤。城市管理者由此开始反思城市交通建设策略，认识到城市交通管理是个宏观的问题，并非仅靠建设道路、增加道路面积就可以解决。所以，于2003 年成立的首都交通委员会很快确立了大力发展轨道交通、提倡公交优先的思路。

但与此同时，北京长期致力于追求道路的宽阔，希望以此实现机动车的交通畅通，为了便于汽车通行，很多具有人文价值的狭窄道路和胡同被大大拓宽了，沿街古建筑被拆除，街道变得"现代化"。例如北京平安大道就是一个典型的例子，为了在古城中拓宽一条十车道宽的笔直畅通马路，该道路建设中大量破坏了沿街的古建筑和古文物，建成后的

---

① 在新中国成立以前，三轮车和人力车担负着北京约 80% 的客运量。据统计，1917 年，北京共有人力车 2.0674 万辆（其中自用车 2286 辆，营业车 17988 辆）。1939 年，人力车共有 3.7036 万辆（其中自用车 2489 辆，营业车 34547辆），当时北京人口仅有 130 万，而人力车夫就有 5 万多人。参考《老北京的出行》第 90 页。

② 齐鸿浩、袁树森：《老北京的出行》，北京燕山出版社，1999 年版，第 97-98 页。

③ 陈斯：《北京自行车出行比例下降 20%，车道被挤占》，《法制晚报》，2006 年 8 月 29 日。

④ 据《北京晚报》2007 年 5 月 28 日报道。

⑤ 吴琪：《交通局副局长与北京交通 34 年》，《三联生活周刊》，2008 第 1 期，第 62 页。

道路仅仅考虑了汽车的通行，路边人行道非常狭窄，而且道路两边几乎没有空间可以供人们停留，导致一条本来非常热闹的街道变得几乎看不见人迹。类似的例子很多，如拓宽后的宣武门内大街、崇文门内大街等情况也基本如此。

北京以机动车为主的城市道路系统设计还导致了高速公路和城市快速路以及大尺度的立交桥等在城市中占有了大量空间，切割了完整的环境景观，使城市形态呈现分散式，也使一些城市街景出现只见房屋和汽车而很少见到人的情况。这主要是因为在北京不但步行交通变得困难，而且室外空间大而无当，失去了人的尺度，建筑物附近供户外活动的公共空间条件也太差，户外经历因此变得枯燥无味，人们自然就会相应地减少户外活动。

其实相关调查数据显示，到目前为止，虽然私人小汽车及公交车的出行比例不断增长，但选择非机动车出行仍是北京市民的重要出行方式。可是目前在城市街道的建设上，机动车道明显占据了优势地位，自行车和行人则在某种程度上处于显著弱势。这种弱势首先表现在没有充足和舒适的使用空间上，如北京规划中的自行车道被机动车占用的情况较多，自行车的路面空间受到挤压[1]，与之相对应还有人行道的问题，在城市的很多地方，路边没有人行道或人行道过窄、人行道被各类障碍物挤占等情况很常见，导致行人感觉无"路"可走。

在新的发展时期，城市管理者们已经认识到，提倡步行、自行车出行这样的绿色交通方式对于建设宜居的城市是非常重要的，因此必须重视步行者、骑车者对于道路所拥有的权利，在城市建设中予以更多考虑。在首届中国城市发展与规划年会上，住房和城乡建设部副部长仇保兴发言时表示，中国应保持自行车的数量，并确保自行车道和人行道的便利通达，由此看来此类问题已经引起了有关方面的重视，并在未来有望得到一些改善。

5.2.3　精神文明风貌

人在建设城市的同时又是城市的使用者和欣赏者，城市街道上进行各种活动的人流是城市街道景观的重要组成内容，因此，城市人群的行为方式对于城市街道景观有较大的影响，比如有礼貌、守秩序、相互懂得谦让并注意个人卫生的人群会给街道环境的动态视觉带来令人身心愉快的交流体验，而没礼貌、不守秩序、喜欢横冲直撞、不注意个人卫生的人群则会引发街道上各种矛盾冲突，从而导致众人心情恶劣。这里就牵涉到现代城市的精神文明建设问题。

众所周知，现代化城市的建设并非仅仅只需物质文明的建设，还必须包括精神文明的建设。德国一位市长曾经谈到："一个城市的兴盛和风格很少取决于她的外貌，而是取决于市民的克制、团结和忍让宽容。一个城市的性格就是所有市民的性格"[2]。确实，缺乏高度的精神文明，一个城市的物质建设再现代化，也不能算是一座真正的现代化的城市，更谈不上是一座历史文化名城了。所以，一个城市的现代化建设归根到底还是落实在它的市民身上。一般而言，具有高度精神文明的城市，应该具有高水平的文化体系和教育体系、良好的道德风尚和社会风气、较高的文化素质和精神风貌，这些都是一个现代化城市的必要条件。

---

① 陈斯：《北京自行车出行比例下降20%，车道被挤占》，《法制晚报》，2006年8月29日。
② 转引自张开济：《现代城市、文化古都和精神文明建设》，《北京规划建设》，1996年第5期，第10页。

　　林语堂曾写到："天气、地理、历史、民风、建筑、艺术，众美俱全，集合而使之成为今日之美。在北京城的生活上，人的因素最为重要。北京男女老幼说话的腔调上，都显而易见的平静安闲，就是以此种人文与生活的舒适愉快。因为说话的腔调儿，就是全民精神上的声音"①。由描述可见他对当时北京市民精神面貌的赞许。张开济先生也曾著文指出，他初来北京时，不但对宏伟壮丽的城楼和精美的古建筑惊叹不已，而且北京人的文明礼貌更给他留下了非常深刻的印象。人们见面时互相称"您"，而不叫"你"，开口不是"借光"，就是"劳驾"，种种城市文明风貌使他深深地感到北京人不愧为"首善之区"的市民。但"令人遗憾的是，这些文明的词句不知从何时开始已经从一些北京人的语言中消失了，相反，在街上和车上，人们对骂或打架却是屡见不鲜的现象。因此，现在的北京不仅其城市面貌所体现出的文化内涵需要在某些方面加以丰富和完善，而且市民的风貌也有待于通过精神文明的建设加以改善"②。

　　确实，北京市民的精神文明风貌反映在街景上有许多亟待改善的地方。例如在北京的许多街道上，随意穿行红灯已经成为城市行人、骑车者的常态，开车者也常常挤占非机动车道，为了维持街道的良好通行秩序，管理部门只能通过在一些重要路口安排交通执勤的人员来加以强硬执行。这种种现象的产生，固然有城市设计不合理所导致的人们对于交通规则的某种潜在抵制心理，但同时也从一个方面反映了城市市民的基本素质问题。

　　有外国友人曾对北京的混乱交通状况表示遗憾道："我们发现，这里大多数司机开车鲁莽、喜欢抢道、行为危险，司机看到孩子也不减速。这是一个让人感到失望的事实——北京是一个美好的城市，但交通方面的礼仪和行为破坏了人们对北京的印象"③。相比之下，访问过日本东京的人们会发现，在这里城市街景中的建筑环境也如北京一般缺乏明显的秩序感，但街上的人们全部严格遵守交通规则，相互之间也礼让有加，所以街道的总体通行情况秩序井然，这与包括北京在内的我国很多城市的情况差异巨大。

　　其他如随地吐痰、在公共场所大声喧哗、对待人际间小摩擦反应过激等这些公共场所不良行为，在发达国家的城市很少见，在北京城市环境中却是很常见。当然，在存在行为秩序混乱等问题的同时，北京的街道上也存在着一些好的精神风貌。如一些义务交通协管员及普通市民的热情常给问路的游客留下深刻印象，公交车上乘务员帮助老弱者安排座位时，一般乘客也都会礼貌地配合。

　　北京在精神文明建设中存在的一些问题，与整体城市外来人员大量增多、人群构成复杂，以及国人平均受教育程度较低、素质教育不够有很大关系，同时也与当代城市变化剧烈、社会贫富差距拉大、社会某些因素未完全稳定有一定关联。城市精神文明的改善，寄希望于未来随着国民教育水平及城市物质水平的进一步提高，市民行为准则能更多地与国际接轨。

　　不过，设计合理、舒适美好的城市街道环境能自觉引导和规范人们的行为、产生正面的影响，而设计不合理、空间及视觉秩序混乱的环境则会对人们的行为产生负面影响。一个显著例子是北京很多宽阔街道中设置了人行天桥和限制围栏，使人们的过街路

---

① 林语堂：《京华烟云》，长春，时代文艺出版社，1987 年版，第 174 页。
② 张开济：《现代城市、文化古都和精神文明建设》，《北京规划建设》，1996 年第 5 期，第 12 页。
③ 《老外怀着复杂感情看北京》，《参考消息》2008 年 11 月 13 日，第 B15 版。

线被极大地拉长、时间及体力花费更多，对于老人、儿童、残疾人，以及推自行车者而言，由天桥过街都是一段艰难路程，风雨天尤甚。宽阔的街道本已经让城市的联系变得疏远，而距离遥远的过街天桥及高围栏则使街道空间呈现出强烈的断裂状，步行环境越加不人性化。面对这些不合理的环境设计，人们想违规翻越栏杆直接过街的强烈愿望是可以理解的，因此城市设计中应提供给人们由人行横道直接过街或走天桥过街的选择自由。总之，城市环境在被人创造出来的同时，也会影响着人的行为和精神面貌，设计的意义在此也就更加彰显出来。

5.3　建筑审美与制度

5.3.1　建筑艺术风气流变

对于北京这样的古老城市而言，城市的建筑总体是在漫长的城市建设史中累积而得的，在时代发展的过程中，城市建筑艺术风格的变化也必然比较明显，有学者曾尝试对于北京总体建筑艺术风气加以概括，认为大致可将其归为民族传统风气、现代主义风气、西洋古典风气这三大类[①]。

其中，"民族传统风气"是指某一时期内"民族传统形式"建筑比较流行的现象。民族传统形式是中国近代以来所形成的建筑艺术形式的一类，一般指"整体或局部的重要部位明显具有中国古典特征的建筑形式"。这种建筑形式最先由外国人"发明"，后来被民国政府提倡，因此早在1920～1930年代，北京的民族传统形式建筑就成为一时的风气，并形成大屋顶式和民族传统装饰派两类。新中国成立之后，民族传统形式先是经苏联宣扬而找到政治"依据"，建设了一些大屋顶式建筑，然后则短暂栽倒在经济浪费问题上，再后来该形式在新中国成立10周年之际又获青睐，比如20世纪50年代建设完成的"国庆十大建筑"中有7个项目都带有比较明显的民族传统形式特征，形成一股新的以民族传统装饰派倾向为主导的风气，如其中最典型的人民大会堂，特征是"西方古典建筑的大比例构图关系加上中国传统建筑的细部和装饰"[②]。

改革开放初期，民族传统形式借着传统文化热再次兴起，并在"夺回古都风貌"运动中被力捧，一度成为官方指定的不容置疑的建筑艺术形式，但这场由北京市有关主管领导发起的运动使当时的建筑艺术创作陷入了"一言堂"的境地，领导意志取代了建筑理论，因而最终不但没有促进建筑艺术的发展和丰富，反而制造了不少建筑败笔，并导致20世纪90年代大部分民族形式建筑水平不高。典型的例子如北京西客站，整座建筑形式没有新意，盲目追求"里程碑"的形象，过分堆砌了民族传统元素，最终徒有庞大的体量而没有鲜活的精神，仿佛一个虚弱的巨人。这样不合理的运动风潮很快以失败收场，但它对建筑民族传统形式的发展有较大的负面影响，对于建筑民族形式的求索脚步也由此放缓。

"西洋古典风气"指在一段时间里西洋古典形式建筑明显地流行于世，而"西洋古典形式"则指在建筑艺术上明显地使用欧洲古典建筑元素和题材的建筑形式，1960年代以

① 此节内容主要参考自张勃：《北京建筑艺术风气与社会心理》，北京，机械工业出版社，2002年版。
② 张勃：《北京建筑艺术风气与社会心理》，第69-70页。

来西方"后现代主义建筑"由于是"以非传统的手法来组合传统形式"，也可列入此列。早在 20 世纪初年，由于外国列强的炫耀心理加上中国人"以洋为尚"的追从心理，西洋古典形式就在北京开始流行成风，皇家园林及清末的政府建筑、"北洋政府"建筑都曾采用西洋古典形式。但中华民国南京国民政府时期，文化上打出了恢复中国传统文化的旗号，加上社会各界爱国主义、民族主义的热情高涨，使民族传统形式成为建筑的主流，西洋古典风气渐渐式微。但在沉寂了七八十年之后，在 20 世纪 90 年代的中后期，西洋古典风气突然在北京刮起，所谓"欧陆风情"突然变得广受欢迎，很多建筑外立面出现了用白水泥做出立柱、拱门、窗框的"欧陆建筑风格"，一些房地产项目也多以"欧罗巴风情"、"西班牙小镇"之类的创意吸引大众购买。不过目下这一阵风气已经较为减弱，城市的新建筑以西洋古典形式出现的越来越少了，因为这些所谓的西洋古典式样在中国社会毕竟缺乏生长的根基，所以作为短暂花哨的流行风气容易逝去。

　　建筑的"现代主义形式"在此指那些在现代主义建筑所开创的建筑体系下形成的一切非古典倾向的建筑艺术形式。由近代至 20 世纪 70 年代的北京，由于多数建筑委托人心理不能接受，社会也对现代主义建筑形式有排斥心理，因此虽然有个别建设实例，但建筑的现代主义风气一直未能形成和普及。时代发展至 20 世纪 80 年代，由于改革开放政策的唤醒，现代主义建筑形式才开始形成很强劲普遍的风气，并在建筑实践中其所占比例开始高于民族传统形式。这一阶段，北京现代主义建筑呈现多样化的局面，总体给人百花齐放、耳目一新的感觉。进入 20 世纪 90 年代，现代主义风气由于受到上述"夺式建筑①"的运动影响曾一度减弱，但在北京申办奥运会成功后，"新北京，新奥运"的口号证明了北京人力图建设"国际化大都市"的心理，而最能体现城市国际化的，似乎就是各式的现代主义高楼，于是整个城市风起云涌的建设高潮中，现代主义建筑风气再次占据主流地位。奥运会的几个著名标志性建筑物如"鸟巢"、"水立方"等自然使用了现代主义形式，而中国大剧院、中央电视台新楼、首都机场 T3 航站楼等，也同样归于此类。

　　随不同时代而剧烈变化的建筑艺术风气，使城市总体景观难以定型，仿佛缺乏主旋律的乐章一样，杂乱是必然的结果，和谐统一感则长期难觅。

5.3.2　时代审美价值观

　　城市建筑的艺术风气流变与其居民的价值观念、审美情趣和思维方式等城市文化核心内容的发展变化是紧密联系的。从历史宏观看来，人类的审美价值观处于发展变化之中并具有一定时代特性，阿诺德·伯林特（Arnold Berleant）在《环境美学》一书中也说："审美价值必须放在它们的文化和历史的语境中来考察"②。城市居民的审美价值观是在特定的社会历史环境中形成的，这种价值观会影响到生活环境的方方面面，因为他们在感受、认知和欣赏着环境的同时，也在不断地创造和改造着城市环境。

　　建筑民族传统风气的出现一方面是民族传统审美价值观的潜意识延续，另一方面也与人们热爱自己的国家，在有些历史特定时期希望以此来体现对于国家文化主权的维护有

---

① "夺式建筑"是一稍带贬义的称呼，专指在 20 世纪 90 年代"夺回古都风貌"运动期间出现的一些简单地以不切实际的大屋顶形式强求所谓民族特色的建筑形式。

② 转引自梁梅：《中国当代城市环境设计的美学分析与批判》，北京，中国建筑工业出版社，2008 年版，第 20 页。

关。而西洋古典风气的流行一方面与新时代人们的"求新"心理及对外来事物的好奇心理有关，另一方面，也与商业社会大潮之下人们盲目地"崇洋媚外"有一定的关系，它从一个侧面显示了城市的普罗大众在历史的这一特定时期集体审美感贫乏。至于现代主义风气这一最强劲的流行趋势，则与人们求新、求大，想以"大而新"的"现代感"来炫耀城市进步的心理诉求密切相关，目前它已经成为是北京建筑艺术的主导风气。

当下最值得注意的，是伴随着建设国际化大都市的目标，北京正在成为国外新潮建筑的实验场这样一个现象，它集中体现在一批标志性公共建筑上，如安德鲁设计的国家大剧院、库哈斯设计的央视新楼、奥运会主场馆"鸟巢"、游泳馆"水立方"等，围绕这些建筑设计，不论是学术界还是社会舆论都产生了激烈的争论，其中既有设计和技术之争，也有观念性、文化性的争论。

其中"鸟巢"和"水立方"由于建设于北四环之外的城郊，离北京旧城及繁华市区较远，所以其建筑造型对于城市主体景观还未产生太多负面影响。而坐落在特殊历史空间天安门广场西侧的国家大剧院则不一样，这是一个被人们形象地称为"巨蛋"的巨大椭圆形建筑物，其外表面采用钛金属板和玻璃幕墙，整体效果犹如科幻片中的宇宙飞船，多数批评者认为这一"飞来之物"是突兀和与环境隔绝的，与北京、长安街没有任何文化、价值上的联系，而且其功能的合理性和昂贵造价也受到广泛质疑。而后，位于北京CBD的中央电视台新楼，同样也引发了各方激烈的争论，因为该方案冒险、夸张之至，将55万平方米的超大规模建筑设计成了严重倾斜失衡的连体双楼，在建筑的高度、均匀性、变形、旋转幅度等方面都突破了有关建筑结构的国家规范。有关专家指出，这种为玩弄概念而求新求异的设计会将建筑物陷于安全隐患之中，而为使斜悬巨楼危而不倒，又必须耗费巨资从内部予以加固，而且，"它所体现的文化价值也是大可置疑的。这种居高临下、咄咄逼人的霸权文化，以及极尽奢华和光怪陆离的流行文化，都是不合时宜并会迅速过时的"①。

虽然质疑之声众多，但此类标志性建筑物还是迅速在北京落成了。它们新奇怪异的造型及设计者外国大师的身份，很大程度上是崇洋崇外、浮躁夸张、好大喜功的社会风气的反映。它们不但传递着新异、奢华的审美价值，而且作为国家首都的标志性建筑，它们还会为中国其他城市提供了一个不良的示范，强化和放大社会对"洋化"和"奢华"的追求。

其实一个现代国家的公共建筑，绝不是越华丽、越豪华、越新潮越好，其基本风格不应该是炫耀财富、张牙舞爪、标新立异，而应该是内敛的、含蓄的，其传递的文化价值则应该是沉稳、坚固、历史感等。20世纪50年代所建造的人民大会堂、历史博物馆等，就传递了庄严、宏伟等当时的主流文化价值，它们相比较最近这些新建筑而言，在文化价值上更具有积极意义。针对我国目前一些"畸形"的城市景观建设，北京大学教授俞孔坚曾批评指出它们的本质根源是由于封建专制意识这一中国文化的积垢以及时代局限所致的暴发户意识、小农意识等②。其实张开济先生20世纪末就已著文指出，在市场经济发展过程中，一些人精神文明素质不高，对物的态度不正常，喜好炫耀、摆阔和攀比类的"愚昧型"消费，他们的爱好、趣味和文化素质导致了铺张浪费、华而不实的城市消费心态，在

---

① 杨东平：《民谣中的城市》，上海人民出版社，2007年版，第67页。
② 俞孔坚，李迪华：《城市景观之路——与市长们交流》，北京，中国建筑工业出版社，2003年版，第113-123页。

一定程度上也影响了城市建筑创作的趋向，进而间接地影响了城市的面貌①。

另外，人类审美价值观的形成需要时间的积累和沉淀，所以应注意避免与城市快速扩建发展相对应的一些建筑物及公共设施趋于粗糙的现象，它们未经精心设计制作就匆忙出现在城市景观中，不具有经得起时间考验的优良品质，其中一些可能很快就会消失，因此也就无法长久地使用及观赏而获得人们的喜爱，也无法在时间流逝中增加其价值。

比如，南礼士路上的两种车挡，一种为设立于 20 世纪 50 年代的灰黑色铸铁材料制成，有较细致的线形和纹饰，既美观大方又牢固耐用，它的留存至今增强了街道的历史感。而另一种现代款式、黄黑相间的车挡则明显感觉简单粗糙不耐用，临时感较强（图 5-6、图 5-7）。如果类似问题广泛存在，城市街道的历史感、场所感就难以积累起来，人们就只能看到粗糙的、不断更新的街道景观，而无法拥有具文化及历史质感的城市风貌。

图 5-6　具有历史质感的铸铁车挡

图 5-7　现代车挡缺乏质感

总之，在目前这个快速发展的时代，北京城市街道景观之混乱表象与大众审美价值观混乱多变密切相关，人们的审美趣味和审美理想在时代的急剧变化中似乎难以定型，还需要更多时间来予以沉淀和提升。而对于新时代审美的民族性问题，著名美学家李泽厚曾这样谈到："今天的形式美和古典的不一样，很重要的原因是我们时代的生产力、技术工艺发生了变化，因而社会生活的韵律、节奏，它所要求的和谐统一也不一样了。人们对形式的要求，是快节奏、简洁明朗、平等亲切，而不再是古典式的表现出尊卑秩序的严肃、对称等了。不是某些固定的外在格式、手法和形象，而是一种内在的精神，假使我们了解我们民族的基本精神，如乐观的、入世的、重视感性世界和生存发展等精神，就不会担心失去自己的民族性"②。因此，要建立新的富于民族特色的城市景观审美价值体系，看来还必须深入传统文化中寻找答案。

5.3.3　意义及细节的消失

人类传统环境中的各种象征性内容和装饰细节对于人的环境知觉具有独特的意义，因

①　张开济：《现代城市、文化古都和精神文明建设》，《北京规划建设》，1996 年第 5 期，第 12 页。
②　李泽厚主编：《城市环境美的创造》，北京，中国社会科学出版社，1989 年版，第 5 页。

为一般说来，环境中的象征性与民族及地域的文化传统紧密联系，例如那些形成制式和规范化的装饰，其形式和内容都在历史发展进程中被人们逐渐发现、创造，以及经过不断的淘汰，然后慢慢达成共识从而流传下来，所以它们不但是人类集体审美经验的累积成果，具有相当深厚的民族传统美感，而且它们同时也提供了一定的文化信息量，在环境中体现着人类文明的传承关系。所以，"事实上，人们对环境的需要并不仅仅是其功能良好，而且它还应该充满诗意和象征性"①，这是由人类的心理特点所决定的。因此，富有意蕴的装饰细节及环境的象征意义对于街道景观而言也非常重要。

明清北京城不但整体城市环境富含各种象征意蕴，而且街道上有许多美的装饰细节，如木质窗扇、门扇的各种雕刻花纹、四合院院门上富有意义的装饰内容、街道牌坊上的富丽装饰等，另外城门的题名、牌坊的题名、商店的题匾等同样也是既美观又有内涵的特色文化内容，它们一起使环境不但具有细节而且意义丰富，是北京历史街道景观不可或缺的重要内容。

而反观当代北京，不但其城市形态的象征性意义已然基本消解，而且街道上美好的微观装饰细节也趋于消失。走在北京街头，很难发现带有地域特色或民族传统意味的装饰细节，具有时代特点的现代装饰细节也较难被发现，意义与细节的缺失是北京许多街道环境显得乏味的一个重要原因，而它们消失的缘由是多方面的。

首先，由于历史的特殊原因，传统文化在我国曾被反复地批判过、打倒过，从五四运动到"文化大革命"，人们先是将国家积贫积弱的原因归结于传统文化的劣根性，后又由于政治风波再次对其予以否定和批判，加上几十年来的西风东渐以及一些崇洋媚外的风气影响，中国的传统文化内容虽未完全消失，但却与现代人的生活渐渐断了联系，在城市环境方面则表现为城市文脉未能延续，传统的环境意义逐渐被消解。与此同时，改革开放30年来城市大规模建设变化速度过快，又使新的环境意义难以确立，因为意义的建立需要相当长的时间来达到一种文化积累。

而装饰细节消失的一个重要原因，是由于当今人的交通方式发生了巨大变化，街道上的运动内容从原先的步行为主，变为现在"重车不重人"、以机动车为主的状况，街道上人流的主要运动速率也因此从步行的5km/h，急剧改变为小汽车的60km/h左右。而与这种速度的改变相对应的是，细节变得无关紧要了，因为在高速行驶的情况之下，人根本无能力欣赏到这些微观的装饰细节内容，环境的简单、清晰明了是驾车者所需要的，过多的细节有时也许反而带来过多的视觉和使用上的困扰，因此装饰细节就失去了其存在的必要性。

其实，许多街道都应具有可舒适步行的场所，因为在汽车中无法实现人际交流和休闲等重要的生活内容，城市生活的重点不应该是在车流快速的大街上，而应该是在可步行的公共空间中，因此街道景观设计必须更为重视人的步行尺度，环境中的装饰细节是必不可少的。舒适优美的街道环境，会诱使更多的人使用步行的方式来享受这一城市公共空间，街道也因此会更具有活力和生气。

装饰细节失去的另一重要原因是，随着时代而发生的建筑工艺、建筑形式的巨变。在手工业时代，建筑构件基本都是由匠人手工制作完成，人工制作的性质决定了它们的尺度

①　［美］凯文·林奇《城市形态》林庆怡等译，北京，华夏出版社，2001年版，第91页。

是与人体相关而宜人的，手工艺的特性使其中的装饰件大多细致精美又结实耐用。而现代建筑业有了巨大的变化，各种材料和构件都是大机器生产的产品，快速的生产和构筑活动也使人们没有足够的时间去构思装饰细节，工业产品与手工制品的细致质感相比，难免趋于冷硬，而且它们的尺度与人体已不存在必然的内在有机联系，很多超大尺寸的材料和构件被运用于建筑或环境之中，它们过于统一的模式化形式也显得缺乏个性及温情，与人的关系必然显得冷漠和遥远。

回首历史，中国的传统装饰有大量内涵丰富的图案，表达着独具民族特色的意义。例如很多传统装饰都注重寓教于饰，既美观又起着教化作用，一些吉祥图案的使用和吉祥意义的蕴涵则是民族乐观性格的表现，寄托了百姓对生活的祝福与追求，图案的内容丰富多彩，几乎是万物皆可入画，动物题材包括仙鹤、喜鹊、蝙蝠、鱼等，植物图案包括松柏、梅兰竹菊、寿桃、莲花、石榴等，以及各种几何形图案，都具有相当的美感，显示了民族和地区的一些风俗，体现着特定的文化审美沉淀，这些兼具美感与内涵的装饰手法值得现代设计师们借鉴。

城市环境中的意义消失了，但在未来还需逐步建立，设计中应该对此予以积极思考。例如在沿街建筑立面、步行道铺地、公共设施等的细节设计上，如能恰当运用富于传统意蕴的装饰图案，将是城市文脉的一种美好沿承。目前北京只有在新中国成立初期建设的少数建筑物上才能看到建筑师对于传统装饰内容积极利用的尝试，而在最近数十年的城市建设中，装饰细节及环境意义的基本缺失，则使现代北京城市街道景观总体显得乏味无趣。

5.3.4　建设制度的遗憾

人类在社会实践中建立的各种社会规范，包括各种社会法规、道德规范以及社会信仰等是一种社会制度文化，制度文化对于城市街道景观的影响，既表现在有关规范对于城市建设活动的制约上，同时也表现在城市管理制度对于城市街道活动的组织上。

在中国封建社会，等级制度渗透到社会生活、家庭生活、衣食住行的各个方面，作为元明清几代重要都城的北京，深受礼学的熏陶，其城市规划及建筑形制也深受相关等级制度的制约和影响，由此导致城市整体街道景观秩序严整，城市街道环境可识别性相对较强。

当代与城市街景有关的制度主要为城市规划管理制度。中国城市规划管理的机构体系是从上至下与行政配套的系统，住房和城乡建设部是国务院城市规划行政管理机构，直接指导各省建设厅城市规划管理处，负责宏观地制定全国城市发展战略及国家城市规划政策、法规，指导和推动城市规划的编制、审批、实施和城市建设的规划管理。作为直辖市的北京设有规划委员会，负责研究制定城市发展方针、政策、地方性法规和城镇体系分布规划，组织和指导城市规划编制、审批、实施管理工作，指导、协调、监督、检查城市建设用地和各项建设，同时也负责城市勘察、测绘、城市规划设计院的资格审查和行业、市场、质量管理，参与所辖区内大中型建设项目的选址、可行性研究和设计任务书的审查等工作。

北京目前在城市土地开发与管理机制方面存在诸多问题，造成城市规划的某些方面失控。例如学者方可在其 2000 年出版的著作《当代北京旧城区更新》中研究指出，当代北京旧城大规模改造，在规划设计与管理方面存在一系列较为严重的问题，包括旧城内的城市总体规划遭"全线突破"、规划报批中有"欺诈"现象、新建筑缺少城市设计、一些项目的市政配套改造长期难以落实、旧城整体环境进一步恶化等;在对于历史文化遗产的保护方面则存在着直接破坏文物行为屡禁不止、以"易地迁建"为名破坏文物的行为日渐增多、老房子与传统四合院遭到大面积拆除等严重问题①。

方可同时指出,城市规划的失控,使目前商业性房地产开发过度"聚焦"于旧城,成为北京古城面临的一个严重问题。"1990 年开始的旧城危旧房改造实际上已经演变为大规模的商业性房地产开发……给旧城保护乃至整个北京的发展带来了灾难性的后果……不仅造成巨大的浪费,而且也导致许多开发项目以成本过高为借口不断地要求突破城市规划控制。1993 年由中央批准的北京城市总体规划目前在旧城内实际上已被'全线突破'。过高过大的新建筑不仅破坏了旧城原有的以故宫—皇城为中心的平缓开阔的城市空间,造成了城市空间特征的沦丧,而且还直接带来了城市中心区交通的日益窘迫和生态环境的不断恶化"②。

另外,方可还进一步分析认为,当代北京城市规划研究与编制方面存在诸多不足,亟待调整。因为不但当前规划缺乏对北京城市发展战略的深入研究,而且"控规"和"保护区规划"编制工作也存在较大问题。这些问题包括:未经法定程序修改总体规划,违背城市规划法要求;盲目强调为经济建设服务,缺少对城市土地开发的宏观调控;技术上缺乏城市设计基础,没有整体美学上的认识和追求;消极对待旧城保护;规划编制工作比较粗糙,许多重要指标缺乏客观依据,各个城区、各个部门之间缺乏协调等。方可最后指出北京亟待调整城市规划,建设适应市场经济的城市土地开发管理新机制。

此外,也有研究者对与北京城市建设相关的财政政策提出质疑,如 2004 年 7 月《北京规划建设》发表文章指出北京市发展计划委员会每年给各区县一定数量用于市政建设的财政拨款,但只给 50m(含 50m)以上宽的主干路补贴,而不给支路,于是各区加速改造主干路,而主干路恰恰对北京旧城破坏最大,因此这一政策无疑鼓励了大规模拆房建路的"政绩工程"③。

总之,政府在过去几十年城市快速扩张的过程中对整个城市的未来发展缺乏明确的思路,对城市的历史和现状缺乏较为深入的调查研究,致使诸多的城市规划问题涌现,造成了一种制度上的遗憾,城市街道景观也因此深受不良影响,形成了"怎一个乱字了得"的现实状况。如今,虽然在 2005 年,《北京市总体规划(2004—2020)》修编完成并获得国务院批准通过,但新规划的合理性尚待时间的检验,而那些城市建设历史已经遗留和积累下的众多环境问题短期之内难以消弭,一些创伤和阴影会长期存在。

此外,高水平的城市管理是城市现代化的必要条件,而城市管理的内容包括"由完善的规划管理、建设管理、道路交通管理、环境卫生管理、市场管理、居住区物业管理、环境综合治理等以及由多渠道管理所统一构成的高效率、高水平的城市综合管理体系"④。可见在城市规划管理体系之外,城市管理的内容还有很多,它们综合成复杂的秩序网络,影响到城市的运行面貌,对城市街景有不容忽视的作用。

---

① 方可:《当代北京旧城更新:调查·研究·探索》,北京,中国建筑工业出版社,2000 年版,第 51-62 页。
② 同上书,第 132 页。
③ 王军:《采访本上的城市》,第 34 页。
④ 张开济:《现代城市、文化古都和精神文明建设》,《北京规划建设》,1996 年第 5 期,第 10 页。

例如，生意盎然的老百姓的世俗生活本是京味文化的底蕴所在，而老北京曾经有许多"平民乐园"式的场所，如天桥、玉渊潭、紫竹院、什刹海等，在这些街道或无人管理收费的天然绿地中，市民们可以自由游戏交流，怡然自得，而反观当下的城市建设，硬件设施大为改善、公园绿化环境变好的同时，内在的功能和品质却似乎存疑，因为"'管理'所到之处，不但意味着处处收费，而且意味着对老百姓无所不在的限制。河道疏浚治理了，便不得游泳，土地变绿地了，便禁止入内……扩而为之，这种管理模式蔓延在城市生活的许多方面"①。因此，北京目前的城市管理在某些方面存在问题，例如一些街道、小区自发形成的菜市、早市等市场既方便了市民生活，也为城市边缘人群提供了必要的生活来源，所以应在进行相应管理的情况下允许它们存在，而非严加禁止。

其实世界很多大城市都有露天交易市场，而且都是城市中人气较旺、深受欢迎的宜人场所。比如法国首都巴黎的各区在不同地段（街道或小广场）和不同时段有许多露天市场，这些菜场、旧货市场等方便和丰富了市民生活，同时是城市独具特色的街景内容。欧洲其他很多城市情况也与此类似。在美国，纽约的曼哈顿、华尔街街区，甚至华盛顿距离白宫不远的政府部门门口的街道上，也都有一些小商小贩的摊位。反观北京，这类市场虽然有潜在的存在要求，却通常得不到城市管理者的认可。如成府路五道口地段由于日夜人流熙攘，白天、夜晚都有许多小商贩存在，人们乐于在此闲逛和购物，但商贩们却常遭到城市管理者的驱逐，可同时又总是"驱之不尽"，同样的情景在北京的其他一些街段也多有发生，从新闻报道中可知在中国的其他城市类似现象很多。

因此，我国的城市管理者应该换换思路，思考如何给予既便利又有趣的城市街头生活以一定的生长土壤，因为作为城市公共空间的最重要部分，城市的很多街道在交通功能之外，必然还有作为生活场所的功能需求。而在历史上，"简朴而便宜、发达而方便的民生系统成为北平生活的又一大特色。走街串巷的售卖零食，提供着一年四季从清晨直到午夜的完备服务"②，这些街头零售内容在予生活以便利的同时，也增添了街道环境的趣味，是城市文化的重要组成部分。

当然，与城市街景相关的城市管理制度还包括多方面内容，如关系到环境硬件质量的路面维护、绿化护理等，由于专业所限此处就不再予以详述了。

---

① 杨东平：《民谣中的城市》，上海，上海人民出版社，2007年版，第59页。
② 杨东平：《城市季风：北京和上海的文化精神》，北京，新星出版社，2006年版，第176页。

第6章　北京城市街道景观未来构想

研究当前现实情况之目的大多是着眼于其未来的发展，在对北京城市街道景观予以逐层剖析之后，其所存的诸多问题已清晰呈现，如何对症下药地寻求可能的解决方法才是更为重要的。此处结合相关城市建设理论以及欧美一些国家的城市景观控制方法，尝试为北京城市街景的未来发展指出一些方向。

6.1　现代城市建设理论再思考

6.1.1　紧缩城市

北京城市街道景观在形态方面所存在的首要问题是空间方面的缺点。由于大量塔式高层建筑的涌现，建筑之间留下很多的空隙，相邻建筑高度也极不均衡，因此目前城市空间整体表现趋向于高楼加空地的柯布西耶式的疏松形式和芦原义信所指出的消极空间模式。那么到底城市空间如何才最合理呢？实践是检验真理的唯一标准，在人们对答案的不断追寻过程中，在城市发展和建设的历史实践中，城市空间理论在近现代经历了由紧缩至疏松再向紧缩发展的否定之否定的过程。

中世纪西欧的城市一般是自发形成的，教堂和教堂广场位于城市的中心位置，是市民集会和开展各种文娱活动的中心场所，道路网常以教堂为中心放射出去，形成蛛网式的放射环状道路系统。而城市建筑物以尺度相近的多层住宅为主，底层常作为店铺和作坊，这些建筑物一般沿着街道密集排列，由于乡土建筑的传统和技术材料的缓慢演变，大量砖木混合结构的民居具有一种形式上的相似性，而教堂、城堡等与之在材质、尺度、体量、装饰等方面则有明确的差异，相互间对比鲜明。总的看来，城市建筑群密度较高，在视觉形式上具有连续感及丰富感。街道空间则以步行为主，空间限定明确、尺度宜人、装饰丰富，城市肌理细密均衡，建筑与城市空间的图底关系可以互换，城市整体环境给人以美好的视觉享受（图6-1）。这种城市形态与明清北京城在致密的城市肌理方面具有某种相似性。

图6-1　传统城市肌理致密
（巴黎传统街区俯瞰）

上述城市形态大致一直维持至工业革命前，但在19世纪末工业革命开始之后，随着工业城市膨胀和生活条件恶化以及汽车的发明及大量使用等问题的综合出现，上述的城市形式似乎不再适合人们新的生活方式，从而遭到了普遍质疑，一些专家相继提出自己关于理想城市模式的新理论，其中低密度分散化的城市规划理论一度成为主流声音。最早是英国学者霍华德于 1898 年提出了一种低密度分散化的"田园城市"模式，是由若干田园城市围绕一中心城市，以铁路和道路连接构成一个城市组群，呈现为绿色田野背景下多中心、复杂的城镇集聚区。在他所设想的田园城市中，每公顷建 45 套住宅，以每套住宅 4 口人计算，一公顷居住人口为 180 人，建筑和居住密度都很低。霍华德思想对于英国城市建设影响巨大，至二战结束时，"霍华德的思想已经被英国城镇规划协会坚持了大约 50 个年头"[①]。而且，在 20 世纪很长的一段历史中，这一思想还被许多人积极倡导，如刘易斯·芒福德和奥斯本等专家都继承了霍华德的思想火炬，主张实现适中的分散化城市规划[②]。

而美国建筑大师弗兰克·劳埃德·赖特（Frank Lloyd Wright）则代表着一种更为极端的分散论观点，赖特厌恶工业化城市，希望消解城市，通过乡村化的生活与工作将个人解脱出来，最终使整个美国都变成一个个人化的国度。1932 年在《消失的城市》中，他构想了一个"广亩城市"的理想，"广亩城市"在以英亩为模数单位的面积上发展，1400 户人家为上限，城区道路为一平方英里的网格式布置，以穿越城区的架空干道与外界联系，其宽度可容纳十辆小汽车和两辆卡车。中心区基本上是由 1~3 英亩的独院组成，建筑由住户自己建造，形式多样。赖特的"广亩城市"理想把城市的分散从小社区推演到了每一个家庭，即把城市分化到农村之中，从他的口号"每一个美国的男人、女人和孩子们有权利拥有一英亩土地，让他们在这块土地上生活、居住。并且每个人至少有自己的汽车"[③]中可以清楚看出这一点。"广亩城市"忽视了城市发展的经济规律，更忽视了人的社会性要求。虽然它基本是一种乌托邦的空想，比田园城市更加远离实际，对实际的影响也不大，但作为一种抽象的城市规划理念，它对现代城市规划却不失促进作用，今天美国的居住形式从一定程度上体现了赖特这个美国式的梦想。

勒·柯布西耶（Le Corbusier）则是另一位对现代城市空间发展影响巨大的分散论者[④]，在 1920~1960 年，他的现代主义方式一直主导着现代建筑的发展。关于城市空间形态发展问题，他于 1930 年左右提出了阳光城市的理论，设想未来的城市应该是设计在公园中，也就是在宽阔、开敞的广场或绿地的几何中心随意放置高层单体建筑，这样人们就可以摆脱老城市原有密集街坊的格局和步行空间，拥有阳光、自由流动的空气和无边际的开敞空间。从 1925 年柯布西耶的巴黎改建方案可以看出，他对城市改建方案的设想是一种"一切从零开始"，完全忽视城区与环境特征的做法。柯布西耶的巴黎改建方案虽然未能实现，但他的阳光城市理论不但在印度昌迪加尔实现了，而且还是影响欧洲其他许多城市的二战后重建工作，继而影响到了全球很多城市在 20 世纪的城市化建设活动，所以对全球城市面貌的形成有深刻影响。

---

① ［英］迈克·詹克斯，伊丽莎白·伯顿·凯蒂·威廉姆斯编：《紧缩城市——一种可持续发展的城市形态》，周玉鹏等译，北京，中国建筑工业出版社，2001 年版，第 303 页。

② 同上书，第 17 页。

③ 项秉仁：《赖特》，北京，中国建筑工业出版社，1992 年版，第 20 页。

④ 也有学者将勒·柯布西耶归入集中派，如迈尼尔·布雷赫尼在《集中派、分散派和折中派，对未来城市形态的不同观点》中，（《紧缩城市》第18-19 页），但笔者赞成简·雅各布斯的观点，认为从勒·柯布西耶的阳光城市的使用效果来分析，他应该属于分散派。

　　总的说来，分散化是 20 世纪城市规划界的主流声音，在二战后近 50 年的城市发展过程中它成为势不可挡的趋势，特点主要表现为对城市旧环境"摧枯拉朽"式的抨击或者希望对城市彻底清洗，其核心观点为低密度城市发展模式。在这些规划观念影响和指导下所产生的城市街道空间，建筑呈现为低密度、不连续的形式，空间限定较差，建筑物以"图"的形式凸显于空间之中，建筑与空间的图底关系极不均衡、无法互换（图6-2）。在使用上，这样的街道空间是为汽车设计的，对于行人而言非常不便利，在景观视觉上则由于空间不连续而呈现为一种散漫形式。

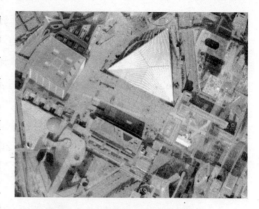

图6-2　现代城市肌理疏松
（巴黎拉德芳斯新城俯瞰）

　　但从 20 世纪下半叶开始，另一种迥然不同的声音出现并逐渐加强，那就是主张进行局部"城市手术"改善城市环境、保留城市高密度的集中派。早在 20 世纪 50 年代伊恩·奈恩就撰文批评"城乡一体化"政策所造成的低密度化分散城市形态，1971 年德·沃夫勒的《城市化》一书又提出了对高密度的城市形态的构想，驳斥和修正了"城乡一体化"及分散论规划理念。集中派的主要代言人是简·雅各布斯，在其 20 世纪 60 年代的名著《美国大城市的死与生》中，她高度赞扬了纽约城所散发出来的生命力与丰富性，并主张提高城市密度，因为她深信正是密度造就了城市的多样性，而多样性创造了多姿多彩的城市生活。1986 年罗杰·特兰西克出版《寻找失落空间——城市设计的理论》一书，以"城市主义"的概念为中心，关注公共环境的空间联系，并抨击了 20 世纪建筑理论中的功能主义对现代城市空间导致的负面影响，提出连接和整合是修正城市失落空间的有效方法。

　　虽然分散抑或集中各有其拥趸，当代对于城市形态的争论至目前也并无定论，但从 20 世纪 80 年代开始，一种新的城市空间形态概念——"紧缩城市"被提出并逐渐引人瞩目，"人们逐渐认识到城市规划及由此形成的城市形态将是促进可持续发展的关键所在。一时之间，城市紧缩成为了主宰我们今天生活的主要秩序"①。紧缩城市的构想在很大程度上受到了许多欧洲名城的高密集度发展模式的启发，这些城市不仅对于建筑师、规划人员及设计师有巨大的吸引力，而且也是旅游者们趋之若鹜的地方。紧缩城市的核心观念就是以较高的城市密度致使公共设施集中设置，从而有效遏制城市扩张，减少交通距离、缩减排放量并促进城市的发展，因此紧缩城市的概念与集中论相近。20 世纪 90 年代，紧缩城市的理论得到了欧共体的积极提倡。

　　到目前为止，尽管紧缩城市的概念是复杂的，有关这一命题的争论还在继续之中，关于它的政策也尚停留在理论构想阶段，但紧缩城市的理论已经得到许多国家政府（尤其是欧洲国家）和专家们的认同和提倡，在未来的发展方向显得更为明朗。

---

① ［英］迈克·詹克斯等编著：《紧缩城市：一种可持续发展的城市形态》，北京，中国建筑工业出版社，2004 年版，第 22 页。

紧缩城市的概念是对城市高密度发展模式的一种肯定，是现代城市空间规划理论基于城市可持续发展思考之上的、一种否定之否定的螺旋式上升，这一理论对于土地资源紧缺的我国城市建设工作具有现实指导意义，尤其是北京这样的城市，其空间形态在未来应该由疏松向紧缩发展。中国城市规划设计研究院总规划师杨保军也曾指出，由于中国人地关系的高度紧张[①]，所以城市应该以紧凑的布局发展，因为我国的资源条件决定了我国城市的发展模式不可能像美国那样扩张，而目前，各个城市中宽大的马路、巨大的建筑空隙和滚滚的车流消解了城市的密度，北京也正是如此[②]，如果以同样的视角海拔高度俯瞰城市，可发现北京的新旧城市肌理差别非常巨大，在尺度上无法融合（图 6-3、图 6-4，视角海拔高度为 400m）。从紧缩城市的概念出发，合理的城市街道空间应该是具有欧洲名城的优点，即沿街建筑物连续、均衡，街道空间限定明确，建筑与城市空间图底关系清晰，城市肌理细致。

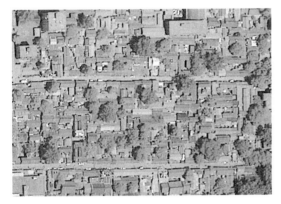

图 6-3　北京传统城市肌理致密

（东城区俯瞰）

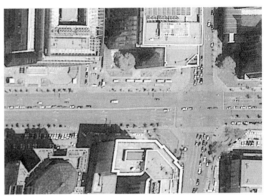

图 6-4　北京现代城市肌理疏松

（金融街俯瞰）

6.1.2　新城市主义

自从简·雅各布斯推出《美国大城市的死与生》之后，人们开始对过度迎合小汽车交通的城市规划进行反省，并在美国学术界渐成思潮。1990 年代，这样的反思达到一个高潮，催生了"向老都市学习"的"新城市主义（New Urbanism）"运动。"新城市主义"是有关学者针对北美地区城市向郊区的无序蔓延所产生的问题，提出的一种新的城市规划和设计思想，主张借鉴二战前美国小城镇和欧洲城镇规划优秀传统，塑造具有城镇生活氛围的、紧凑的社区，取代向郊区蔓延的发展模式。2002 年，美国规划协会通过《明智增长的政策指南》（Policy Guide on Smart Growth），将紧凑、鼓励步行、混合使用等作为城市规划的原则。可以看出，美国的新城市主义之风与欧洲的紧缩城市概念是相吻合的。

新城市主义者认为，那些欧洲老城及传统小镇具有古朴雅致风貌、人性化尺度、多样性环境及社区氛围，在它们的街道与广场上，丰富亲切的市民生活与文化细节为人们提供

---

① 资料显示，我国适宜城镇发展的国土面积仅为 22%，其中的耕地面积又占全国耕地总面积的 60%。

② 王军：《采访本上的城市》，第 16、35 页。

了舒适便利的生活环境，令人赏心悦目、流连忘返。与之成鲜明对比的是，以钢筋水泥及玻璃幕墙构成的高耸林立的现代主义城市景象则使人感到紧张压抑，而松散单调的现代城郊又生活不便、空洞乏味。新城市主义者指出，虽然城市的面貌与功能随着时代变换发生着变化，但城市作为人类聚落的基本属性依然未变，人类对于城镇生活环境的基本要求也无太多改变，充满人情与乡情的、能维系支持社会生活的传统邻里社区模式依然是更适宜于人类的居住范式。因此，沿袭或回归传统是基于理性的一种选择，是比盲目求新更为明智之举。新城市主义运动发表了《新城市主义宪章》，提倡城市"精明增长"，从"小汽车城市"向"公共交通城市"发展。它所提出的主要观点包括在城镇层面的街坊、功能区、廊道设计中，应该注意以下原则①：

1. 紧凑性原则：足够的人口密度是生成有活力的社区的基本前提，因而要有足够的容积率和紧凑度，这样也可以提高土地与基础设施的利用率。

2. 适宜步行的原则：步行对营造城市社会非常关键，为了支持步行与公共交通出行，减少私人小汽车出行，应该将各种公共活动空间和公共设施布局于公交站点的步行距离之内，而公交站点与住宅区中心点之间的距离也应该在步行范围之内；通过适宜步行的空间设计，减少对小汽车的依赖，有助于消解小汽车造成的种种负面效应。

3. 功能复合（多样性）原则：要在邻里街坊内或以公交站点为中心步行距离为半径的范围内，布置商店、服务业、绿地、中小学、活动中心以及尽可能多的就业岗位，以便支持步行和公交主导的生活方式；同时也以这种多样性增强街坊社区的活力与魅力，从而吸引人们外出步行，介入社会生活。

另外，新城市主义反对"树枝状"的道路系统，推崇传统市镇沿革已久的"网格状"的道路系统，因为前者结构运输效率低下并且会造成主干道上交通压力过大而导致交通堵塞，而后者则一方面便于紧凑化布局，另一方面可以提供灵活多变的出行线路选择，疏解干道上的交通压力，从而减少堵塞而提高运输效率。新城市主义也不赞成将高速路及大型立交桥引入市区，因为这些交通元素对于城市的形态、结构、功能具有强烈的切割、阻隔、肢解效应。高速路与立交桥在市区内的纵横交错，将极大地损害城市环境的适宜性，破坏城市生活与公共活动氛围，而最终导致城市的"荒凉化"，正确的做法是将这些交通元素布置在城市边缘，与城市处于"相切"的位置关系。

具体在城区层面，关于街区、街道、建筑物的设计，新城市主义所提出的主要原则包括②：

1. 街区的尺度控制在 600 英尺（183m）长，周长 1800 英尺（549m）范围以内。

2. 街道不宜过宽，以便于步行者穿越，例如干道宽度大约 34 英尺（10m），标准街道宽约 24 英尺（7m）等。

3. 道路两旁及道路中央设立绿化带，美化街道的同时又收缩了道路视觉尺度，减少行人穿越街道时的心理压力。

4. 人行道至少 4~5 英尺宽（1~2m）。

5. 建筑物风格应与周边建筑意境相协调，尊重当地的文化与历史传统。

---

① 王慧：《新城市主义的理念与实践、理想与现实》，《国外城市规划》，2002 年第 3 期，第 35-38 页。

② 王慧：《新城市主义的理念与实践、理想与现实》。

6. 强化突出公共建筑物的景观价值与视觉地位，以公共建筑作为地标式建筑。

另外，"TOD" 规划理念（Transit Oriented Development）是对"新城市主义"思潮的具体体现。一个成功的"TOD"的构成要素——公交站点、车站等应该是它所服务的社区中易于识别的中心，到达公交站点的交通路径清晰、直接、方便舒适。人行道连续不断，整体环境具有活泼、宜人的尺度，是能够吸引人们步行的环境。也有人将新城市主义的原则进一步表述为"3D"原则，即：Density，Diversity，Design（密度、多样性、合理的设计）。

新城市主义原则对于北京城市建设具有相当的启发性和针对性，因为参照其基本原则，无论是城镇层面的紧凑性、适宜步行、多样功能复合性这些基本内容，还是城区层面的街区街道尺度及建筑视觉要求等，都可以清晰地认识到北京城市建设及相应的街道景观的问题，正在于城市形态不够紧凑、空间不适宜步行、功能单一、街区尺度过大、街道过宽、建筑物风格与周边建筑意境不相协调，以及未尊重地域文化与历史传统、公共建筑物的景观价值与视觉地位不够突出等。

6.1.3　城市规划与城市设计

贝聿铭先生曾指出，北京的发展很快，总是在不断变化，但是北京城市建设中只有城市规划，没有城市设计，这样建筑就很难取得好的整体效果，因此未来必须注重城市设计[①]。他的意见正切中要害，北京城市街道景观目前存在的种种问题，其重要症结之一正是城市设计相关法则的缺乏。

城市规划与城市设计两个概念在理论上既有联系又相互区别。城市规划是建筑学学科中一个相对年轻的发展中专业，其学科的形成是在工业革命之后，大工业的建立使农业人口大量涌入城市，城市在缺乏统一规划的情况下规模急速扩大、居住环境日益恶化，这样的形式迫使人们开始从各方面研究对策，现代城市规划学科由此开始形成，城市规划理论、城市规划实践、城市建设立法成为构成现代城市规划学科的三个部分。

"'城市规划'在英国被称为'Town Planning'；在美国被称为'City Planning'；在法语和德语中分别被称为'Urbanisme'和'Stadtplanung'；日语中用'都市计画'来表示，与我国在 1949 年之前及我国台湾地区的用法相同"[②]。关于城市规划的具体概念解释，在英国《大不列颠百科全书》中指出"城市规划与改建的目的，不仅仅在于安排好城市形体——城市中的建筑、街道、公园、公用事业及其他的各种要求，而且，更重要的在于实现社会与经济目标。城市规划的实现要靠政府的运筹，并需运用调查、分析、预测和设计等专门技术"；美国国家资源委员会则将其定义为："城市规划是一种科学、一种艺术、一种政策活动，它设计并指导空间的和谐发展，以适应社会与经济的需要"；而在日本专业权威教科书中的定义是"城市规划即以城市为单位的地区作为对象，按照将来的目标，为使经济、社会生活得以安全、舒适、高效开展，而采用独特的理论从平面上、立体上调整满足各种空间要求，预测确定土地利用与设施布局和规模，

---

① 王军：《采访本上的城市》，第 181 页。
② 谭纵波：《城市规划》，北京，清华大学出版社，2005 年版，第 88 页。

并将其付诸实施的技术"①。

在我国，20 世纪 80 年代前，城市规划的定义基本沿用前苏联的"整个国民经济计划工作的继续和具体化，并且是国民经济中一个不可分割的组成部分。它是根据发展国民经济的年度计划、五年计划和远景计划来进行的"；改革开放后，定义修正为："城市规划是对一定时期内城市的经济和社会发展、土地利用、空间布局以及各项建设的综合布局、具体安排和实施管理"②。

由此可见，城市规划是关于城市建设的一个较为宏观的专业，它所关注的更多属于总体性的宏观战略设计问题，侧重于研究、预测城市的社会、经济发展，并确保其发展所必要的空间，综合处理城市中各个组成部分之间、各个系统之间的关系，虽然也有涉及实物的具体详细规划，但从城市规划设计的具体运作方式来看，规划设计部门所扮演的主要是政府的政策性宏观调控的角色，很难直接影响到对建筑、街道、广场、绿化、雕塑等具体要素的造型设计协调上。虽然城市规划也会考虑到对于建筑高度的控制问题，但总的看来它主要是倾向于思考用地范围内潜在的开发可能，继而在地形图上对土地用途进行二维的控制，因此城市规划对于城市空间形态以及城市景观的控制能力是较为有限的。

而城市设计作为一个相对独立的学科范畴，在专业上介于城市规划与建筑设计之间，更侧重于对城市物质空间形态的理想状态的研究和探求。"城市设计的目的是将建筑物、建筑与街道、街道与公园等城市构成要素作为相互关联的整体来看待、处理，以创造美观、舒适的城市空间"③。格兰德·克兰纳也说"城市设计是研究城市组织结构中，各主要要素相互关系的那一级设计"④。

城市设计的实施工具，是各种公共干预政策（如分区、分区指示、导则等）以及各种公共经费的安排。而城市设计的产品，按照哈米德·雪瓦尼（Hamid Shirvani）的说法，包括：政策、城市设计方案、设计导则和计划。城市规划和城市设计之间的区别是，前者是处理该不该（Whether）建的问题，而后者解决的是怎么（How）建的问题。在其著作《都市设计程序》中，雪瓦尼关注城市空间最基本的构成要素的特征及其作用，以及具体的城市空间分析与设计，并总结了 8 种主要构成要素的特征、相互关系及其组织方法，这些要素分别为土地使用、建筑形式与体量、交通与停车、开放空间、人行步道、支持活动、标志、保护与维修⑤。雪瓦尼的分析体现出基于城市设计概念的空间设计观，即一个良好的城市设计主要取决于城市各个局部地段物质元素的空间组织与处理。

从雪瓦尼的分析可知，城市设计以物质空间形态为主要对象，其内容应该包括中观城市空间与微观城市环境的安排，也就是说城市设计可分为不同层面，它既应该对由建筑实体与空间虚体关系组成的城市空间形体进行处理和安排，也应该对空间的界面形式，以及空间中的各微观环境要素如地面铺装、植物种植、环境设施等加以选择与布局。

---

① 谭纵波：《城市规划》，第 88-89 页。
② 同上书，第 89 页。
③ 同上书，第 371 页。
④ 黄亚平编著：《城市空间理论与空间分析》，南京，东南大学出版社，2002 年版，第 28 页。
⑤ 同上书，第 28 页。

因此，如果从专业尺度而言，城市规划与城市设计二者表现出不同的形态维度，城市规划者偏重于以土地区域为媒介的二维平面规划，需要确立的是以"km"为单位的尺度概念，比如在我国，粗线条的作为框架规划的城市总体规划图纸比例大多为1/5000～1/25000，即使是承担描绘城市局部地区具体开发建设蓝图职责的修建性详细规划，其图纸比例一般也都在1/500～1/2000，而连接总体规划与修建性详细规划的控制性详细规划，其图纸比例则一般为1/1000～1/2000①。而城市设计者要在三维的城市空间坐标中化解各种矛盾，并建立新的立体形态系统，他们需要确立的应该是以"m"甚至"cm"为单位的尺度概念，相关的图纸比例在城市空间和建筑层面应该以1/500～1/100为主，在微观环境要素层面则可能至1/50甚至更大的比例，由此可见城市规划和城市设计之间的差异性是巨大的，对于城市街道景观而言，后者的影响作用更为具体、显性和重要。

在我国，城市规划专业在建筑院校中成立相对较早，一些城市的规划修编工作相对显得完善，例如北京在新中国成立后有多次城市规划修编工作并得到相应的实施，而与之相比较，城市设计专业在我国起步很晚，且至今也未得到基本认知，设置该专业院校也寥寥无几，可供实施的相关法则更是基本没有。如果说在微观环境层面，还有环境艺术设计这样的专业作为弥补的话，那么在中观的城市空间和建筑层面，则基本呈现为空白状态。因此，正是由于这种历史背景，导致了城市空间设计之"组织者与指导者"的缺乏，就像一个没有指挥的交响乐队不可能演奏出和谐、悦耳的乐曲那样，缺乏了城市设计准则指导的城市街道即使堆积了大量的优秀建筑也不能形成优美的街道景观，北京城市街道景观的情况即是如此。

作为新中国成立初期著名的规划专家，陈占祥先生在其晚年接受采访时也曾对我国的城市规划定义提出如下说明："1950年代初，苏联专家穆欣一听说都市计划委员会这个名称，就表示反对，说这不是计划，而应是城市设计，他认为城市设计是计划的一部分……他的本意是计划与城市设计不能分家，他多次讲了这个问题，但翻译翻不出来，就用规划这个词来代替城市设计。所以，都市计划委员会后来改名为都市规划委员会。这很滑稽，穆欣的本意是城市设计，而我们却只认为是规划，只不过把计划这个词改成了规划而已"②。这种历史的误解一直影响至今，北京的城市建设亟待清晰了解城市设计的概念及其重要性，并尽快建立相关准则和法规。目前在中国已经有极个别城市开始了这方面的工作，如《深圳罗湖区分区规划（1998—2010）》中，就已列出了专门的《城市设计导引》章节，指出必须运用城市设计的法则对城市景观加以控制，相关的内容包括对城市空间高度、方向指认系统及视觉焦点、空间界面类型及尺度、建筑界面连续状态、空间界面形式，开放空间等的多方面思考和控制，这些内容的提出是恰当的③。

6.1.4 欧美街道景观控制方法借鉴

从城市景观的意识出发，就不应该仅从二维的角度将城市视作各类土地利用的集合

---

① 参见谭纵波：《城市规划》，北京，清华大学出版社，2005年版，第437、454、461页。
② 梁思成、陈占祥等：《梁陈方案与北京》，第82页。
③ 《城市设计导引》，《深圳罗湖区分区规划（1998-2010）》第六章 [EB/OL]，[2012-05-12]，http://www.szpl.gov.cn/main/csgh/fwgh/lhfjgh/6.htm。

体，而应该将城市视为以三维建造的可视物质空间。三维的城市设计与城市规划不仅在手法上大相径庭，而且在如何看待城市这一对象上也必然有所不同，比如，天安门城楼这样的纪念性建筑物在二维的地图上仅仅是一个点，而在三维的城市中，则是赋予城市景观以生命的点睛之笔，是一种其他任何东西无法替代的象征。

城市中的建筑物是立体建造形成的，建筑群形成街区，继而形成城市的天际线，因此对于街道景观的控制，必须将所有这些视为一个整体，在考虑新旧建筑物之间的关系以及考虑街景、天际线等整体或特定的城市意象的基础上，对单体建筑形态实施较为具体的三维控制。在欧美各国，为了将街道物质性环境景观维护在一定的水准，很早就有了对沿街建筑线及街道斜线的限制的城市设计控制法则[①]。

例如，在巴黎，1784 年就出台了相关规定，对于建筑外轮廓的墙面线位置、高度及屋顶超出檐口线部分的斜坡作出限制，因此，巴黎临街建筑的立面位置及比例是预先设想好的，其意图不仅是为了保护街道空间，更是为了形成良好的城市景观。

而德国城市从第二次世界大战前至今，均根据各种建筑条例详细规定其建筑物的形态。例如，斯图加特的建筑等级制度，即根据建筑物的层数、楼高，乃至建筑面积比、建筑物间距、建筑样式等细致的项目将建筑物分为 10 个等级加以控制，而且这些就是地区规划设计的准则，它体现出一种不仅力求保护街道空间，更要求对城市空间实施整体控制的强烈意图。

在维也纳，相关的控制管理被称为建筑级别制（Bauklassen），有六类建筑高度控制，这种控制方法确保任何建筑都不会在周边建筑群中显得突兀，促使街巷维持恰到好处的明确尺度感。

当然，类似的控制管理不仅限于街道空间，很多还延伸至广场、开放空间等公共场所的环境、景观保护，在对建筑实施管理之外，还有不少涉及户外广告及构筑物的控制管理条例。

另外，城市内历史建筑等地标的存在，是赋予城市景观以个性的关键之一，因此如何认识并保护这些地标建筑，是十分重要的课题，从 1960 年代开始，欧美各国的城市景观制度都开始注重对于城市重要纪念物及历史地区的规划控制，并形成可全面实施的详细设计管理体制，包括设计导则、设计审查步骤的确定。在为使周围环境与点状纪念物保持协调而进行控制管理的方法中，法国周边环境控制区是以纪念物周围半径 500m 范围为对象实施控制管理，非常著名。加拿大魁北克省相关法令则指定历史建筑周边半径 500 英尺范围实施形态控制管理。

最后，城市景观控制方法中的眺望景观的保护一项也与城市街景相关，眺望景观的保护包括对城市内外地标景观的保护和由地标向外眺望景观的保护，各国城市都通过战略性选择，力求保护代表城市特色的眺望景观来保持各自的城市特征。比如，巴黎将纪念物景观分为三类，以不遮挡眺望视线为前提，根据不同类别将其前后区域内的最高高度加以分等级限制，并限定墙面位置线。截至 1999 年，巴黎市内已划定 45 处景观保护点的纺锤形控制区。从伦敦的眺望点观赏的景观，被直接称为战略性景观而加以保护的已有 10 处。

---

① 本节内容参考［日］西村幸夫，历史街区研究会编著：《城市风景规划：欧美景观控制方法与实务》，张松，蔡敦达译，上海科学技术出版社，2005 年版。

明清北京城也曾经具有良好的眺望景观，伟岸的城墙、雄伟的城楼是人们在城市的很多地点都可以抬头望见的景观坐标点，在银锭桥上可以眺望见西山，在故宫景山上看到城市点缀着大量绿色的四合院建筑群。可惜的是，由于历史的发展，也由于缺乏相关保护意识，这些眺望景观大多在历史中逐渐消逝。

欧美各国、各城市的景观控制方法虽然存在差异，但其实质性的内容中最值得借鉴的，首先是对于沿街建筑物高度和尺度的严格控制，比如法国巴黎早在 1667 年就制定了对于建筑高度的规定，将最大建筑高度限制在 15.6m，后经历史的曲折发展，限高值虽有所变化，限高的基调却从未动摇，1977 年所最后修订的市中心最大限高 25m、城市环线地区最大限高 31m 基本被良好地执行至今。另外新建建筑物必须考虑与周边环境的协调，尤其是在历史保护区，新建筑一般应该以紧邻两侧建筑而建，高度依周边建筑高度而定，以构成街道两侧建筑物连续性传统景观（图 6-5）。旧金山市还新设定了高度及体量条例，以全市域为对象限制建筑高度和体量。

其次，对于建筑立面的形式也同样予以建议性控制，如旧金山中心商业区城市设计中的外立面限制，邻近建筑必须考虑建筑尺度的差异，以及垂直元素与水平元素的平衡，檐口、基座线的良好关系等（图 6-6）。又如，伦敦肯辛顿特区所制定的保护区内商店店面的设计导则，对于建筑立面的各个细节都作出引导性规定，在引导开发行为方面起到了良好的效果（图 6-7）。

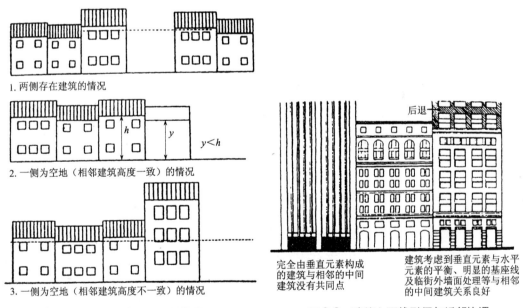

图 6-5　建筑高度须与近邻协调
（法国历史保护区建筑高度确定的方法）

图 6-6　建筑立面线形须与近邻协调
（美国旧金山中心商业区规划外立面限制）

一些户外广告的申请审查制度也值得借鉴，比如慕尼黑的相关条例要求申请人提供详尽的单体及环境、总体布局等效果图纸（比例 1:10~1:100），强调户外广告必须与邻近建筑协调，不损害地区及街道的景观，并设立了中立的专业委员会协助规划部门的审议工作。美国波士顿市有在非居住区内户外广告的面积根据店铺开间和道路路幅共同决定等具体规定（图 6-8）。

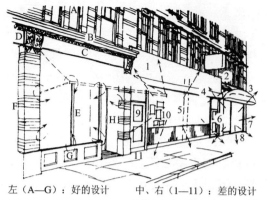

左（A—G）：好的设计　　中、右（1—11）：差的设计

图6-7　英国伦敦—保护区内商店门面的设计导则

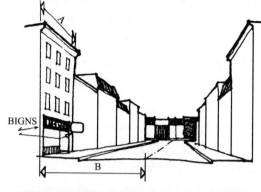

图6-8　美国波士顿非居住区户外广告的面积规定

最后，对于历史建筑物的面状保护也很值得学习，历史建筑物的生存环境对于其存在具有毋庸置疑的重要意义，以历史建筑物为半径而进行的面状保护方法，可以保证城市文脉的延续感。我国虽然也有一些相关条例，但主要还是侧重于历史建筑单体本身的保护，对其周围环境的保护远不够重视，希望未来这一状况能有所改变。

6.2　北京城市街道景观未来构想

6.2.1　向小尺度发展的可能

受现代建筑理论中柯布西耶"光辉城市"理论的影响，以"大"为特征的思想观念已经渗透到世界各地的许多办公楼和住宅开发项目中，城市土地越来越多地被操控在大开发商或相关公共机构手中，构成城市的物质元素在尺度上持续增长。这一点，在很多发展中国家尤其明显。在中国近30年来各个城市快速扩张的建设过程中，这种"大尺度"的发展特征也非常显著，而北京是最典型的例子。中国城市规划设计研究院总规划师杨保军曾指出，我国很多人欣赏等级式、英雄主义的道路，而摒弃平易的、均等化的路网，以追求激动人心的景观效果，城市道路的宽度因此常常只为了气派而宽达100m，完全不符合城市的实际需要[1]。

北京城市建设的大尺度主要体现在"宽马路"和高楼以及大广场上。在路网规划方面，由于某些原因北京市长期以来实行"宽而稀"的双向交通模式，而西方发达国家的很多城市道路则是"窄而密"，这些城市常借助路网优势，发展单向交通。针对北京的宽马路现象，"建筑罗马奖"获得者克劳弗教授在访问北京之后，曾作出"北京是个大郊区"这样的评价，他认为北京的城市建设致力于追求道路的宽度，那些宽马路与两边的建筑不发生关系，只是快速通过，导致城市倾向于一种典型的郊区模式，而且北京城市路网巨大的尺度也是一种郊区模式，整体城市感觉较弱[2]。英国著名建筑师哈迪德和泰瑞·法瑞也同样都认为北京是大街区和高楼的发展模式，宽阔的马路隔绝了城市之间的联系，这一模

---

[1]　王军：《采访本上的城市》，第18页。
[2]　同上书，第24页。

式对于城市生活非常不便利，是不宜人及不合理的。因此，未来北京的街道应该向加密路网和缩小宽度的方向发展，小尺度街道空间和细密的路网不但能便利城市生活，而且有利于城市肌理的文脉延续感，因为明清北京城市路网较为细密。

虽然美国一些城市在 20 世纪五六十年代也建了许多大马路，甚至出现了靠大马路和小汽车维持的超大街坊型城市，但今天他们已经认识到，这样的城市是非人性的，建大马路是不明智的，因此随着时间的发展，一些针对大马路的城市更新和修补工作逐渐展开。比如，美国波士顿市 1991 ~ 2006 年展开了一个"中央干道、隧道计划"的大开挖工程，该工程在波士顿滨海地区约 13 公里长的范围内，将一条修竣于 1959 年的高架中央干道悉数拆除，把交通引入地下隧道，修复地面城市肌理，因为这条 6 车道的高架路不但不能满足交通的需要，还把城市撕成了两半。该计划的领导者、原美国麻省高速路管理局主席兼首席执行官马修·阿莫约罗（Matthew J. Amorello）在回答记者对于北京环路的提问时，毫不犹豫地认为在未来它们极有可能被拆除。

解决街道尺度过大问题的另一个方法是缩窄机动车道，拓宽人行道。比如巴黎城市改造项目的"塞纳河计划"旨在进一步保护法国首都的生态环境，提高巴黎人的生活质量，该计划首先将位于塞纳河右岸的香榭丽舍大街的汽车道由原来的宽 40m 缩为 26m，同时扩大步行区，人行道由原来的 12m 拓宽为 24m，给行人以宽敞舒适的环境。改造后的街道内容更加丰富，景观形态美好。

又如，美国圣塔莫尼卡市于 1989 ~ 1990 年整理城市旧环境，成功建成了第三步行大街，使一条原来尺度过大、荒凉乏人的 24m 宽的街道成为吸引人的城市活力空间。该设计也是首先从所有空间纬度上考虑了尺度的问题，先通过划分三条分带使街道的宽度达到最小，从每侧建筑立面线向外约 3.6m 为户外餐饮区域，以一排高大的棕榈树为界，然后是约 4.2m 宽的步行空间，沿路排列着花池、灯光照明设施及落叶角豆树，最后位于中心位置的是被缩窄到 6m 的路基。在空间的垂直方向上，由树木、花台、街灯、悬挂的旗帜和建筑共同限定空间尺度；在水平方向上，尺度由街道当中的安全岛（包括商店、报摊及位于电车上的咖啡馆等）到别致的岗楼、动物造型、植物和水景来限定。而人行道上点缀的饮水器、公共电话设施、自行车停车架、成组盆花以及长椅等，也都有利于空间的划分并得到了很好的利用。这些设计改变了这个原来尺度过大而又单调的空间，使它变得空间丰富、尺度宜人，为市民们普遍喜爱①（图6-9、图6-10）。

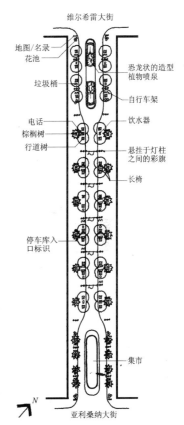

图 6-9　美国圣塔莫尼卡市
步行街改造平面

① ［美］克莱尔·库珀·马库斯，卡罗琳·弗朗西斯编著：《人性场所：城市开放空间设计导则》，俞孔坚等译，北京，中国建筑工业出版社，2001 年版，第65-68 页。

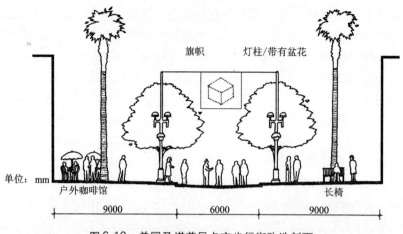

旗帜　　灯柱/带有盆花

单位：mm

户外咖啡馆　　　　　　　　　　　　　　　　　　长椅

9000　　　　　　6000　　　　　　9000

图6-10　美国圣塔莫尼卡市步行街改造剖面

北京的街道在未来也应该向小尺度发展，这不但是由于过于宽阔的街道会产生前文分析过的一些城市问题，而且也因为随着城市公共交通的持续改善，公共交通会成为民众出行的经常性方式，从而街道车流量与人流量的比例会发生一定的变化。

面对世界能源危机和城市中众多不断实施和改善的公共交通服务，民众会自然地对于个人的出行方式做出改变。欧美发达国家的大城市发展经验表明，解决大城市公共交通效率低的最优方案是充分发挥地铁的作用，比如巴黎地铁每天客运量超过600万人次，占出行率比重达62.4%，纽约地铁出行率为59.2%，莫斯科为44%。目前北京政府已经充分认识到这一原则，并致力于对公共交通设施的大力投入，城市的地铁网络正在快速建设中，一旦密布城市的地铁网络全部建成，地铁这种方便快捷的交通方式就会使人们的机动车出行率大大降低、步行出行率相应则大大提高。

对于北京城市客运的前景，相关专业人士认为："2015年，北京轨道交通日客运量将从现在的252.9万人次增加到800万人次以上，轨道交通出行占公共交通出行量比例将提高到50%，占市民总出行比例的23%"[1]。这还仅仅只是对于2015年城市地铁网络初步建成时的预计，而如果综合考虑城市其他公交手段，以及地铁网络在城市长远发展方向上会进一步建设等因素，那么可预见的是，未来北京街道上车流量的必然减少和步行人流量的必然激增，而到了那个时候，过于宽阔的、以车行道为主的街道就会显得更为不人性、不合理，城市很多街道将自然出现向小尺度发展的诉求和可能。

北京的街道向小尺度发展的方法应该是多样的。首先，有些过宽的街道可以整条地缩窄。建筑师张永和在2004年曾做了一个方案，要在北京的大马路中间盖房子，他认为这样改造之后路就变成了街，人就可以逛了[2]。按照北京现在一些街道的巨大尺度，他的这一构想确有实施可能。但目前更为现实的方案则是通过拓宽步行区、统一种植行道树、丰富环境设施等手段来缩小街道空间的尺度。鉴于北京很多街道步行空间狭窄的实情，这一方案的实施很具有积极意义。值得高兴的是，目前北京有少数街道已经开始了拓宽步行道的工作，希望未来类似项目可开展得更多。

① 童曙泉、孙文剑：《地铁客运量，如今三天超最初全年》，《北京日报》，2007年12月19日。
② 王军：《采访本上的城市》，第12页。

北京城市形态的大尺度其次体现在建筑物上，近年来城市建筑物的高度越来越高、体量越来越大，高层建筑在城市中的数量越来越多。由于新旧建筑在体量上对比强烈，高层建筑之间又必然留下巨大空隙，因此导致了城市肌理的极度不均衡和粗糙感。那么高层建筑是否是城市现代化的必要条件？或者北京是否由于用地的限制而只有建高层建筑这唯一选择呢？事实并非如此。在欧美一些发达国家，在二战后也曾经有过一段时期热衷于盖高层建筑，但后来很快发现高层建筑存在种种弊端，所以到 20 世纪 80 年代初期，这些国家已经改为主要建造低层建筑了。而英国著名的城市设计家 W·鲍尔（W. Bor）很早就曾指出，高层建筑是城市景观中的重要因素，但在大多数城市里，对于高层建筑的位置、设计及其对周围环境的影响缺乏仔细的思考及相关的有效政策，结果许多城镇正在无知地到处建式样千篇一律的高层建筑，从而破坏了优美的景色，破坏了整个古老历史地区完美的尺度，从而对于城市景观产生了灾难性的冲击[①]，北京的情况基本正是如此。

早在 1987 年，张开济先生就曾多次撰文对包括北京在内的我国一些城市住宅高层化的趋势作出批评。他指出这些大城市中大建高层住宅之风日盛，比如在 1984～1986 年的三年中，北京高层住宅的比重已提高到平均约 45%，而在高层中塔式高层的比重又占了约 75%。但相对于多层建筑而言，高层住宅造价高、平面使用系数低、管理费用和用电量又高很多，同时由于减少了与户外接触的机会，高层住宅并不适合老人和儿童居住。此外，高层建筑对于城市生态环境也有负面影响，而且所有这些缺点在塔式高楼中尤为突出。对此张开济先生总结认为在各种住宅类型中，高层不如多层，塔式高层又不如板式高层，而成组成团的塔楼则最差。

可是我国一些城市却偏偏把成组成团的塔式高层看做是解决城市住宅建设的一个主要方式，整个小区规划往往重点考虑的是这些塔楼组群的构图问题，这种做法的正确与否很值得怀疑[②]。张开济先生列举许多实例的比较数据指出，建高层建筑并不一定就能够节约用地，所以许多高层建筑的建造是没有必要的。而且，许多城市的决策者和设计工作者热衷于建造高楼主要不是为了节约用地，而是为了使中国的城市快些实现现代化，因为在他们的心目中城市现代化就需要建筑高层化，但其实高层建筑却并不是现代化城市的标志和必要条件。张先生明确建议我国城市住宅建设应该以多层为主，如果为了节约土地，可以采用改进多层建筑设计的方法。

遗憾的是，张开济先生在 20 年前就开始发出、此后又多次强调的这一呼声并未能起到改变北京住宅建设高层化方向的作用，北京住宅建设沿着高层化轨道迅速发展着。1999 年世界建筑师大会在北京召开时，与会的印度建筑大师查尔斯·柯里亚（Charles Correa）对中国建筑设计研究院总建筑师崔恺提出了自己的疑问，他说很喜欢北京这个古老的城市，但一直不明白为什么北京要建这么多高层住宅，破坏了城市的水平轮廓线，柯里亚还当场图示了 10×10 的一组方格，并计算说明 4 个格子做 20 层同 21 个格子做 4 层在容积率上是差不多的，北京建多层建筑同样可以解决居住问题。他同时指出，印度也有严重的人口问题，但他们还是用高密度的多层建筑解决了，保持了城市的肌理和尺度，以及城市的特色[③]。

---

① ［英］W·鲍尔：《城市的发展过程》，倪文彦译，北京，中国建筑工业出版社，1981 年版，第 122 页。
② 张开济：《高层化是我国住宅建设的发展方向吗?》，《建筑学报》，1987 年第 12 期，第 36 页。
③ 王军：《采访本上的城市》，第 15 页。

与高层住宅相对应的则是商务建筑、公共建筑的"大"，这个大，既缘于泱泱大国之"大"，更源自好大喜功之"大"。从 20 世纪 50 年代的国庆十大工程开始，北京公共建筑的大体量似乎就已经定下了基调，如人民大会堂主体建筑尺度为 $336m \times 174m$，总建筑面积约 17 万 m^2；中国革命历史博物馆主体为 $313m \times 149m$，总建筑面积约 6.5 万 m^2；北京工人体育场总建筑面积 8.7 万 m^2 等；建筑大体量的趋势此后可说是有增无减，如荣获 20 世纪 80 年代的首都十大建筑中，北京图书馆新馆地上最高 19 层，总建筑面积为 14 万 m^2；北京国际饭店地上 29 层高，建筑面积 10.5 万 m^2；中央彩色电视中心地上 30 层高，建筑面积 10.4 万 m^2；长城饭店地上 21 层高，总建筑面积 8.29 万 m^2；北京 20 世纪 90 年代十大建筑的获奖及获提名奖荣誉的建筑中，北京新世纪中心 16 层，18.7 万 m^2；北京恒基中心最高 21 层，30 万 m^2；中国国际贸易中心两栋楼均高 38 层；北京燕莎中心 18 层高，16 万 m^2 等[1]。而进入 21 世纪以后，国家经济的快速发展以及北京于 2008 年举办奥运会所带来的巨大城市建设量中，大型建筑物占了极大的比重，如国家大剧院、中央电视台新楼、鸟巢和水立方等奥运场馆、北京火车南站、T3 航站楼等，所有著名的新建筑无一不是以巨大体量的形式呈现。

那么，公共和商业建筑的大体量是否合理和必须呢？张开济先生在 2001 年关于北京城市面貌讨论的一篇文章中谈到，历史上留下了的很多宏伟壮丽的建筑虽然具有很高的历史和艺术价值，但它们都并不是为广大劳动人民服务的，而是以其高大宏伟的体形以及庄重肃穆的气氛使老百姓肃然起敬，甚至望而生畏，以长统治者的威风、灭老百姓的志气的，正如古语所云："不见宫阙伟，焉知天子尊"，但今天时代变了，应该把过去那种建筑与人的关系改变过来，改变为以人——即以广大群众为主。因为"建筑是为人服务的，因此现代化建筑设计的一个最基本的原则就是对人的关怀和对人的尊重。所以现代的公共建筑再不能使群众望而却步，而是要以它亲切的尺度、优美的环境和高度现代化的设施来方便人、吸引人和欢迎人。然而令人遗憾的是，时至今日，我们在设计一些特别重要的公共建筑时，建设者往往还在追求气派，似乎总不能忘怀过去'纪念碑式建筑'中常见的大挑檐、大门廊和大台阶等那一套，好像非此就不足以显示政府机关的尊严。应该说这种思想实在是大大落后于时代了"[2]。

英国建筑师法瑞·泰瑞在其 2007 年于清华大学建筑学院的演讲中，对北京建筑物的大体量发展现象提出批评，认为这种"柯布西耶模式"是不合理、不宜人的，必须加以改变，然而，他本人却刚刚主持了占地面积超过 49 万 m^2、主站房建筑面积 31 万 m^2 的、目前亚洲最大的北京火车南站的设计，那么对于该建筑项目他的观点如何呢？在回答中国记者对此的相关采访时，他以"其大无比，非常北京"为题予以了回答，并提出："中国的问题……应当做的是使管理层面的反应更加灵活——这才是中国真正面临的一大挑战，而不是去建造更巨大的建筑，现在的建筑已经超大了。站台的规模过大，道路过宽，提着行李步行的距离增大，以及相应的管理费用提高，运作维修费用增加，供暖成本变大等一系列问题，都会使这些高冗余度的设计难以自圆其说"[3]。由此可见，一些外国建筑师们并

---

① 有关数据主要参考自北京市规划委员会主编：《北京十大建筑设计》，天津大学出版社，2002 年版。

② 张开济：《现代城市、文化古都和精神文明建设——对 21 世纪城市风貌的渴望》，潘祖尧，杨永生主编：《21 世纪初叶中国建筑》，天津科技出版社，2001 年版，第 46-47 页。

③ 泰瑞·法瑞：《其大无比，非常北京——专访北京南站设计师》，《环球时报》，2008 年 6 月 25 日。

不认同北京的城市建设方针，但为了自身利益，他们又在自觉迎合着相关政策制定者的心理喜好，从而设计出了自己也认为不合理、不喜欢的巨大建筑物方案。

正因为这种单纯追求建筑物体量而漠视城市肌理、城市空间的做法，使北京的很多街道两侧一幢幢高大的建筑物巍然独立，以鲜明的"图"的形式凸显在城市空间中，在尺度上、形式上与周边建筑全然缺乏联系和协调，从而导致了没有活力的沿街立面，和呈剧烈断裂状的城市天际线，以及"只见建筑，不见城市"的混乱城市景观。

在宽马路和高楼之外，北京城市形态的大尺度还表现在"大广场"上。总的看来，对于广场而言，基于场所精神的现代西方建筑理论倾向于偏好可达性好和视觉可控制的小尺度空间，比如凯文·林奇建议的尺度是 25～100m，而扬·盖尔（Jan Cehl）则认为是 70～100m，这些尺度与人眼可看清物体的最大距离有关。北京的广场数量很少，可是基于文化和历史的原因，北京城市建设所推崇的是"大广场"的策略。最为著名的例子就是天安门广场了，南北长 860m，东西宽 500m 的天安门广场面积达 44 万 m^2，可容纳 100 万人举行盛大集会，是当今世界上最大的城市广场，站在这里，一种空辽的广漠感包围了每一个游客，周围建筑物显得遥不可及、面目模糊，步行的路线也漫长得让人们疲惫，城市的空间感在这里基本消失。此外，北京为人们所熟悉的城市广场只有西单文化广场了，它占地也较大（1.5 万 m^2），但整体空间限定不够，且极度缺乏二次空间限定手段和各类必要的环境设施，具有冷漠的尺度感。

对于天安门这个巨大的广场，国内外对它持质疑态度的建筑师很多，如早在 20 世纪 70 年代和 80 年代，就有建筑师认为广场的规划建设忽视了整个城市对广场的多方面的需要，绿化太少，特别是人民群众能直接享受到的绿化太少。整个广场的面积是 40 公顷，绿地只占到 12%，而对公众开放的绿地则只有 0.7 公顷（只占广场面积的 1.75%），因此，夏季来到广场的群众几百米找不到荫凉歇息之处[1]。法瑞·泰瑞认为照世界上大多数城市广场的标准来看，天安门广场不是广场，而更像是一片空场、巨大的开阔地、平原。与其毗邻的道路如横贯广场的长安街作为城市中心大街，尺度极大，算上两旁的自行车道和便道，长安街足有 14 至 16 车道的宽度，是三条英国高速路加在一起的尺寸[2]。新锐建筑师马岩松更是曾经做过一个关于天安门广场的方案构思，设想将其整体改造为绿树成荫的城市中心绿地式花园，这一构想显示了建筑师对于广场巨大尺度的批评态度以及对其在未来发展变化可能的独特思索。

当然，在城市环境中，过宽的马路、巨大的广场、高耸的建筑这三者是密切相关的，街道宽了，街边的楼相应地就需要建造得高一些才合适，同理，广场大了，周边的建筑也就需要相当的高度才可以让人们看得见，才能够与巨大的空间相适合。但是，相对于小尺度环境的方便使用、易于识别，大尺度环境倾向于使用不便、识别困难，同时，很多大规模的开发和大尺度建筑的建造还会使人们觉得新的城市环境与己无关。

而小尺度公共空间可以更好地体现场所精神，被认为是城市活力的最佳载体，现代西方建筑理论中有推崇"小尺度哲学"的倾向。因此，我国城市决策者们也应该认清广场并非越大越好、街道并非越宽越好、建筑也并非越高越好这一事实，从某些方面重视传统的

---

① 曾昭奋：《创作与形式——当代中国建筑评论》，第 107-108 页。
② 泰瑞·法瑞：《其大无比，非常北京——专访北京南站设计师》，《环球时报》，2008 年 6 月 25 日。

小尺度概念，并在未来城市建设中注意由大尺度尽量向小尺度的转化。

转化的方法是多种多样的，上文已论及了缩减道路尺度的方法，此外，对于一些已建成的大型超市、大型商场等"大体块"建筑，可以在其纵向和横向上采用混合功能的手法，将它们的立面尽量改造得与周围小尺度建筑立面协调一些，比如用较小的单元遮挡"大体块"建筑的临街面，或者在建筑外皮插入更多充满活力的外向化商业设施（如咖啡店和精品店），从而增加建筑朝向街面的透明度等。

而在规模较大的新的城市开发项目中，可以经由城市设计细化开发地块，然后将不同的地块分配给不同的开发商，因为较多的开发商共同参与有助于产生造型、使用时间和功能用途不同的丰富混合的建筑类型，在一定程度上起到细密城市肌理的作用，在市中心尤其应该如此。例如当代西方城市设计中的"小尺度哲学"提倡 $1 \sim 2hm^2$ 的地块开发模式和面宽在 $89 \sim 90m$ 的小街坊[①]。另外，城市设计家 W·鲍尔也曾提出可以用建设进深很深的办公大楼和低层高密度住房的方法来避免高层建筑，他的这一思路与张开济先生和柯里亚的想法是基本相通的。

总之，北京本来是一个城市肌理细密的前朝文化的沉淀物，它不应该以"现代化"为名，被大拆大建成为一座"明天的都城"，为了城市文脉的良好延续，决策者们在城市建设的过程中亟待注意尺度过大这一严重问题，因为正如美国建筑家罗伯特·A·M·斯特恩（Robert A. M. Sten）所言："不要把规模等同于荣耀，并且要记住：激励人们并保持恒久不变的不是建筑的高度，而是它的诗意"[②]。

6.2.2 整合街墙形态

芦原义信在《街道的美学》一书中将格式塔的图底关系理论运用至城市空间的研究领域，指出城市户外空间在不同的条件下既可以作为"图"也可以作为"底"呈现，而他认为相比较没有边界线的、向外扩散的"消极空间"而言，封闭式的、向边界线内侧收敛的、极为充实的"积极空间"倾向于表现为"图"，对于城市也更为重要[③]。

与他的理论相呼应，罗杰·特兰西克在《寻找失落空间——城市设计的理论》一书中，强调了城市公共空间连续性的重要性，并提出连接和整合是修正城市失落空间的有效方法，这种连续的空间也正需要明确的限定才会形成。他们的观点都强调了城市公共空间围合的重要性。为了形成围合感良好的空间，街道两边建筑就必须具有连续性，因此连续街墙的确立是街道景观建设的首要内容。现代城市规划理论中的用于计算沿街建筑与街道红线贴合程度的建筑贴线率数值是对于沿街建筑围合度的一个考察指标。

在空间功能要求之外，街道空间的限定良好及连续性要求还与街景的轮廓线有关。城市轮廓线的形式主要是由城市建筑整体的立面轮廓勾勒而成，明清北京城所拥有的舒展平缓、富有特色的城市天际线曾经得到专家的广泛认可。与断裂的、混乱的建筑立面相比，连续、协调的建筑立面所形成的街墙形式必然更为美观（图6-11、图6-12）。而当代北京的很多建筑物都倾向于展示自我的纪念碑式设计而无视城市整体环境，反映为建筑设计对

---

① 李晴编译：《人性化、生态和活力——当代西方城市设计的几个特征》，《理想空间》2004年第6期，第109页。

② 转引自李江树：《创巨痛深老北京》，《中国作家》2006年第6期，第101页。

③ ［日］芦原义信：《街道的美学》，第186-189页。

高大雄伟形体及亮丽立面形式的片面追求，最终导致各类建筑在城市发展过程中混乱地出现，造成不和谐的视觉景观和不适用的城市空间，因而城市街道空间围合度差，街墙形态很不完整。

图 6-11　巴黎街墙形态连续完整　　　　　　　图 6-12　北京街道立面多呈断裂状

北京的街景的不良现状首先与建筑设计有关，但更重要的原因在于城市设计制度的缺乏。例如对于街墙的设立，城市建设者们一直未达成共识，从而没能制定出相关条例予建筑设计以必要的约束。早在 1956 年底，北京一批著名的建筑师、规划师们就曾发起过关于"沿街建房到底好不好？"的大讨论，当时，多数讨论者以噪声和西晒为理由对沿街建设住宅建筑基本持反对意见，认为沿街住宅建筑应该后退，只有少数人肯定沿街建房的合理性，也有少数人持中立态度，认为应该视具体情况而定。该次讨论最后并没有能够得出确切结论，因此对北京城市规划建设也就未能产生重要影响①。

其实，由现代城市街道景观建设、街道空间便利使用、节约土地以及商业发展等多种角度出发，城市街道建设中应该力求街墙的完整性，即尽量沿街建房。当然，对于不同性质街道如高速交通线和一般性街道，在此问题上应区别对待，反映到具体的数据上，就是建筑贴线率的差别，前者的数据一般为 50% ～60% ，后者则一般应该达到 60% ～80% 甚至更大。

为了追求街墙的完整，沿街建筑的和谐统一就显得非常重要。目前北京城市建筑的主要问题就是互不搭理，相互之间缺乏协调的关系。对于这一点，陈占祥先生在 20 世纪 90年代初一次关于北京城市面貌的讨论会议上曾发表过相关意见，指出建筑设计过分强调个性而忽视与周边"邻居"的关系，导致一些建筑"张牙舞爪，让人害怕"，这样的建筑就好像队列中很没有礼貌的人一样，而目前北京的很多建筑却存在这种现象。而有些建筑虽然规规矩矩，没有"张牙舞爪"的样子，但由于过分讲求中轴对称，所以相互之间也缺乏和谐统一的关系，所以今后的北京城市建设一定要强调建筑的整体性②。

现在离陈先生当初发表这一意见又过去 10 多年了，而他所指出的北京建筑这种"张牙舞爪"的现象不但没有改善，反而有日益恶化的趋势。各种标志性建筑争相以"图"的形式夺人眼目，一点不思考对于城市街道环境的融入问题，比如国家大剧院和中央电视

---

① 参见《建筑学报》关于沿街建筑修建是否合理的讨论文章，1957 年第 1 期，第 54-56 页。
② 参见梁思成、陈占祥等：《梁陈方案与北京》，第 85 页。

台新楼这两个较极端的例子，由人们对于它们的比喻——"天外来客"和"恐龙"就可以想见它们与环境的关系。

　　一般说来，城市的新建筑应该积极融入城市环境，不破坏城市肌理，即使是新的标志性建筑物也不例外，它们应该做到为城市景观增色而非"添乱"，尤其对于北京这样一个定位为历史名城的古老城市而言就更是如此。如在巴黎著名的新建筑中，20世纪70年代建成的蓬皮杜国家艺术文化中心虽以其前卫建筑形式著称，在城市环境中看似奇异夺目，但它在空间上与巴黎的城市肌理基本是吻合的，建筑高度也以地上五层的高度与周边老建筑保持一致，严格控制在巴黎城市整体建筑高度规划要求内。而由贝聿铭所设计的卢浮宫金字塔同样在平面上与四周的老建筑及卢浮宫广场形成了和谐几何关系，在空间上则以其透明性彰显了古典建筑的凝重之美感，体现出了对于城市环境的尊重和融入（图6-13、图6-14）。

图6-13　巴黎蓬皮杜国家艺术文化中心融入城市肌理　　图6-14　卢浮宫金字塔贴合城市肌理

　　与它们相对比，国家大剧院、中央电视台新楼等大体量新建筑则在空间上与其周边的城市环境截然对立，以巨大的体量凸显出了一种"唯我独尊"、"独傲群雄"的姿态（图6-15、图6-16），它们不正是陈占祥先生所批评的"没礼貌"的建筑吗？可以发现类似这样的建筑物在北京还有许多。正是由于沿街的各幢建筑物只注重到了自我的表现，而毫不顾及城市环境的整体和谐，所以北京的城市街景才会出现一片"只见建筑，不见城市"混乱景象。

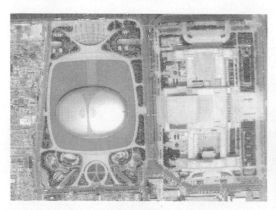

图6-15　中国国家大剧院平面　　　　　　　图6-16　国家大剧院夜景

　　那么，到底如何才能达到这种环境的整体统一性呢？那就需要对城市公共空间予以系统化建设，以追求形态完整的城市。例如，北京目前由于防火规范及土地利用规划造成的沿街建筑之间的巨大缝隙很不合理，未来应该考虑以某种方式给予填充，使大多数沿街建筑物密切连接，同时沿街新建的建筑物应该在平面上融入城市肌理，在体量、高度、立面形式上与周围建筑趋于均衡，从而形成良好的比邻关系，最终竖立起较为和谐完整的街墙，并限定出舒适的街道空间。欧洲很多名城如巴黎、伦敦、巴塞罗那等，它们的沿街建筑物基本都是紧密连续且高度相近的，街道空间因此限定良好，人步行其间，感觉很舒适，以高层建筑为主的纽约曼哈顿区的高楼也大多是紧密连接的。至于街墙的高度与街道宽度的合适比例问题，本书在前文已然详述，此处不再赘言。

　　此外，与建筑物高度相对应的是建筑物的面宽也同样需要有一定的限制，过大的建筑面宽通常会减少沿街的建筑出入口、削弱街道内容的多样性、不利于人对于建筑立面的欣赏，从而使街道景观乏味。比如，长安街两侧有许多面宽过大的建筑物，最突出的例子比如东长安街的东方广场及商务部大楼，东方广场东西宽约450m，商务部大楼宽约250m，它们都几乎占据了一个街区的宽度，虽然在立面上都划分为三截，但过长的面宽及立面的相似性决定了其形式的单调性的不可避免，所以它们对于街景产生了非常负面的作用（图6-17、图6-18）。

图 6-17　庞大体量感的东方广场

图 6-18　商务部大楼单调冷漠

6.2.3　规范建筑立面形式

　　建筑物是城市街景中最主要的视觉内容，而建筑的立面就好像是建筑具有表情的脸，它们不但在相当程度上反映了建筑的内部功能，而且同时也引导和影响着人们日常使用城市空间的方式，所以它们一般应该是生动和富有表现力的。在整合街墙整体形态的基础上，为了追求街景的视觉和谐感，还需要对于组成街墙的各幢建筑物的"表情"予以一定的规范化制约，以便使组成街道立面的这"一张张脸"相互协调地形成和谐画卷，这就好像排列在一行整齐的队伍中的人们不能表情各异一样。

　　总的说来，建筑立面的设计应该做到与城市空间相协调，既需要综合运用形式美学的原则，也需要研究地区人群的传统欣赏习惯。对此设计者一般可从三个方面加以思考，即纵向上对城市及特定场所历史的尊重、横向上对于城市现实的尊重，以及与自然风景相协调即对于自然的尊重。协调的原则和方法有内在的规律可循，也需要充满智慧的运用和创造，最主要的原则可归结为"相似协调"和"对比协调"，它们可以实现建筑物之间的"关联性"和"可识别性"，两者的有机结合，才能使环境整体的文脉达到理想的美学标准，从而创造出和谐统一、兼具个性和共性的城市街道景观。

对于城市街道上相邻的建筑物立面形式的规范或引导通常可以从层高、线条、材质和色彩、洞口、细部等方面加以考虑。比如，新建筑物高度及每层层高多数应该与相邻建筑接近；需要分析整条街道的建筑立面构图主要趋向应该是水平横向的，还是垂直竖向的，新建筑物应努力融入这种构图；沿街各建筑物的屋顶轮廓线应该力求形式相似、起伏平稳、连贯性好；其他如材质和色彩、洞口形式、装饰细部等都应该有一定的近似性而比较调和。例如纽约第五大道是世界上仅有的几条由高层建筑组成的优秀街道之一，这里的建筑物在高度及外立面形式上都较为类似，具有某种协调性。而纵观整个北京城，沿街建筑立面较为协调的街道数目很少（图6-19、图6-20）。

图6-19 纽约第五大街沿街立面协调

图6-20 沿街立面混乱的东三环

对于建筑立面的设计还必须考虑到城市定位以及民族地域特色。北京是定位为历史文化名城的国家首都，这种定位决定了城市多数建筑物应该以庄重、素朴的面貌呈现。建筑立面形式的各项内容中，对于建筑立面材质和色彩的选择尤其重要，因为材质与色彩作为建筑物表皮的最显眼特征，是城市街景的突出因素，显著影响街景效果，对于它们的规范也相对易于操作。

贝聿铭先生在设计位于西长安街端头的中国银行总部时，为其外立面选择了端庄稳重的灰黄色的石材，同时他也曾批评东方广场建筑群使用过分闪亮的玻璃幕墙是不对的，不适合北京的城市环境。这是因为不同材料以各自特性表述着不同的内容，灰色的石材是坚固、凝重而性格内敛的，可以经历时间沧桑而长存，因此具有一定的历史质感，而玻璃幕墙是现代的产物，代表着大工业的批量生产、迅速建设、易于替换等特性，从而与城市的悠久历史之间难以产生关联。另外玻璃幕墙隔热性能差，不利于节能，大面积使用又容易产生大量的辐射热和眩光，从而污染周围环境，因此对于环境的影响较为负面。所以单就建筑外表皮相比较而言，中国银行总部无疑比东方广场更庄重，更适合长安街环境，也更适合北京的城市定位。

至于建筑设计的民族地域特色，需要做的工作很多，吴良镛先生曾提出，不但城市文物保护地区需要精心的设计思考，而且即使是建设城市历史地区以外的新地区，在自由创造新的时代风格、探索新模式的时候，也"应根据各个城市的不同历史、地理、文化情况，从不同程序上以不同方式去发展传统特色。即要使新设计中蕴有旧的文化根基"①。建筑工作者们只有在深入思考和研究城市建筑历史的基础之上，不断提升实践能力，才能使未来城市建筑形式逐渐接续上城市的特殊文脉。虽然时代的发展使各色建筑物异彩纷呈，但在今天回顾北京在新中国成立后数十年来的建筑发展历程，值得圈点的建筑物，似乎还是以 20 世纪 50、60 年代所建造的国庆十大建筑以及同时期建造的一些其他建筑物为主，因为它们不但体现了当时中国建筑艺术的最高水平，而且其构图和空间的具体处理手法，有些即使到今天也还不失为典范，所以也许今天的建筑设计师们需要回过头去，重新在这些建筑物上寻找一些合适的建筑语汇加以运用，从而也延续北京城市建筑的历史文脉。

此外，北京传统四合院使用灰砖外墙是有其地域性缘由的，与中国江南地区民居的白墙灰瓦式建筑群相比较，四合院的灰色砖墙非常适合北京地域特点。因为与江南常年多雨湿润、光照柔和不同，北京常年气候干爽、空气通透度高、天空蔚蓝、阳光强烈，所以在这种光照条件之下，如果采用江南那种白色粉墙，就会产生强烈的耀眼反光，不利于路人的视觉舒适，而富有微细孔隙的灰色砖墙则具有较好的天然吸光性，与北京的强烈阳光正好相得益彰。由此可推知，反光强烈的大片玻璃幕墙建筑确实非常不适合北京的地域特性。

最后，建筑立面的细部需要得到设计者更多的重视。细部是结构最为细微的节点，罗杰·斯克鲁顿（Roger Scruton）在《建筑美学》中曾说"空间的效果可以依赖于细部，一个空间的美不仅依赖于拱券的韵律，也依赖于可以直接感受到的工艺质量"②。一些建筑大师对细部也有过精辟的表述，如理查德·罗杰斯（Richard George Rogers）认为"建筑的审美往往来自于建筑的细部之中"，密斯·凡·德·罗（Mies Van der Rohe）有名言道："上帝存在于细部之中"。中外古典建筑之美，富于装饰的细部功不可没，现代建筑也逐渐认识到或者说从来没有忘却细部的重要性，但北京当代的建筑物却常常由于缺乏细部的美感而显得直白和意味贫乏。

细部模式的来源需要设计者从建筑传统中去发掘，爱德华·艾伦在他的著作《建筑细部：功能、可构造性和美学》中谈到："细部的模式是所有成功的建筑所具有的元素性片段，它反映了关于建筑中何者为好、何者不好的评价，是许多世纪的智慧积累。很多模式有坚实的科学根据，其他则只是基于常识和人类行为的现实性结果"③。传统的线形、图案都是民族审美积淀的产物，不应该轻易被抛弃，如果能够灵活运用于现代建筑中，将为环境增添具有文脉的美感。关于这一点，新中国成立初期的一些建筑物如南礼士路上的儿童医院等已经为建筑师们提示了一些可能的手法（图 6-21）。

在规范建筑立面时需要明确的一点是，街道立面主要应该以建筑语言来表述，而不能以各色广告牌作为主角。因为相对于临时性、时尚性很强的广告牌而言，建筑物更具有质量感及永久性，也因此更易具有历史感及内涵。很难想象一条历史悠久的街道两边布满了大幅的各色广告，而建筑物却面目不清，而目前王府井大街的局部情况却是这样（图 6-22）。从某设计单位为前门大街所提供的设计方案可以看出，与原街道布满广告的立面相比，以形式协调的建筑立面作为街道景观的主要内容无疑使街景更为美好（图 6-23）。

①　吴良镛：《建筑·城市·人居环境》，石家庄，河北教育出版社，2003 年版，第 39 页。
②　［英］戴维·史密斯·卡彭：《建筑理论（下）》王贵祥译，北京，中国建筑工业出版社，2007 年版，第 164 页。
③　转引自娄永琪等编著：《环境设计》，北京，高等教育出版社，2008 年版，第 62 页。

图 6-21　装饰细节使建筑立面美观　　　　图 6-22　过多广告牌使街景简陋混乱

廊房三条

廊房三条

图 6-23　前门大街原沿街立面与新设计方案比较

　　因此，针对户外广告的设置与环境的关系处理不当并对城市景观产生"破坏力"这一现象，应明确以建筑立面为街道景观主角的基本原则，并设立相关审查制度，对城市中沿街广告牌在位置、尺度、形式、色彩等方面予以严格控制，以使广告画面与沿街建筑物立面达到视觉和谐的效果。

6.2.4　建设城市可识别系统

　　空间尺度过大、完形感较差、场所缺乏、建筑物地标作用不显著等问题导致北京城市街景总体上可意向性较弱、可识别性较差，而街道尺度、街道空间、建筑形式等街景宏观、中观层面上的改变，短期内要实现比较困难。针对北京的城市特点，借鉴欧洲城市的经验，在街景的微观层面上，有一些可以尽快实际操作的方法，可增强街道环境的可识别性。

　　首先，城市街道可识别性的系统建设应该形成一个遍布整个城市的均衡网络。在巴黎这样的国际化大城市中，这一巨大网络基本是由城市的各个地铁站和公交站共同组成的，其中地铁站由于总数相对较少、人流量大而更为显著易觅，也就更为实用。比如城市中的建筑物常常都以靠近某地铁站为其地址的关键内容，人们在城市中寻找目的地，也通常先以地铁站来确定大致方位，朋友在街头约见，也可在某个地铁站碰头。大城市都会有众多地铁站和公交站台，它们可以也应该成为街道可识别系统的重要内容。设计良好的地铁出入口和公交站台，不但容易到达、清晰易识，而且同时还会具有一定的场所感，便于人们使用。

北京的地铁线路目前还在快速建设中，遍布整个城市的地铁网络尚未完全成形，但对于地铁出入口的设计，还需要认真研究，特别要处理好其与街道空间的相互关系。比如北京 1、2 号地铁线的多数出入口，设计形式由于时代局限显得较为单调，基本未能为街景增色，周边也多未考虑到设立场所的问题。西直门地铁站是其中比较极端的例子，它的环境不易辨识和到达、不提供舒适场所，使用极不便利。不过目前老城区一些新建的地铁入口在设计形式上有明显改善，它们采用灰砖饰面的简洁造型，具有可识别性的同时也较好地融入了街道景观文脉，周边还留出一定空间有利于场所的形成，与城市中原先的地铁入口相比，它们显得更为舒适和便于使用。如果对其入口处空间进一步设计改善，因地制宜地增加些座椅和树木等设施内容，即可更好地发挥街道小型场所的功能，供人们短暂停留、交往。

而城市公交站台一般以候车亭的形式设立，设计良好的候车亭才能功能良好，提高人们对环境的识别能力。候车亭的整体设计需要由候车亭造型、站名牌设置、附属地图配置等内容共同构成，绝非易事，目前北京公交候车厅的设计形式不尽如人意，亟待改善，这一点前文已有论述。

北京的很多街道上还有数量众多且体量较大的行人过街天桥这一特色构筑物，它们对于街道景观也有一定的影响，如果设计美观的话，它们本可以为街景增色，但非常遗憾的是，北京的过街天桥设计形式大多较差，造型色彩单调呆滞无特色，因此不但不能为街景增色反而有些添堵。与之相对比，同样也是街道空间上的垂直元素，明清北京街道上的那些牌坊不但分割了线性街道空间，为空间增添了节奏感，而且有框景的作用，同时自身又造型美观、装饰富丽，作为街景的亮色大大增强了街道环境的可识别性。希望未来北京的天桥被列入城市设计的行列，增强美感而成为街道环境可识别的重要元素以及街道景观特色的重要内容。例如，澳门的一些过街天桥的设计就注意到了和街边建筑物造型的呼应协调，从而使街景趋于和谐美观（图 6-24、图 6-25）。

图 6-24　新颖造型的过街天桥（澳门）

图 6-25　天桥形式与建筑和谐（澳门）

地铁入口、公交站台以及过街天桥这些城市街道中的"点"元素确定和良好设计之后，城市可识别的网络就基本建立了，随后就需要城市路牌和地图的配合。平面设计良好、设立位置合理、数量充足的路牌和地图使人们能清晰阅读、快速获取信息。目前北京城市路牌设立不充足，如人行道的指路牌只在二环路内老城区的部分路段有，且平面设计质量较差。城市地图的设计也存在较多问题，例如由于北京大院众多，而且它们多是以围墙与城市街道相交的，那么这些大院的整个面积在地图上应该以"块"的形式出现，并标示出它们的主要出入口，这样需要前去的人们就可以确定清晰的寻访路线或确切的公交站点，而不是到达时围绕着大块区域为寻找入口发愁。如果这类大院以面状的"块"加上入口为图示方式，可以大为简化北京地图目前的复杂形式，更便于人们阅读和使用。总之，北京的地图及路牌需要更好地设计和设置，以提高城市环境的可识别性。

临街建筑物的门牌号码是街道景观可识别系统的另一重要因素。人们到了某条街道的某个点后，大多以寻找具体的建筑物为目的，这时候，门牌号码就非常重要。在多数欧洲城市，由于街道空间完形感非常强，呈现出"图"的特征，沿街建筑物以相近尺度紧密连接，建筑的入口也在街道边有节奏地均衡出现，所以每一栋建筑的门牌号都是清晰、易辨识的，连续不断的门牌为路人寻找目的地提供极大的方便（图6-26），因此城市具有了建立在街道路牌和沿街建筑门牌综合作用之上的强烈可识别性。而北京的情况是，多数街道的沿街建筑物排列疏散、混乱，大院的围墙常隔断了建筑与街道的联系，所以相应地，街道的沿街建筑门牌号编制难以整齐、连续，人们寻找具体目的地也就较为困难（图6-27）。不过，北京旧城区的有些街道也具有空间完整、建筑物连续的特点，门牌的排列工作稍好些。但总体看来，北京城市沿街建筑门牌的全面有序排列，需待未来街道空间形态逐步完善和大院围墙逐渐消失之后方可实现。

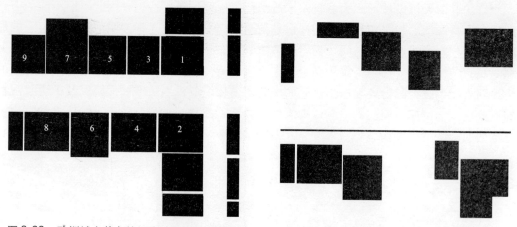

图6-26　欧洲城市整齐的沿街建筑可识别性强　　　　图6-27　北京街道的可识别性较弱

6.2.5　完善城市步行系统

目前我国城市的道路规划一般都是建立在"车本位"基础上的，基本服务对象被确定为"机动车"，道路规划普遍被默认为"机动车道"设计，其一般步骤是先确定计算行车速度，再根据计算行车速度确定车流量及道路容量，然后划分车道及确定道路横断面类型，最后才确定人行道、分隔带等"附属设施"。这样的道路规划方式致使城市道路的其他许多重要功能被漠视，例如公交车专用道、自行车道、人行道、公交站点以及服务于步行者的服务设施（电话亭、零售点等）。这种漠视主要表现为两种，一种是在功能设计上没有涉及，另一种则是虽然有所考虑，但是规模和功能定位难以满足实际需要。同时，对于道路的服务情况的评价也主要依据机动交通的情况作出，例如当一条道路上的机动交通速度降低，出现交通拥挤或堵塞时，一般就被认定为该道路不能满足交通要求，而实际上可能这条道路上的其他交通处于良好的状态。总之，在我国目前多数道路的规划和建设中存在着"一切以机动车的交通需求为主，一切为机动车让路"的倾向①。

其实，城市道路空间是一个为多种需求服务的多功能、多目标的空间组成，在对其进行规划时必须纠正传统的"车本位"思想，摒弃那种认为城市道路主要满足机动交通的片面观点，追求"公平"的道路空间，如按服务对象可将城市道路分为针对"快速交通需求"、"慢速交通需求"和"步行交通需求"的三类功能构成，其中，城市整体步行系统的建设是重中之重。城市设计家 W·鲍尔曾指出："在任何城市地区供人货流通的、综合的交通系统规划中，最重要的一点是：设置步行道路系统，使步行者能安全而又舒适地来往，穿越各热闹的中心，并使步行者能方便地到达公共交通停车站"②。

目前在世界各地的国家和城市中，加强步行交通的积极政策正在形成。这是因为，"步行不仅是切实可行的、对环境友善的，也是经济的；同时还有助于健康和身心愉快……当人们外出走动时，既乐意观看人家，也乐意被别人看。在城市中漫步对城市的品质、活力和亲和力都是至关重要的，是一切的基础和起点"③。城市步行系统包括步行商业街（区）、林荫道、专用步行道等，其中至关重要的是遍布城市的人行步道的建设，人行步道是组织城市空间的重要元素，也是城市宜居性的重要指标。

而北京街道步行系统目前存在较多缺陷，未来需要为城市街道系统制定统一的步行规划，给予街道以充足、连续的步行空间，并将整个城市的步行系统连成完整网络，便于人们安全舒适地使用。比如在巴黎，绝大多数的街道都种植有整齐的行道树，而一些很窄的街道，则省略了行道树及一些公共设施，在街边设置有两道平整通畅的步行道，将宝贵的空间节省出来让给了行人。

北京的多数街道由于宽度足够，具备给行人提供充足步行空间的可能性，但城市决策者对于行人权利的忽视，使很多街道远未形成舒适便利的步行环境。未来建设中应缩窄街边绿化带以拓宽步行道，且合理设置书报亭、信息亭等设施，使它们避开主要人流路。其实有时只需一些微小改变即可大为改善街道的步行微环境，如本书在第4章中所举的成府路及北三环西路人民大学附近人行道上的两个例子（参见图4-31、图4-32），只需要将其中的报亭及电话亭、树池等作一些合理安排，就可以使步行空间大为拓宽而显得更为畅通舒适（图6-28、图6-29）。此外，人行道上的自行车停放应该以设计良好的设施来节省空间，同时也可规范人们的行为，防止环境混乱无序。例如将自行车停放设施固定安排在行道树间的空间内，或安排在步行道之外等。目前此类设施在北京街道上很少见，只有南礼士路、王府井大街北段等少数街道上有一些设计较为合理的自行车停放设施。

---

① 马强：《走向精明增长》，北京，中国建筑工业出版社，2007 年版，第 188-189 页。

② ［英］W·鲍尔：《城市的发展过程》，第 148 页。

③ ［丹麦］扬·盖尔、拉尔斯·吉姆松：《新城市空间》，何人可等译，北京，中国建筑工业出版社，2003 年版，第
257 页。

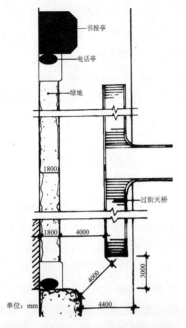

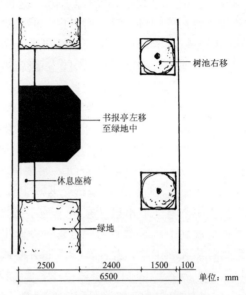

图6-28 成府路人行道改善方案　　　　图6-29 北三环西路人行道改善方案

　　另外，最新的道路设计中有将自行车道抬高至与人行道基本水平的做法，这在北京近期的一些街道改造项目中已有运用，如清华东路、双清路等。这一建设思路是较为合理的，因为与机动车相比较，自行车和行人的速率更为接近，安全需要基本可归属于同一等级，抬高的自行车道和人行道齐平后，有利于行人和骑车者在不同时段对于街道空间的自由交换使用，可提高空间使用率，而且，即使未来城市中骑车者数量逐渐减少，这一空间依然可以作为步行道存在而不会产生空间浪费或需要重新改造。

　　城市步行系统的完善还涉及街道中各种小型场所的设立。为了改善北京城市街道场所缺乏的现状，应因地制宜地增建沿街小型场所。针对北京街道的特点，只需对一些街边宽阔的绿化带稍加改造，增加硬质铺地，设置些座椅等设施，一个宜人的场所就会出现。场所的选址则一般以靠近人群集聚区为宜，如在交叉路口的边角或公交及地铁站台附近等，这样的场所在不同时段可有不同用途，既可供路人歇息，也可成为居民们的小型交流和运动场所。如果能够建设成遍布全市的沿街小场所，那就会仿如给街道这一城市项链配上珍珠一样美好。有研究者曾指出在亚洲城市高密度的城市环境之中，应该注意城市节点空间的设计，采用众多小庭院比一个大型广场的形式更为合理，因为事实证明，像天安门广场这样的大型广场由于巨大的尺度、冷冰冰的形式等原因并没有得到充分的利用、缺乏对大众的亲和力[①]。与此相呼应，也有学者针对北京公共开放空间缺乏的情况提出了系统建设城市"广场群"的构想，这一提议是符合北京市民的实际生活需求以及城市定位的[②]。

　　与小型公共空间相对应的是城市公共艺术品的设置问题，美观大方又富有意义的公共艺术品能够予小型空间以美好视觉并有利于独特场所感的形成，但目前形式感较好的公共

---

① 缪朴：《高密度城市设计：中国视角》，缪朴编著：《亚太城市的公共空间：当前的问题与对策》，司玲，司然译，北京，中国建筑工业出版社，2007年版，第274页。

② 郑宏：《城市形象艺术设计》，第95-101页。

艺术品在北京城市环境中非常缺乏，未来应该对于此类公共艺术品的作品来源予以合理选择，如采用政府采购的方法采购世界公认的作品，以及从全国美术展览及各类国家级展览中加以挑选等，并应制定相应的城市公共艺术规划、设立评审委员会专家库，以多方面促进产生优秀作品的公开、公平机制[1]。当然，与之相配套的场所也必须很好地被设计。

人行步道的铺地形式在目前的北京未得到重视，其实我国在皇城、传统巷道和园林铺地方面曾有过许多设计经验和优秀实例，中国古典园林中常常使用多种不同材料形成富有图案美感的铺地形式（图6-30），一些传统村镇的石材铺地也极富形式美感，但遗憾的是这些传统形式的优点尚未能被传承到中国现代城市环境设计中，中国城市的总体地面铺装水平一直较低。北京街道上步行道铺装富有特色、美观悦目的非常之少，只有南礼士路、东四北大街等极少数街道形式较好，大多数街道的铺装形式则显得非常平淡。其实，作为文化古都，城市人行步道的铺地也非常需要有特色的设计，铺地图案既应该注重与环境形态的关系，又应该思考与传统文脉的连接。

步行道铺装模数的使用很重要。一般说来人行道采用的道板砖是有几种固定规格的，因此，它们的拼贴所产生的尺寸也是相对固定的。在实际设计和施工中，步行道的各种尺度应与道板砖尺寸密切配合，良好的设计形式应尽量减少道板砖的裁切，这样不仅可节省人工和物料，同时也会增加视觉的美观。如南礼士路北段人行道铺地的设计非常符合材料模数，步行道具有节奏、韵律感以及较好的整体感，而在王府井大街南段，宽阔的步行道采用较小尺寸的方砖铺设本来就不合适，而设计中完全漠视材料模数，导致材料在各处被裁切拼贴得很零碎，既费料费工，又很不美观（图6-31）。环境尺度与材料模数的配合包括步行道宽度、树池尺寸，以及各种设施如公交候车亭、座椅、电话亭等的尺寸，具体的实施既需要精心的设计，也需要良好的施工管理。

图6-30 古典园林铺地形式非常美观　　　　图6-31 王府井大街铺地未考虑模数

其实，即使是最简单的材料，经过巧妙构思也可产生丰富图案和别致韵味，当将它们用于不同的街区时，就可既具有各自特色，又不乏协调统一感。如同样使用 200mm × 100mm 的道板砖铺设人行道，如果将其精心拼贴成各种与中国传统纹样相关的花纹（图6-32 之 B、C、D），则效果无疑会较简单的铺设美观许多（图6-32 之 A），也更富于意义，

---

① 郑宏：《城市形象艺术设计》，第 84 页。

而目前北京很多街道却是采用了 A 这一铺设方式，如张自忠路、北土城西路、成府路等。

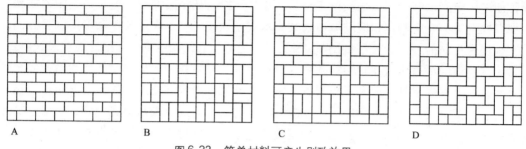

图 6-32　简单材料可产生别致效果

步行道的舒适当然也离不开位于其上的各种公共设施的良好设计以及行道树的种植等内容，这一点前文已然述及。

总之，功能完善的步行系统能扩展人们在城市中的生活空间，从而提高城市生活质量、提升城市整体环境品质，因此完善城市步行系统应该是北京未来城市建设的首要工作。

6.3　我国街道景观设计及制度构想

6.3.1　街景设计及相关专业培养

街道景观在设计形式上有和谐统一的要求，这一点与建筑内部景观类似，但建筑内部景观通常由某一设计机构全面负责设计完成，而街道景观的设计情况则较为复杂。

目前，我国城市一般是先由城市规划部门负责制定城市总体规划，划定道路红线，并将沿街土地分成不同性质的使用地块，这些地块再转移到各个具体单位或房地产开发商手中去开发和建设，接下来由各类建筑设计院或事务所承担建筑设计任务，建筑设计的方案受到城市规划的限制，必须经由规划部门审批通过，具体审批的内容包括建筑高度、避让道路红线、容积率限制、日照率及绿化率的满足等。

由于国内规划业界专业水平所限，我国各城市的城市规划编制是否合理，以及所形成的城市街道空间是否合理适用等方面尚且存疑，而具体到建筑设计的沿街立面形式，目前更是缺少必要的条例加以规范和限制。相邻建筑物在平面和立面形式上是否协调是形成统一和谐街景的重要因素，但目前这方面除建筑高度的限制之外，基本只能依赖建筑设计人员的自我约束。这种缺乏相关规范严格制约的街道立面建设方式，就好像任由不同的建筑师在街道空间的立面这同一幅"画面"上任意涂抹，因此最终画面的和谐视觉效果很难得到控制。

而对于街道景观的底面——街面尤其是人行步道的设计，一般是由市政设计院、交通设计院等相关单位完成，此类单位的设计人员多来自于交通运输工程相关的学科，与建筑院校培养人才注重科学与艺术、理工与人文、创造力与综合解决问题能力相结合不同，交通运输工程类专业在学生的培养过程中不强调艺术素养要求，因此，道路设计人员一般只注重道路工程技术问题方面的综合解决，所做出的街面设计方案也仅从实际功能出发，通常难以上升至艺术美感的高度，因此在具体工作中他们对于步行道的铺贴图案之类的景观细节较难给出好的形式。

在城市一些大型建筑开发项目中，有时建筑师也将建筑周边环境统一予以设计，如长安街上的东方广场建筑群和中国银行周边的步行空间即是如此，但此时，协调的问题再次出现，该步行空间虽然与某一建筑物协调了，但它与街道其他段落的步行道却常常难以达成形式上的协调。

以上这些各自为政情况的存在，就彰显了城市设计这一专业手段对于街道景观的重要性。在西方国家，城市设计专业教育开展较早，最早在 19 世纪后期就由奥地利建筑工艺美术学院院长卡米洛·西特（Camillo Sitte）提出该理论，著名建筑师埃罗·沙里宁在 20 世纪三四十年代也致力于加强城市设计的教育，20 世纪 60 年代以后，英美有更多的建筑学校成立了专业或开设课程，至 20 世纪 80 年代，北美有约 30 所院系有城市设计专业或学组[①]。但遗憾的是，城市设计这一在国外建筑院校已经较为成熟的专业在我国建筑院校至今仍未设立，仅仅只有些相关课程的设置。

我国高校在建筑学院通常设有建筑学系、城市规划系和景观学系，但其中都未设置有城市设计专业。建筑学与城市规划的专业定位较为明确，景观学系则基本是从风景园林类学科专业发展而来，主要培养的是风景园林专业的学生，因此与城市景观的关系相对较远。比如在同济大学的建筑与城市规划学院，1979 年开办风景园林专业，1993 年成立了"风景科学与旅游系"，它目前的景观学系是基于风景园林规划和旅游管理（旅游规划）两大学科而建立的。由学院官方网站介绍可见，在该学院的专业设置中，"景观"一词是直接从"风景园林"转变而来，两者的意义基本等同，与城市景观的关系不大。因此，该专业对于城市景观难以提供太多贡献。

与此类似，清华大学建筑学院于 2003 年 10 月才成立的景观学系，其前身也是隶属于城市规划系的风景园林规划与设计专业，该系设立于 1951 年，最初是一个"园林学组"，其半个多世纪的发展主要围绕中国古代园林史、中西古典园林比较等内容开展，承担过一些风景名胜区总体规划、历史文化保护区规划类的研究项目，该景观学系未来学术研究方向以区域和城市景观规划、景观和园林设计、自然文化遗产资源保护和旅游规划等为主。其他院校如于 2003 年 4 月成立的北京大学景观设计学研究院，所招收学生也为风景园林与景观规划方向。

由此可见，我国建筑学院的专业设置中，主要有建筑学、城市规划与景观学专业，其中的景观学专业基本是从原先隶属于城市规划学科背景的风景园林规划和设计专业沿承而来的，对于学生的教学培养更为倾向于宏观的景观规划内容，而较少涉及中观及微观的景观设计因素，所以目前我国院校的专业设置中，缺少了对于城市景观控制和设计而言最为重要的城市设计这一专业。

在建筑院校之外，我国在一些艺术类院校还设有环境艺术设计专业，该专业最初主要关注室内装饰设计，在 20 世纪 80 年代变更为现在的专业名称后，根据时代的需要逐渐分流为室内设计和景观设计两个专业方向。其中的景观设计专业培养内容为城市空间视觉形象与建筑景观系统的综合设计，涉及城市规划、建筑设计、园林绿化、造型艺术以及公共设施等专业内容，因此毕业学生可以在城市景观设计的微观方面作出一些贡献，但由于门

---

① 吴良镛：《建筑·城市·人居环境》，第 17-18 页。

户所限，该专业的毕业生很少能在大型规划院、市政设计院谋得合适岗位。在同济大学、东南大学等高校的建筑学院，目前也已经有了环境艺术设计专业，教学内容与艺术院校的这一专业相似。

在北京林业大学、南京林业大学这样的林业院校，有历史较为悠久的园林设计、风景园林规划与设计专业，传承了中国优秀的古典园林传统，关注中观和微观的设计层面，但它们所培养的人才主要从事城市公园及旅游风景区的规划和设计，较少涉及整体城市景观层面，所以对于城市街道景观贡献有限。另外，目前在国内的少数美术学院如中国美术学院、中央美术学院，已经有城市设计专业或系的成立，但由于这类院校缺乏建筑学本科教育的深厚背景，所以这些专业的设立短期内很难对我国的城市街道景观产生重要影响。

除学科建设与人才培养方面的问题之外，设计制度也是与街道景观建设相关的一个重要的环节。近30年来的快速城市化运动，产生了巨大的城市建设量，与之相对的却是非常有限的设计人员资源，在各个设计院所，常常大量的设计只是由刚毕业没几年的年轻人们快速完成，巨大的工作量、短暂的设计周期使他们缺乏对方案深入思考的时间。

这种情况，正如戈登·卡伦（Gordon Cullon）曾说过的那样："变化的速度使得环境的组织者无法根据经验把摆在他面前的素材吃透，再转变为人情化的环境。因此环境变得消化不良……我们无法加速消化的过程。胃或脑的活动过程是人类自身有限能力的一部分。所以我们必须使变化合理化，这样才能让人们所能接受的尺度感跟上变化发展的节拍"①。确实，变化的速度快得超过了设计师们消化、吸收和思考的能力所及，这是目前的中国城市建设的一个现实问题。

以上这些原因的综合作用，导致了我国目前城市街道景观设计中相关人才的缺乏，以及建筑设计和市政设计各自为政、缺乏协调的现状。

6.3.2　街景制度现状及未来设想

城市设计家 W·鲍尔曾明确指出，许多城市的特色丧失得非常快，原因之一是这些城市没有制定和贯彻景观政策（Visual Policies），对城市的景观问题缺乏全面的、总的构思，因而，"对于城市来说，要保存现有的城市特色，开创新的特色，很重要的一点是对历史性建筑、高层建筑、广告、风景区和新的道路网结构等这些有关城市景色的重要方面，制定出一个全面的方针政策并予贯彻执行"②。所以，面对目前城市景观建设的种种问题，北京应该尽快制定切实可行的城市设计法则。

现有的北京城市规划中，已经提出了对于各个历史文化区域的保护，以及对于相关地块建筑高度限制的规定等，这些都是经过有关专家反复研究得出的合理结论，是有立法依据的，应该得到严格的执行。但是由于各种错综复杂的原因，北京的很多建筑物却一再地突破规划法则的限制，从而破坏了城市街道景观的整体协调性，例如长安街上很多建筑物都超出了限高。与此同时，许多被列为保护范围内的建筑也不断遭遇被强拆的命运，这些执法方面所产生的漏洞，只能寄希望于未来城市法制的进一步完善。

在严格执行现有城市规划的基础上，北京城市规划部门还应该尝试逐步设立专项的

---

① 戈登·卡伦：《城市景观艺术》，天津，天津大学出版社，1992年版，第8页。
② ［英］W·鲍尔：《城市的发展过程》，第149页。

《城市设计总体导则》，以及进一步针对每个城区的各条具体街道设立《街道景观控制设计细则》，从而做到不但在总体上控制城市街道景观的统一协调和城市特色，而且根据不同街区的特点追求一定的街道个性。《总体城市设计导则》以及《街道景观控制设计细则》的设立，可借鉴欧美国家已经较为成熟的运作方式，同时也须注重自身的城市文化特性及特殊的文化定位，注重对城市景观地域和民族文化特色的追求。

由于建筑在城市街道景观中所具有的特殊地位，所以，控制沿街建筑平面及立面形式，包括单体尺度、色彩和材质、横向或竖向分割形式等，在空间和建筑形式上协调相邻建筑，是城市街景控制的最重要内容。目前虽然有《中华人民共和国建筑法》对建筑工程加以有关规范，但却缺乏与建筑立项审批同步的城市景观建设论证。相关论证可以基于《中华人民共和国环境评价法》，在《城市设计总体导则》中明确规定对于街道上的新建筑物必须给出"建筑的城市景观环境影响评价"之类的报告。这种评价是城市街道景观建设中不可或缺的程序，应该根据不同的城市区域和街道形式，以及所处环境的景观影响程度，制定相应的分级标准和管理、论证、审批机构的级别。只有与建筑立项审批同步的街道景观建设评价制度得以确立，北京的城市街道景观的建设才能在城市快速发展的过程中得到合理的控制和引导。当然，《街道景观控制设计细则》还应该包含关于步行道建设的各项细节内容。

此外，城市街道的管理也是与街道景观密切相关的重要因素，应包含于《街道景观控制设计细则》中，内容主要包括对于街道各种设施的维护管理和对于街道活动内容的管理两个方面，其中前者使街道的形态质量得到保证，而后者则从某种程度上影响着街道空间的使用状况和活力。目前北京街景在这方面存在很多问题，前者如有些街道基本设施设置不齐，一些行道树死亡缺损后未及时补种，一些人行道施工质量较差等；后者的常见问题包括步行道空间混乱、无法通行，城管人员和街头小贩之间矛盾激烈等。城市的管理既需要科学的智慧，也同时需要"艺术的手段"。

最后，《街道景观控制设计细则》的制定还应该提倡普通市民的决策参与，因为沿街居民对于街道的熟悉和感情是一般外来设计师无法比拟的，街道的景观与居民们的日常生活密切相关，他们的共同要求是设计人员应该耐心了解、倾听的，这些源自真实生活的声音会使设计方案更为合理和合用。比如在美国各个城市有关于社区环境建设的听证制度，社区中要增加新建筑物，都须先得到区民委员会的批准，否则就不能实施。目前北京广大市民关心城市建设和古都风貌的意识已比过去大为加强，在未来的城市管理中，市民将会成为不可忽视的力量。如果城市建设者们能对民众的热情充分珍惜和引导利用，那么它们对于城市建设不但可以起到民主监督的作用，而且会自然地增进城市与居住者血脉相连的有机关系。当然，大众的鉴赏水平也需要不断提高，这就寄望于未来国家教育的发展，同时也寄望于宜人的城市景观与大众审美的良性互动。

结　语

　　从环境艺术设计专业出发，本书主要关注城市街道景观的视觉美学意义及人文学意义，力求探讨如何才能形成视觉和谐美观、功能舒适合理而且富有独特意蕴的北京城市街道景观。由于街道景观的人文内涵附着于视觉形式之上，所以研究以街道景观的形态内容为主，人文内容为辅。

　　借鉴现代城市设计相关理论，本书对于街道景观形态的考察分别从宏观、中观和微观三个层次展开。其中在宏观层次上主要考察城市街道空间，一般而言，它们应该倾向于被明确限定且较为连续，具有"图"的特征，因为只有这样的街道空间才能被舒适地使用，同时也给人们以良好的空间感受。与此相对应的是，沿街建筑物一般应整齐排列并相互连接，以"底"的形式集体出现，从而凸显出城市空间的"图"形特征。而且，与建筑室内空间相类似，为了具有良好的功能及视觉美，街道空间还应该具有合适的尺度，这一尺度主要可通过街道空间的宽高比（D/H 值）来考察。而在街景中观层次上，不但沿街排列的建筑应该具有相互协调的立面形式，以保证景观"画面"的整体感及和谐感，而且街道景观应该具有合理的序列安排，以产生每条街道的特殊景观序列以及一定的场所感。街景的微观层次则主要关注步行空间的连贯、舒适和美观，以及与步行系统相关的行道树、公共设施、建筑装饰等细节内容。

　　借鉴以上这些街景评价准则对北京历史街道景观予以考察，可发现它具有多方面的优点，包括街道网络空间形态完整，街道景观识别清晰、视觉和谐，总体城市景观秩序严谨、整体感强，以及城市环境意蕴丰富、街道富于场所感等。

　　而同样以此街景评价准则来考察当代北京的街道景观则发现，首先，在宏观城市空间上，北京很多城市街道倾向于过分宽阔，而沿街相邻建筑又常常距离较远、高度差异大、立面不统一，在空间、尺度和立面形式等方面缺乏协调和呼应，因此城市中多数沿街建筑物是以"图"的形式存在于街景中的，城市街道空间由此缺乏有效限定，成为各式突兀建筑物的背景——"底"，这些导致街道空间不但尺度感较差，而且视觉涣散，缺乏整体景观美感。

　　其次，在街景的中观层面上，北京城市建设所秉持的大街区、高楼、宽马路发展模式，以及沿街建筑的无序排列，使街道空间不但限定弱而且缺乏良好序列感，街道景观图底关系较差，景观中的"地标"无法发挥积极的可识别作用。同时，街道中步行空间局促，沿街可达性好、设施完善、视觉细节丰富的小尺度空间很少，使北京的多数街道缺乏良好的场所感。因此，北京街道环境的可识别性较差，整体景观意象趋向于模糊。

　　最后，在北京城市街道景观微观层面上，最突出的问题是很多街道优先考虑机动车权利，漠视行人对街道的实际需求，致使城市步行系统处于弱势，多数人行道狭窄不贯通。此外沿街建筑立面、装饰细节、人行道铺地、植物种植以及环境设施等多方面也有存在不够协调美观或缺乏系统性思考等问题。

街道景观的形态特征与其人文特征密切相关，与北京特殊的城市定位所对应的象征意义之诉求，是城市中的街道、广场和建筑都趋向于大尺度的一个重要原因，而历史形成的各个"大院"多以围墙与城市街道隔绝，导致了城市街景的乏味和城市肌理的松散。另外，随着时代的变迁而变化着人们的生活面貌及审美趣味则导致了交通方式、建筑艺术风气、环境意义等内容的变化，这些都对于城市街景有很大影响。最后，现行城市规划和管理制度的某些缺陷也是一些街道景观问题产生的重要缘由。

在对北京城市街道景观特征予以详细解析之后，结合紧缩城市及新城市主义理论，并借鉴欧美一些国家的景观控制方法，可以发现北京城市街景问题丛生的根源是由于城市形态过于分散导致了街道空间混乱，同时在城市总体建设中又缺乏城市设计法则的限制。因此，笔者认为，基于现代城市设计理念，未来北京城市建设主要应该注意向小尺度空间发展、整合街墙形态、规范建筑立面形式、建设城市可识别系统、完善城市步行系统等几方面的内容，具体实施中应首先设立明确的城市设计导则，这一项工作既重要又迫切。另外，我国城市街景建设的未来发展，也需要相关院校中对应学科专业的设置和人才培养与之相配合。

此外，笔者还想说明的是，本书对北京城市街景的研究当然主要是为了对北京未来城市建设方向作出思考，但同时，也希望这一研究会对我国其他城市未来的建设有所裨益，因为目前，我国各地不但旧城在不停改建着，大量新城也在踊跃建设之中，但对于街道布局是城市建设的成败关键所在、街道景观会决定城市景观的基本面貌这一点，大多城市建设者还未能清晰认知，他们也并不知道合理街道布局、美好街道景观的关键之所在。而作为国家首都，北京的城市建设模式在全国具有范本作用，它的一举一动经常会被国内其他很多大小城市学习、模仿甚至是复制，所以，北京的城市建设问题从某种角度来说也是全国的城市建设问题。

例如，中国城市规划设计研究院总规划师杨保军曾指出，近年来在国内很多城市刮起了一股范围广泛的、很猛的建设过宽街道之风，这是因为这些城市对现代化的理解有偏差，以为多建设宽阔道路和高层建筑就是现代化。一些城市动辄建设 60m、80m 宽的道路，有的城市规划限制道路宽度为 40m，却非要建成 100m 宽，因此使得 2004 年原建设部等四部委联合下发了《关于清理和控制城市建设中脱离实际的宽马路、大广场建设的通知》，但这种情况仍屡禁不止[①]。

而且，在这些大路上，机动车与行人的路权分配严重不均，道路宽阔与人行道狭窄的情况常常并存，比如在我目前居住的城市，很多新拓建大街的机动车道一般为双向 6 车道至 8 车道甚至更宽，而路边的人行道却经常只有 1.5m 宽[②]，即使在道路经过人口密集的居民区时，情况依然如此，这一人行道宽度在去除行道树树池至少 0.8m 的宽度之后，两个人欲在此并肩行走也显得很困难。这样的人行道对于居民的街道生活无疑有较强抑制作用，也必定会导致街道景观内容单调，但像这样道路宽阔而人行道很狭窄的情况在我国许多城市却较为常见。

与过宽道路同时兴起的，还有高层建筑之风，目前我国各大、中、小城市都有此倾

① 王军：《采访本上的城市》，第 38 页。
② 该尺寸为我国《城市道路交通规划设计规范（GB50220—95）》中所规定的人行道最小宽度。

向，撇开商业建筑不论，目下很多新建住宅建筑也都高达 30 多层。路人身处这些巨型高层建筑的阴影之下，由于尺度上的巨大差异，通常会感觉较为压抑，而且这些高层建筑在城市中的布置方式多与北京的情况相类似，即以较为张扬自我的"图"的形式随意矗立，缺乏与周围建筑环境的协调呼应，也缺乏对于形成完整城市空间的积极思考，城市空间因此常常呈现破碎状态，城市环境由此"只见建筑、不见城市"，视觉混乱且功能不佳。

另外，北京的天安门广场的大尺度有其特殊的历史背景，而中国众多城市近年来所热衷于建设的大广场就与时代精神有些背道而驰了，学者俞孔坚就曾著文指出，中国很多城市所追求的宽广的"景观大道"及以大为美的城市广场是缺乏人性化考虑的一种不合理的"城市美化运动"，会引发多种严重城市问题①。

关于以上所论及的这些"大马路、高楼、大广场"现象，北京作为国家首都所起的示范带头作用可以说是不容忽视的，所以，从某种角度来说，当代北京城市街道景观所存在的问题，其实也是中国许多城市街道景观已经存在的或即将出现的问题，对北京城市街景的详细研究，也会有利于我国未来城市建设的发展以及相关方针政策的制定。

其实，简而言之，对于城市空间视觉环境，我们应该追求的就是一种贯彻整个城市的整体美，"这种整体的美，小到一个区域，大到整个城市，既有千百种不同的各具表现力的物象形态，又具有内在的有机秩序和综合的整体精神，环境艺术的最高境界正在于此"②。但正像美国著名建筑理论家 C·亚历山大（Christopher Alexander）在其著作《城市设计新理论》之中所强调指出的那样，传统城镇在自身发展过程中具有整体性的特点，而现代城市发展过程中则对此未予以充分考虑③。而另一方面，由于在全球化的文明演进中，城市的面貌和生活方式趋于雷同，因而"保护和营造城市独特的文化魅力，不仅是一种属于历史的、地域的、民间的、文化的自我拯救，也是城市现代化建设中的一个严肃的课题，一个重大的挑战"④，所以，对于城市环境艺术的整体性思考还须加上民族和地域文化特征这些重要因素。

要建设具有特色和整体美境界的城市景观，离不开城市设计法则的设立及严格执行。陈占祥先生在其晚年曾针对北京城市建设现状强调指出，城市的建设都要很长的时间，北京虽然目前在建筑设计和城市规划方面存在许多遗憾，但在未来依然有望得到改善，而最重要的手段就是应该注重城市设计法则的运用，努力在城市未来的建设发展过程中追求城市的整体性，对城市建筑设计形式等予以合理控制，从而逐渐改善现状而成为"完整的城市"⑤。因此，未来北京城市街道景观的建设，应该建立在"通过城市设计的核心作用，从观念上和理论基础上把建筑学、地景学、城市规划学的要点整合为一"⑥ 的广义建筑学的基础之上，设立相关城市设计导则和城市街道景观控制导则，以求对于各项建设活动予以有机控制。从以上这一引自国际建筑师协会《北京宪章》的内容可见，目前我国学术界对城市设计的重要性已然有了一定的认识并发出了相关呼吁，这是值得欣慰的，但是，要

---

① 俞孔坚，李迪华：《城市景观之路——与市长们交流》，第 63-67 页。
② 李砚祖主编：《环境艺术设计》，北京，中国人民大学出版社，2005 年版，第 13 页。
③ C·亚历山大等：《城市设计新理论》，陈治业、童丽萍译，北京，知识产权出版社，2002 年版，第 7-13 页。
④ 杨东平：《城市季风》，第 216 页。
⑤ 梁思成、陈占祥等：《梁陈方案与北京》，第 83-84 页。
⑥ 国际建筑师协会：《北京宪章》，《新建筑》，1999 年第 4 期，第 3 页。

将城市设计原则贯彻运用到我国的城市建设活动之中却还尚待时日。

人们永远在期待和渴望着美好的城市生活，舒适美观的城市街道景观是其中重要的一环，而目前包括北京在内的我国城市街景确实有许多需要改善的地方。城市设计家 W·鲍尔说过："在一个强调物质收益而轻视美观的社会里，有关美学方面的问题肯定要被认为是无关紧要的。所以，除非我们坚决重申美观的重要性，否则我们城市建设的外观上将显得非常庸俗平凡。由于人终究'不是单靠面包生活的'，由于城市美观对人的健康和幸福也是个重要因素，如果我们不能满足这些要求，我们将会失败"①。所以，对于北京以及我国其他各个城市街道景观未来的良好发展，人们仍需付出更多的努力，同时也需要一些坚定的信念。

总之，让城市街道功能合理、视觉美观，从而成为城市中的宜人场所，让我国诸多城市走上向美好环境良性发展的健康道路，是一个等待更多人持续付出心血的光辉理想。

---

① ［英］W·鲍尔：《城市的发展过程》，第 150 页。

附录　北京街道步行人数统计表

街道	日期/时间	主要人行道宽度（m）	人数	每米宽度每分钟通行的人数	街景概况
东长安街	2008.07 14：35－14：40 （星期二） 北侧人行道	4.57	140	6.13	一侧为高约4m的红墙，沿墙有条凳，树荫良好、休憩人较多，树影在红墙上视觉美观
新街口南大街	2008.09 14：55－15：00 （星期六） 西侧人行道	4.8	115	4.79	4车道，一层小开间店面为主，大槐树，树距约6m，树荫好
西四北大街	2008.09 15：55－16：00 （星期六） 东侧人行道	2.6	69	5.7	4车道，一至二层建筑，小开间店面为主，大槐树，有缺损未补齐，西侧有一行高大杨树
广宁伯大街西端	2008.06 18：10－18：15 （星期三） 北侧人行道	3.5	24	1.37	为金融街地段，4车道约12m，两侧新建大厦排列较密，新植银杏树，不锈钢栏杆
金融大街中端	2008.06 18：20－18：25 （星期三） 西侧人行道	3.5	60	3.43	4车道约12m，两侧新建大厦排列较密，新植银杏树，以金叶女贞绿篱与建筑前空间隔离。下班人流较多
金城坊街西端	2008.06 19：20－19：25 （星期三） 北侧人行道	7.5	48	1.28	街道北侧为二层带廊道的小型店铺，南侧为大块休闲绿地，新植银杏树。外国游客和傍晚散步居民较多
美术馆东街	2008.09 18：20－18：25 （星期三） 西侧人行道	4.8	6	1.5	街宽4车道，店面一层小开间为主，局部二至三层，槐树排列整齐，绿荫良好。有自行车停放设施
东四西大街	2008.09 18：40－18：45 （星期三） 北侧人行道	3.4	55	3.2	街宽10车道，人行道遮阳良好，以槐树为主。向西为五四大街，向东为朝阳门内大街
东四北大街	2008.09 19：20－19：25 （星期三） 北侧人行道	4.5	75	3.3	街宽4车道，商业繁华热闹，路边见隆福寺牌坊，人行道遮阳良好，以槐树为主

街道	日期/时间	主要人行道宽度（m）	人数	每米宽度每分钟通行的人数	街景概况
王府井大街	2008.12 18：00－18：05 （星期五） 西侧人行道	10	154	3	空间围合感、序列感都较差，广告牌巨大、量多而杂乱，铺地形式不佳。人流量大，有旅游团队
南礼士路北端	2008.06 16：50－16：55 （星期二） 东侧人行道	4.77	53	2.22	4车道，街边4~6层1950年代建的住宅建筑围合良好，一层多设小店铺。铺地形式美好。行道树高大、均匀
复兴门外大街西端	2008.06 18：10－18：15 （星期三） 北侧人行道	2.0	39	1.63	主要为下班人流。10车道，街道至两边建筑间有多种绿化，距离较远，人行道较窄，围合感极弱
复兴门外大街（南礼士路口）	2008.06 12：35－12：40 （星期五） 南侧人行道	5.25	83	3.16	双向10车道，街道两侧建筑高度12~22层不均。人流较多，地下通道入口占据了人行道，仅剩下约1.6m给行人通行
东直门外大街	2008.9 14：45－14：50 （星期五） 南侧人行道	4.8	34	1.42	6车道，道路红线70m。槐树绿荫很好，局部边有绿地。路南边多为14~16层住宅，有绿色钢制座椅，北边为3~6层公共建筑
北三环东端	2008.06 17：00－18：55 （星期三） 北侧人行道	2.5	19	1.52	中医药大学门诊部门口，京承高速与北三环接口，视觉混乱，对面建筑辨识不清，过街方向不明
北三环西端	2009.01 10：40－10：45 （星期三） 北侧人行道	4.35	60	2.76	铺地材料为灰色道板砖，街北侧建筑为几幢15层塔式住宅，绿地宽度超过8m，南侧不远处是双安商场
成府路五道口公交候车亭处	2009.01 20：05－20：10 （星期三） 北侧人行道	6.6	225	6.8	人流量很大，人行道宽度变化极大，由1.2~8.8m不等，街道秩序混乱
双清路	2008.06 10：45－10：50 （星期六） 北侧人行道	1.6	48	6	高大的杨树，树荫较差。路边为8m宽绿化带和含停车场的建筑前空间。公交车下车乘客较多，约一半人流从建筑前空间通过
石景山路（八角站）	2008.12 11：00－11：05 （星期五） 北侧人行道	4.5	18	0.8	街道两侧建筑高低不一。路边有较宽绿化带，行道树为两行高大槐树与杨树。绿化带白色边沿既干净又够宽，可当座位。设双球形路灯

图片来源

本书表格除文中标明出处的以外，均为自制。文中所用图片多数为自摄或自绘，除此之外，引用图片来源如下：

图 1-1　图底关系之"杯图"，图形和背景可以互换，《街道的美学》，第 44 页。

图 1-2　城市的内外空间可用图底关系考察，并有反转的可能性，同上，第 44 页。

图 1-3　意大利罗马城市图底关系，《伟大的街道》（英文原版），第 240 页。

图 1-4　不同 D/H 比的街道空间，《街道的美学》，第 47 页。

图 1-5　建筑与人视野的关系，同上，第 49 页。

图 1-6　沿街建筑的 D/H 比关系，同上，第 47 页。

图 2-1　元大都城市总平面图，《中国古代建筑史》，第 269 页。

图 2-2　明清北京城市总平面图，《中国古代建筑史》，第 290 页。

图 2-3　乾隆时期北京街坊平面，同上，第 294 页。

图 2-4　正阳门城楼（1932 年），《旧京史照》，第 12 页。

图 2-8　巴黎放射形街道网格形态，《街道环境景观设计》，第 13 页。

图 2-9　四合院院门呈现"图"形特征，《北京四合院》，第 131 页。

图 2-11　北京的正阳门外大街（民国），《老北京市井风情画》，第 32 页。

图 2-12　北京前门大街北段两侧局部立面（1955 年），北京建筑工程学院：《前门商业街区城市概念性规划设计及区域商业综合规划》。

图 2-15　前门外鲜鱼口市景（民国），《老北京市井风情画》，第 30 页。

图 3-1　清西长安街平面局部，转引自《北京长安街街道空间形态的形成与演进》，第 106 页。

图 3-2　清东长安街平面局部，同上，第 105 页。

图 3-3　牌坊限定和标示了街道空间（民国时的西长安街），《旧京史照》，第 180 页。

图 3-6　东长安街妇联大厦局部空间，"都市圈"北京三维地图。

图 3-7　西长安街局部空间现状，同上。

图 3-8　西长安街局部谷歌地图及空间图底关系，谷歌地球。

图 3-9　东、西长安街空间形态，邢国煊：《北京旧城干道改造中的历史风貌问题研究——结合长安街、朝阜大街实例》，第 62 页。

图 3-10　巴黎香榭丽舍大道局部空间图底关系，谷歌地球。

图 3-11　长安街局部空间图底关系，谷歌地球。

图 3-12　华盛顿宾夕法尼亚大道局部谷歌地图及空间图底关系，谷歌地球。

图 3-13　长安街总体建筑轮廓，北京建筑设计研究院：《北京长安街城市设计建筑艺术研究》。

图 3-14　北京饭店建筑群形式不协调，"都市圈"北京三维地图。

图 3-15　西长安街建筑物不协调现状，同上。

图 3-18　西长安街局部建筑、绿化与道路空间的图底关系，北京建筑设计研究院：《北京长安街城市设计建筑艺术研究》。

图 3-27　王府井大街南段谷歌地图及空间图底关系，谷歌地球。

图 3-28　王府井大街南段沿街建筑立面及轮廓线分析，《北京规划建设》2006 年第 5 期，第 122 页。

图 3-31　巴塞罗那兰布斯大街谷歌地图及空间图底关系，谷歌地球。

图 3-32　纽约第五大道谷歌地图及空间图底关系，谷歌地球。

图 3-43　南礼士路谷歌地图及空间图底关系，谷歌地球。

图 3-55　传统街巷空间呈"图"形（宫门口横街），《北京的胡同》，第 5 页。

图 3-60　尺度舒适的胡同空间，《北京四合院》，第 58 页。

图 3-61　舒适宜人的胡同空间，同上，第 43 页。

图 4-1　北京道路系统图（1985 年），转引自《城记》第 293 页。

图 4-2　北京高速公路网（2010 年），《北京市国民经济和社会发展第十一个五年规划纲要》。

图 4-4　世界大城市路网图底关系，《伟大的街道》（英文原版），第 208、209、232、235 页。

图 4-11　形态疏松的城市空间（安定门外大街俯瞰），"都市圈"北京三维地图。

图 4-13　四合院建筑紧密均衡排列，《北京四合院》，第 84 页。

图 4-14　传统街巷空间呈"图"形（宫门口三条雪景俯瞰），《北京的胡同》，第 56 页。

图 4-17　清华大学之"大院"，百度地图（北京）。

图 4-37　通州新华大街沿街建筑立面（2001 年），北京建筑设计研究院：《通州新华大街城市设计》。

图 4-42　前门大街局部立面（廊房三条口，2003 年），北京建筑工程学院：《前门商业街区城市概念性规划设计及区域商业综合规划》。

图 5-2　紫禁城中轴线，《东方之光：古代中国与东亚建筑》。

图 5-3　"梁陈方案"的新城设计另有轴线与旧城呼应，转引自《城记》第 95 页。

图 5-4　望京地区某小区俯瞰图，谷歌地球。

图 6-1　传统城市肌理致密（巴黎传统街区俯瞰），谷歌地球。

图 6-2　现代城市肌理疏松（巴黎拉德芳斯新城俯瞰），同上。

图 6-3　北京传统城市肌理致密（东城区俯瞰），同上。

图 6-4　北京现代城市肌理疏松（金融街俯瞰），同上。

图 6-5　建筑高度须与近邻协调（法国历史保护区建筑高度确定的方法），《城市风景规划：欧美景观控制方法与实务》，第 41 页。

图 6-6　建筑立面线形须与近邻协调（美国旧金山中心商业区规划外立面限制），同上，第 122 页。

图 6-7　英国伦敦一保护区内商店门面的设计导则，同上，第 26 页。

图 6-8　美国波士顿非居住区户外广告的面积规定，同上，第 30 页。

图 6-9　美国圣塔莫尼卡市步行街改造平面，《人性场所——城市开放空间设计导则》，第 67 页。

参考文献

[1] [美] 阿兰·B·雅各布斯. 伟大的街道 [M]. 王又佳、金秋野译. 北京：中国建筑工业出版社，2009.

[2] [美] 阿兰·B·雅各布斯. 城市大街——景观街道设计模式与原则 [M]. 黄文珊，王绚鹏，廖慧怡译. 台北：地景企业股份有限公司，2006 年版.

[3] [美] 埃德蒙·N·培根. 城市设计 [M]. 黄富厢、朱琪译. 北京：中国建筑工业出版社，2003.

[4] 白德懋. 漫步北京城：一位建筑师的体验 [M]. 南京：东南大学出版社，2006.

[5] 白德懋. 城市空间环境设计 [M]. 北京：中国建筑工业出版社，2002.

[6] 北京市规划委员会. 北京城市总体规划（2004-2020）[EB/OL]. http://www.bjghw.gov.cn/web/static/catalogs/catalog_ ghcg/ghcg.html. 2005-4-15/2010-11-01.

[7] 北京建筑设计研究院. 北京长安街城市设计建筑艺术研究. ppt 文件. 2002.

[8] 北京建筑工程学院. 前门商业街区城市概念性规划设计及区域商业综合规划. ppt 文件. 2004.

[9] 北京建筑设计研究院. 通州新华大街城市设计. ppt 文件. 2001.

[10] 曹洪涛，储传亨主编. 当代中国的城市建设 [M]. 北京：中国社会科学出版社，1991.

[11] 董鉴泓主编. 中国古代城市建设 [M]. 北京：中国建筑工业出版社，1988.

[12] 方可. 当代北京旧城更新——调查·研究·探索 [M]. 北京：中国建筑工业出版社，2000.

[13] 侯仁之. 北京城市历史地理 [M]. 北京：北京燕山出版社，2000.

[14] 胡不运主编. 旧京史照 [M]. 北京：北京出版社，1996.

[15] 华揽洪. 重建中国——城市规划三十年（1949-1979）[M]. 李颖译. 北京：生活·读书·新知三联书店，2006.

[16] [加] 简·雅各布斯. 美国大城市的死与生 [M]. 金衡山译. 南京：译林出版社，2005.

[17] 居阅时. 明清都城北京城建筑象征的文化解释 [J]. 华东理工大学学报（社会科学版），2003，4：108-111.

[18] [奥] 卡米诺·西特. 城市建设艺术——遵循艺术原则进行城市建设 [M]. [美] 查尔斯·斯图尔特英译. 仲德崑中译. 南京：东南大学出版社，1990.

[19] [美] 凯文·林奇. 城市意象 [M]. 方益萍、何晓军译. 北京：华夏出版社，2001.

[20] 李晴编译. 人性化、生态和活力——当代西方城市设计的几个特征 [J]. 理想空间，2004，6：109-114.

[21] 李江树. 创巨痛深老北京 [J]. 中国作家，2006，6：91-109.

［22］梁思成，陈占祥等. 王瑞智编. 梁陈方案与北京［M］. 沈阳：辽宁教育出版社，2005.

［23］刘敦桢主编. 中国古代建筑史［M］. 北京：中国建筑工业出版社，1984.

［24］［日］芦原义信. 街道的美学［M］. 尹培桐译. 天津：百花文艺出版社，2006.

［25］陆翔，王其明. 北京四合院［M］. 北京：中国建筑工业出版社，1996.

［26］吕正华，马青编. 街道环境景观设计［M］. 沈阳：辽宁科学技术出版社，2000.

［27］［美］罗杰·特兰西克. 寻找失落的空间——城市设计理论［M］. 朱子瑜等译. 北京：中国建筑工业出版社，2008.

［28］马强. 走向精明增长［M］. 北京：中国建筑工业出版社，2007.

［29］马元. 北京城市景观特征及形成机制研究［D］. 北京：清华大学建筑学院，2002.

［30］［英］迈克·詹克斯，伊丽莎白·伯顿，凯蒂·威廉姆斯编. 紧缩城市——一种可持续发展的城市形态［M］. 周玉鹏等译. 北京：中国建筑工业出版社，2004.

［31］［英］麦克卢斯基. 道路型式与城市景观［M］. 张仲一，卢绍曾译. 北京：中国建筑工业出版社，1992.

［32］庞玥. 北京长安街街道空间形态的形成与演进［D］. 北京：北京建筑工程学院，2000.

［33］齐鸿浩，袁树森. 老北京的出行［M］. 北京：北京燕山出版社，2007.

［34］盛锡珊. 老北京市井风情画［M］. 北京：外文出版社，1999.

［35］苏滨主持. 北京城市景观，怎一个"乱"字了得？［J］. 雕塑，2005，1：12-15.

［36］［英］泰瑞·法瑞. 其大无比，非常北京——专访北京南站设计师［N］. 环球时报，2008-6-25.

［37］土木学会编. 道路景观设计［M］. 章俊华，陆伟，雷芸译. 北京：中国建筑工业出版社，2003.

［38］王彬. 北京微观地理笔记［M］. 北京：生活·读书·新知三联书店，2007.

［39］王慧. 新城市主义的理念与实践、理想与现实［J］. 国外城市规划，2002，3：35-38.

［40］王晖. 王府井大街改造景观设计小记［J］. 新建筑，2002，3：8-11.

［41］王建国. 现代城市设计理论与方法［M］. 南京：东南大学出版社，1991.

［42］王军. 城记［M］. 北京：生活·读书·新知三联书店，2003.

［43］王军. 采访本上的城市［M］. 北京：生活·读书·新知三联书店，2008.

［44］王军. 贝聿铭访谈录［N］. 江南时报，2001-12-18（5）.

［45］王灵姝，张伟一，马欣. 北京城市的开放空间和景观设计——以王府井商业街为例［J］. 城市问题，2007，8：59-63.

［46］［英］W·鲍尔. 城市的发展过程［M］. 倪文彦译. 北京：中国建筑工业出版社，1981.

［47］翁立. 北京的胡同［M］. 北京：北京燕山出版社，1992.

［48］翁立主编. 北京的胡同［M］. 北京：北京美术摄影出版社，1993.

［49］吴良镛. 关于北京旧城区控制性详细规划的几点意见［J］. 城市规划，1998，2：6-9.

［50］［日］西村幸夫，历史街区研究会编著. 城市风景规划——欧美景观控制方法与实

务［M］. 张松，蔡敦达译. 上海：上海科学技术出版社，2005.

[51] 萧默编. 巍巍帝都：北京历代建筑［M］. 北京：清华大学出版社，2006.

[52] 萧默. 东方之光：古代中国与东亚建筑［M］. 北京：机械工业出版社，2007.

[53] 刑国煊. 北京旧城干道改造中的历史风貌问题研究——结合长安街、朝阜大街实例［D］. 北京：清华大学，2004.

[54] 熊广忠. 城市道路美学——城市道路景观与环境设计［M］. 北京：中国建筑工业出版社，1990.

[55] ［丹麦］扬·盖尔，拉尔斯·吉姆松. 新城市空间［M］. 何人可等译. 北京：中国建筑工业出版社，2003.

[56] 杨东平. 城市季风［M］. 北京：东方出版社，1994.

[57] 俞孔坚. 论景观概念及其研究的发展［J］. 北京林业大学学报，1987，4：433-439.

[58] 张勃. 北京建筑艺术风气与社会心理［M］. 北京：机械工业出版社，2002.

[59] 张捷等. 北京建筑批判［J］. 中国新闻周刊，1999，10.

[60] 张开济. 高层化是我国住宅建设的发展方向吗？［J］. 建筑学报，1987，12：35-40.

[61] 郑曙旸主编. 环境艺术设计［M］. 北京：中国建筑工业出版社，2007.

[62] 郑宏. 城市形象艺术设计［M］. 北京：中国建筑工业出版社，2006.

[63] 中国城市规划学会主编. 五十年回眸：新中国的城市规划［M］. 北京：商务印书馆，1999.

[64] 朱幼棣. 后望书［M］. 北京：中信出版社，2008.

[65] 朱祖希. 营国意匠——古都北京的规划建设及其文化渊源［M］. 北京：中华书局，2007.

[66] 左川. 郑光中编. 北京城市规划研究论文集［M］. 北京：中国建筑工业出版社，1996.

[67] Allan B. Jacobs. Great Streets［M］. Cambridge, mass.：MIT Press, 1993.

[68] Donald Appleyard with M. Sue Gerson and Mark Lintell. Livable streets［M］. Berkeley：University of California Press, 1981.

[69] Edited by Richard T. LeGates and Frederic Stout. The city reader［M］. London：New York：Routledge, 2003.

[70] Gordon Cullen. Townscape［M］. London：The Architectural Press, 1961.

后　记

　　窗外的春色已经越来越热烈起来，今天的天空恰好又蔚蓝得让人心醉，抬眼望去，朵朵白云悠闲地飘浮着，这景色，正与我此刻的心情相符合，因为漫长的写作工作终于接近了尾声。

　　对于经过艰苦跋涉之后所交出的这一份答卷，我自己觉得满意吗？它能够得到相关专业人士的认可吗？真是很难说啊。因为任何关于城市的问题都是错综复杂的，而对于像北京这样一个古老而又崭新的巨大城市来说就更是如此了，每个想要对它的某个方面予以清晰解剖的人可能都会体察到某种无力感。而当问题的关键放在其当代城市建设上时，这种无力感更是大为增强了。因为北京的城市建设不但历史悠远、问题繁多，而且相关的很多研究观点不一、纷争四起，同时各种相关文献数量巨大，所以此类研究的答案较难给出，而且也绝难完美。因此，在最初开始考虑本书的写作时，我也曾忧心于这种感觉，害怕将题目围绕于此很可能会落个吃力不讨好的下场，可是个人对于北京城市环境现状的强烈困惑，与想通过学习和研究寻求可能答案的急切愿望共同存在，引发了极大的兴趣，也引导我最终作出选择，确定了从街道环境来展开对于当代北京城市建设问题的思考。

　　"却顾所来径，苍苍横翠微"，在这样的时刻人最易回首过往。应该说从攻读硕士学位时关注我国传统人居环境开始，对中国居住环境予以深思的种子已在我心中萌发，后来我又在设计院校进行教学工作，期间还以教育部公派访问学者的身份前往法国巴黎建筑学院留学，长期的专业学习、考察和实践渐渐提高了我的专业涵养。在此过程之中，我既感慨于欧洲城市美景与中国现代城市的巨大差异，更感疑惑的则是：中国现代城市的景观之路方向何在？为什么在快速的、大规模的城市扩张和建设之中，那些曾经美好的传统城市景观急剧消失，新出现的城市景观又普遍缺乏个性和美感呢？

　　正是带着这些疑问，我于 2005 年来到北京清华大学美术学院环境艺术系继续我的专业学习，攻读艺术学博士学位。而在北京的居住体验让我心中的疑问更加强烈起来，因为北京给我提供了一个中国现代城市建设的特殊范本，在这里，大量美好的历史文化遗存与不断建设的城市新景观处于强烈的矛盾之中，城市快速地、令人眼花缭乱地变化着，许多历史悠久的旧事物被破坏并逝去，与此同时，很多人激烈地批评着当代北京的城市建设，并心存忧伤地缅怀历史上的美好北京。在这个城市亲身居住体会一段时间之后，我心中则常油然怀念起巴黎城市环境的诸多优点，同时也更多地开始思考中国城市景观建设的未来方向。于是，目标逐渐明确，写作的方向大致就确定了下来。之所以将街道景观特征作为写作切入点，主要是基于个人大范围的城市体验，同时也受到了类似简·雅各布斯在其名著《美国大城市的死与生》中提出的一些论点的影响，认识到街道对于城市的重要性，以及街道景观是城市景观的主要组成部分。当然，这一选择也与笔者的专业有密切关系，因为城市景观正是城市环境艺术的最重要内容。

　　应该说，对于写作这样一个与城市规划、建筑设计等专业密切相关的主题，在最初，作为一个环境艺术设计专业人员，我虽已经过多年的专业学习和设计实践，还有游学欧洲的经历，但个人的总体知识储备依然还是非常不够的，压力也很大，但正所谓"艰难困苦，玉汝于成"，只有经过辛苦的耕耘才会有芬芳的成果。幸运的是，清华大学为研究生所提供的综合性教育平台，使我就读期间得以在学校的建筑学院选修和旁听了许多重要课程，同时也聆听了大量的相关学术讲座，再加上图书馆中的丰富馆藏，所有这些为我的写作补充了许多必需的营养，另外就读博士期间我还参加了由导师郑曙阳先生主持的教育部人文社会科学研究课题《环境艺术设计系统与中国城市景观建设立项决策》的编撰工作，也为本书的写作打下了一定的基础。

当然，真理是永远处于发展之中的，关于美好城市的建设问题，应该也缺乏固定和唯一的标准答案，本书针对北京城市街道景观诸多问题所给出的解答，也仅是基于个人思考的一种可能性答案而已，虽然已是"十年磨一剑"地努力而成，但囿于专业所限，写作中所存疏漏之处实在难免，出版后还请大家多多指正。不过，总还是希望本人的写作能给予某些后来者以启迪，并为北京城市建设的研究工作添片砖加片瓦。目前交出的这份答卷意味着我的研究已暂时告一段落，但个人关于中国现代城市环境的深思，未来应该还会继续努力进行下去，正所谓"路漫漫其修远兮，吾将上下而求索"，就以此与同路者共勉吧。

朱丽敏
2009 年 3 月初稿于清华大学紫荆公寓
2012 年 4 月终稿于江苏省无锡蠡湖畔

致　谢

　　本书是在笔者的清华大学博士学位论文《当代北京城市街道景观特征研究》的基础之上修改而成的，它的最终完成和出版要衷心感谢许多人士。

　　首先，要感谢尊敬的导师郑曙旸教授对我的培养，老师治学严谨、胸怀宽厚，对学生注重因材施教，在笔者就读清华大学美术学院的数年期间，老师的言传身教对我影响极大，使我受益匪浅；同时感谢清华大学建筑学院王贵祥教授提供多份学生论文用于研究参考；感谢建设综合勘察设计院的曹薇女士提供了多份北京街道设计资料；也感谢同窗好友滕晓铂、彭璐、吴如春、邓志勇等诸多同学曾给予的真挚友情，为我的学习生活留下了许多美好记忆，尤其是香港同门李建明先生，曾热心帮助购买并赠送于我阿兰·B·雅各布斯的《伟大的街道》一书之英文原版及中国台湾地区译本，对我的写作增益颇多，在此特致谢意。

　　当然，此时最想感谢的还有我的家人。感谢我的父亲朱晓峰先生，他不但将优秀学术基因延传于我，而且自幼对我悉心培养、爱护且信任有加，让我有了一颗可以自由飞翔的独立的心。父亲于今年4月底已不幸因病逝世，留下太多遗憾和伤痛无以弥补，正值此书最终完成，我很希望将此书献于父亲。也要感谢我的先生魏东，他对我一贯悉心的呵护、支持和付出，予我以一片蔚蓝天空和太多温馨片段。

　　此外，本书最初的缘起是在巴黎，所以很感谢教育部留学基金委曾给予我机遇，以公派访问学者身份游学法国一年。博士论文的写作也曾承蒙北京市科委"博士论文资助专项基金"资助，特此致谢。

　　当然，本书能够最终问世，还离不开中国建筑工业出版社的慧眼赏识，尤其是李东禧、唐旭两位主任及责任编辑陈皓先生，他们一起以耐心细致的工作保障了本书的出版质量，借此谨致谢意。

朱丽敏

2012年5月于江苏无锡